BLV Naturführer

Alpen · Alpenblumen · Aquarienfische · Bach – Fluß – See · Bäume + Sträucher · Fische · Giftpflanzen – Gifttiere · Heilpflanzen · Heimische Pflanzen 1 · Heimische Pflanzen 2 · Hunde · Insekten · Lebensraum Stadt · Mein Hobby: Mikroskopieren · Mein Hobby: Natur fotografieren · Mein Hobby: Pflanzen kennenlernen · Mein Hobby: Schmetterlinge beobachten · Mein Hobby: Steine sammeln · Mein Hobby: Vögel beobachten · Mineralien + Gesteine · Moor und Heide · Pflanzen am Mittelmeer · Pilze · Säugetiere · Schmetterlinge · Spuren und Fährten unserer Tiere · Sterne + Sternbilder · Strand und Küste – Wattenmeer · Versteinerungen · Vögel · Wald und Forst · Wasservögel – Strandvögel · Wiesen und Felder · Wolkenbilder – Wettervorhersage · Zootiere

BLV Bestimmungsbücher

Amphibien und Reptilien · Aquarienfische · Bäume + Sträucher · Bäume und Sträucher Europas · Blumen am Mittelmeer · Edelsteine und Schmucksteine · Farbige Pflanzenwelt · Farne – Moose – Flechten · Fossilien · Foto-Pflanzenführer · Gräser · Heilpflanzen · Die Höhlen Europas · Hunderassen der Welt · Insekten + Weichtiere · Katzenrassen der Welt · Meeresfische · Muscheln + Schnecken · Orchideen Europas · Pferderassen der Welt · Pflanzen der Tropen · Pflanzen Europas · Pflanzen- und Tierwelt der Alpen · Pilze · Pilzführer · Säugetiere · Säugetiere Afrikas · Steine + Mineralien · Sterne + Planeten · Süßwasserfische · Tiere und Pflanzen an Mittelmeerküsten · Tierische Schädlinge · Tierspuren · Vögel · Wetterkunde für alle

BLV Intensivführer

Alpenpflanzen · Laubgehölze · Nadelgehölze · Pilze, Band 1: Lamellenpilze, Täublinge, Milchlinge und andere Gruppen mit Lamellen · Pilze, Band 2: Röhrlinge, Porlinge, Bauchpilze, Schlauchpilze und andere · Vögel, Band 1: Singvögel · Vögel, Band 2: Spechte, Eulen, Greifvögel, Tauben, Hühner u. a. · Vögel, Band 3: Taucher, Entenvögel, Reiher, Watvögel, Möwen u. a.

Weitere BLV Bücher zum Bestimmen

BLV Vogelführer · Der große BLV Mineralienführer · Der große BLV Naturführer · Der große BLV Pflanzenführer · Der große Pilzführer, Band 1–4 · Heilpflanzen in Farbe · Das neue BLV Pilzbuch · Der neue BLV Steine- und Mineralienführer · Stimmen der Vögel Europas

Weitere BLV Naturbücher

BLV Bildatlas der Bäume · Darum brauchen wir den Wald · Das farbige BLV Hausbuch der Natur · Der große BLV Heilpflanzenatlas · Korallenriffe · So stirbt der Wald · Tiere in der Landschaft · Wie Tiere denken

BLV Bestimmungsbuch

Meeresfische

der Ostsee, der Nordsee, des Atlantiks
800 farbige Zeichnungen, 250 grafische Darstellungen
Biologie, Fang, wirtschaftliche Bedeutung

Text B. J. Muus, Illustrationen P. Dahlström

Übersetzt und bearbeitet von Dr. F. Terofal
Zoologische Staatssammlung München

Fünfte, durchgesehene Auflage

BLV Verlagsgesellschaft
München Wien Zürich

CIP-Kurztitelaufnahme der Deutschen Bibliothek

Muus, Bent J.:
Meeresfische der Ostsee, der Nordsee,
des Atlantiks: Biologie, Fang, wirtschaftl.
Bedeutung / Text B. J. Muus. Ill. P. Dahlström.
Übers. u. bearb. von F. Terofal. –
5., durchges. Aufl. – München; Wien; Zürich:
BLV Verlagsgesellschaft, 1985.
(BLV Bestimmungsbuch; 3)
Einheitssacht.: Havfisk og fiskeri i
Nordvesteuropa <dt.>
ISBN 3-405-11861-1

NE: Dahlström, Preben:; Terofal, Fritz [Bearb.]; GT

BLV Bestimmungsbuch 3

Titel der dänischen Originalausgabe:
»Havfisk og Fiskeri i Nordvesteuropa«

Deutschsprachige Ausgabe:

Einbandzeichnung: P. Dahlström
Bindung: L. Auer, Donauwörth

Printed in Denmark · ISBN 3-405-11861-1

Rückenwirbel des Heringshais

VORWORT

Dieses handliche, reich illustrierte Taschenbuch bringt in allgemein verständlicher Form einen kurzgefaßten Überblick über Bau, Lebensgewohnheiten, Verbreitung und wirtschaftliche Bedeutung der Fische des Nordostatlantiks. Den Text schrieb Bent J. Muus vom Dänischen Institut für Fischerei und Meeresforschung, die Abbildungen stammen von Preben Dahlström. Es war von vornherein nicht beabsichtigt, die Fische in ihrer Lebendfärbung darzustellen, sondern vielmehr so, wie man sie häufig in der Praxis zu Gesicht bekommt: frischgefangen und mit leicht verblaßtem Farbkleid. Die zahlreichen Bilder zur Eröffnung der Kapitel und Textabbildungen sind entweder Originalzeichnungen oder wurden nach Vorlagen aus der Literatur umgezeichnet.

Ursprünglich sollten alle Farbtafeln in diesem Buch nur nach frischgefangenen Objekten angefertigt werden, jedoch erwies sich selbst ein Zeitraum von 2½ Jahren als viel zu kurz, um alles notwendige Material sammeln zu können. Wenn es den Autoren trotzdem gelang, 142 der insgesamt 173 abgebildeten Arten beizubringen, so verdanken sie das in erster Linie der großzügigen Unterstützung, die ihnen an allen meeresbiologischen Instituten und Fischereihäfen in Norwegen, Dänemark und Frankreich gewährt wurde.

Mit der Übersetzung und Bearbeitung dieses dänischen Werkes liegt nun zum ersten Male ein leicht verständliches und interessant abgefaßtes Taschenbuch über die Meeresfische Nordwesteuropas auch in deutscher Sprache vor. Es ist für all jene gedacht, die Freude und Interesse an den Geheimnissen und Schönheiten der Fischwelt haben. Seine einfachen, mit über 150 Zeichnungen ausgestatteten Bestimmungstabellen ermöglichen es jedem Leser, rasch und sicher die Namen der einzelnen Arten festzustellen und sich in den darauffolgenden Einzelbeschreibungen nähere Auskunft über Lebensweise, Vorkommen, Fang, Verwertung etc. zu holen; dabei wurde besonderer Wert auf die Bebilderung gelegt.

Unseren Naturfreunden, Sport- und Berufsfischern und denjenigen, die gerne Fische essen, sei dieses kleine Werk als zuverlässiger Ratgeber und ständiger Begleiter besonders empfohlen.

Der Verlag

INHALT

PORTRAIT EINES FISCHES

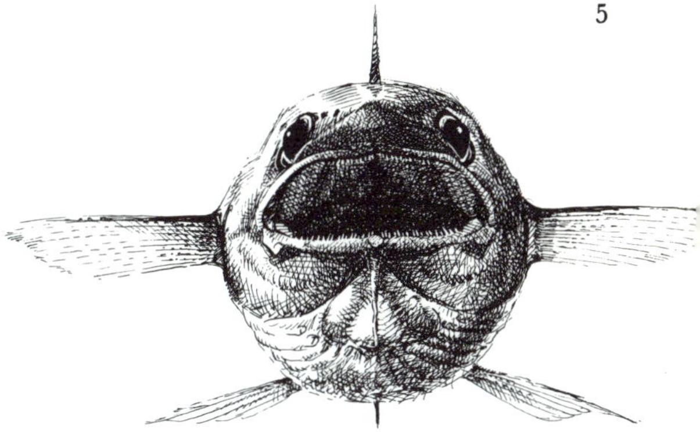

Im Laufe der Zeit hat der Begriff »Fisch« gegenüber früheren Tagen eine viel engere Auslegung erfahren. Damals wurden alle möglichen Meerestiere – unabhängig davon, ob sie nun Würmer, Seesterne, Seehunde oder Wale waren – »Fische« genannt. Um nun eindeutig festzulegen, was man heutzutage unter der Bezeichnung »Fisch« versteht, könnte man einfachheitshalber sagen, daß es sich hierbei um kiemenatmende, flossentragende Wirbeltiere handelt, deren Leben an das Wasser gebunden ist. Mit anderen Worten, die Fische stehen in enger Beziehung zu den Amphibien, Reptilien, Vögeln und Säugetieren. Daher sind sie uns in mancher Hinsicht vertrauter als die übrige, oft sonderbare Tierwelt des Meeres.

Es gibt etwa 20 000 Fischarten auf der Welt – und jedes Jahr werden neue entdeckt. Obwohl die einzelnen Arten in ihrer äußeren Erscheinung sehr stark variieren – und viele ein ganz eigenartiges Aussehen haben –, entdeckt man dennoch sehr bald, daß sie alle nur Variationen eines gemeinsamen, einfachen Grundplanes sind. Dies wird sogleich verständlich, wenn wir uns einen typischen Knochenfisch betrachten:

Ein charakteristisches Merkmal für die Fische sind, wie gesagt, die Flossen, d. h. Hautfalten, die wie Segel über ein Gerüst von weichen oder harten Flossenstrahlen ausgespannt werden. Diese Strahlen können entweder hart wie Stacheln (Stachel- oder Hartstrahlen) oder weich und gegliedert, einfach oder verzweigt (Gliederstrahlen) sein. An ihrer Basis sind in der Regel Gelenke angebracht, so daß, mit Hilfe von kleinen Muskeln, die Flossen je nach Bedarf zusammengefaltet oder ausgebreitet werden können.

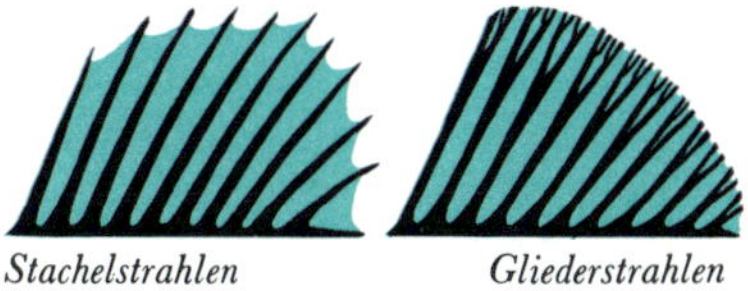

Stachelstrahlen *Gliederstrahlen*

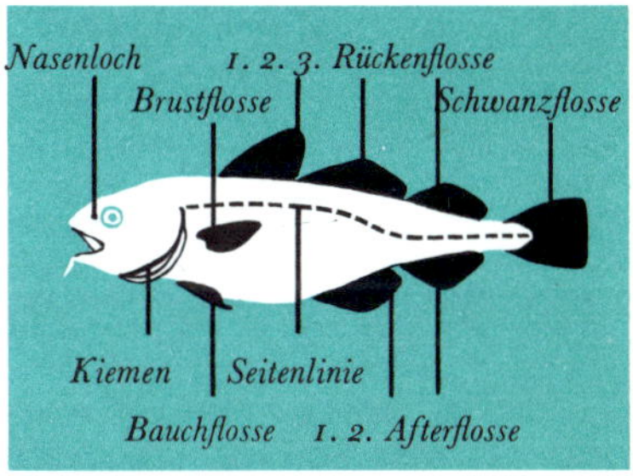

Auf der Abbildung sehen wir, daß die Rückenflosse, die Schwanzflosse und die Afterflosse unpaarig sind, während die Bauchflossen und die Brustflossen an jeder Seite des Körpers entwickelt sind. Die paarigen Flossen entsprechen den Vorder- und Hinterbeinen der höheren Wirbeltiere.

In der Regel sieht man an einem Fisch auch eine deutliche Linie, die vom Kopf bis zum Schwanz verläuft – die Seitenlinie; sie stellt eine Kette von kleinen Sinnesknospen dar. Ihr Verlauf spielt beim Bestimmen der Fischarten eine wesentliche Rolle.

Die Kiemen und die Kiemenspalten werden, außer bei den Rundmäulern, Haien und Rochen, die freie Kiemenspalten haben, durch einen Kiemendeckel geschützt. Die Kiemendeckel bestehen aus dünnen Knochenplatten, die oft mit Stacheln und Dornen bewehrt sind. Der untere und hintere Rand des Kiemendeckels ist freibeweglich, um das Atemwasser, das durch den Mund eingesaugt wird, nach rückwärts aus der Kiemenhöhle hinauspressen zu können.

Haut und Schuppen

Die Oberhaut *(Epidermis)* eines Fisches sondert große Mengen von Schleim ab, der zum Teil den Reibungswiderstand des Wassers herabsetzt, zum anderen es aber auch für Parasiten schwierig macht, sich auf der Fischhaut anzusiedeln. Auch gegen Giftstoffe verschiedenster Art bildet er einen wirksamen Schutz. Die dünne und durchsichtige Epidermis bedeckt die Schuppen, die Verknöcherungen der darunterliegenden Lederhaut *(Corium)* sind. Nur wenige Fische besitzen überhaupt keine Schuppen, wie z. B. der Meeraal *(Conger)*. Andere wiederum haben nur auf einem Teil des Körpers keine Schuppen. Die Schuppen wachsen mit dem Fisch mit, wobei sie, ähnlich wie die Bäume, Wachstumsringe bilden, die zur Altersbestimmung der Fische herangezogen werden. Haie und Rochen haben an Stelle von Schuppen Hautzähne entwickelt; daher fühlt sich die Haut eines Haies wie grobes Sandpapier an. Sehr junge Brut besitzt ebenfalls noch keine Schuppen; diese entwickeln sich erst, wenn die Jungfische eine gewisse Länge erreicht haben.

Die Organe der Fische

Das Skelett der Fische besteht aus einer Kopfkapsel *(Cranium)*, der Wirbelsäule und einer großen Anzahl von Knochen, die Körper und Flossen stützen.
Das Skelett des Kopfes ist ein sinnvoll zusammengesetzes Gefüge, daß sich aus dem Hirn- und dem Gesichtsschädel zusammensetzt, wobei letzterer, aus stützenden Knochenbögen bestehend, mit der Unterseite der Gehirnkapsel beweglich verbunden ist. Die Wirbelsäule stützt das Skelett der unpaaren Flossen und die Rippen, während die paarigen Flossen ein eigenes Skelett besitzen, das nur in losem Zusammenhang mit dem Zentralskelett steht.
Die meisten Fische haben bestimmte Knochen der Mundhöhle mit zahlreichen Zähnen ausgestattet, die manchmal so dicht gesetzt sind, daß sie einen bürstenähnlichen Belag auf den

Skelett eines Knochenfisches

betreffenden Knochen bilden. Oft sind sie auch wie feine Nadeln zugespitzt, bei anderen Arten wiederum als breite Schneidezähne oder flache Mahlwerkzeuge ausgebildet.

Die Speiseröhre verbindet den Mundraum mit dem oft sehr erweiterungsfähigen Magen. Bei Fischgruppen, die keinen Magen besitzen (z. B. Vertreter der Karpfenfamilie) führt die Speiseröhre direkt in den Darmkanal. Nahe am Magen findet man bei Knochenfischen ein Bündel kurzer Blindsäcke *(Coeca)*. Die meist sehr große Leber speichert als Reservestoff Fett mit hohen Konzentrationen von Vitamin A und D.

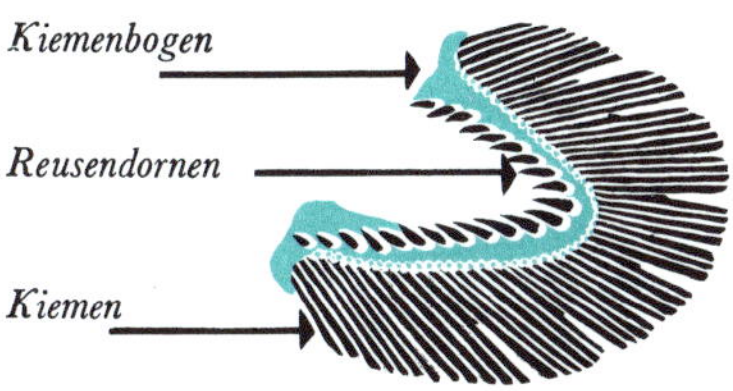

Die Kiemen bestehen aus dünnhäutigen, reichlich mit Blut durchflossenen Hautblättchen, die an knorpeligen Kiemenbögen befestigt sind. Das Atemwasser wird durch den Mund aufgenommen und durch die Kiemenlamellen geleitet, wobei das Blut Sauerstoff aus dem Wasser aufnimmt und Kohlensäure abgibt. Schnelle Fische, wie etwa die Makrelen, schwimmen mit halboffenen Maul, um dadurch einen ständigen Wasserstrom durch die Kiemen aufrechtzuerhalten.

Viele Fische besitzen eine gasgefüllte Schwimmblase, die als Schwebeorgan dient. Bei manchen Gruppen kommt ein Verbindungsgang zwischen Vorderdarm und Schwimmblase vor, der diese Fische befähigt überschüssiges Gas rasch abzugeben oder die an der Wasseroberfläche geschluckte Luft in ihre Schwimmblase aufzunehmen. Bei Fischen ohne »Luftkanal« wird der Druckausgleich in der Schwimmblase durch spezielle Hautabschnitte der Schwimmblasenwand reguliert, an denen das Blut Gas abgeben oder aufnehmen kann.

Sucht ein Fisch größere Tiefen auf, so nimmt der auf seinem Körper lastende Wasserdruck rasch zu. Er muß daher mehr Gas in die Schwimmblase abgeben, um weiterhin im Wasser schweben zu können. Zieht man einen Fisch, der in großen Tiefen gefangen wurde, schnell an die Wasseroberfläche, so tritt das Gegenteil ein: der Wasserdruck vermindert sich rasch und das Gas in der Schwimmblase breitet sich aus, wobei der Fisch aber keine Zeit mehr hat, das überschüssige Gas in sein Blut aufzunehmen, so daß die sich ausweitende Schwimmblase den Vorderdarm aus dem Maul herauspreßt. Rundmäuler, Haie, Rochen, Makrelen, Plattfische und viele Tiefseefische besitzen keine Schwimmblase.

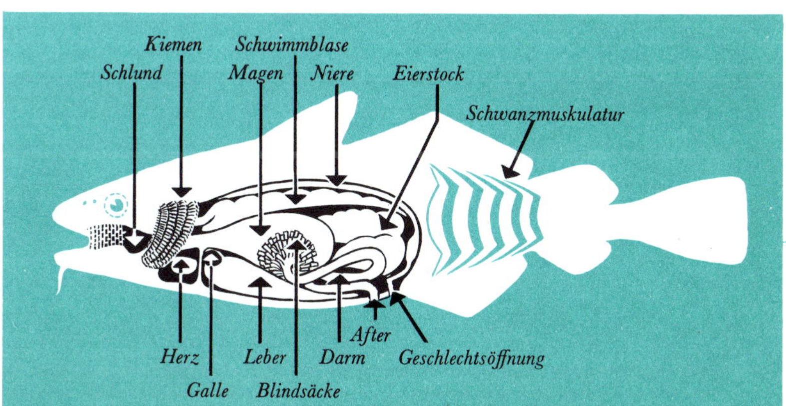

Die Rumpfmuskulatur ist rechts und links der Wirbelsäule symmetrisch angeordnet, durch dünne Zwischenhäute (Septen) aber in plattenartige Abschnitte unterteilt. Daher fallen bei einem gekochten Fisch die Muskelabschnitte leicht auseinander.
Wegen seiner geringen Versorgung mit Blut ist das Fischfleisch meist weiß. Schnellschwimmende Fische jedoch haben einen rascheren Stoffwechsel und bessere Blutversorgung für ihre Muskeln. Ihr Fleisch weist deshalb dunkle Abschnitte auf oder ist rötlich gefärbt (z. B. beim Thunfisch).

Die Sinnesorgane der Fische

Die meisten Fische sind etwas kurzsichtig, selbst wenn sie ihre Augen für das Sehen in die Ferne einstellen. Auf Grund ihrer Augenstruktur nimmt man an, daß die Fischaugen wohl geeignet sind, Bewegungen wahrzunehmen, die Form der Objekte aber nur mangelhaft widergeben. Nahe der Wasseroberfläche lebende Fisch haben oft die beste Sehschärfe. Haifische sollen nur Differenzen der Lichtintensität wahrnehmen können. Die Knochenfische jedoch besitzen auch ein gut ausgeprägtes Farbensehen. Keine Fischart aber ist so gut mit Form- und Farbensehen ausgestattet, daß sie in der Lage wäre, die künstlichen Fliegen der Sportfischer von echten zu unterscheiden – wie der Erfolg lehrt.

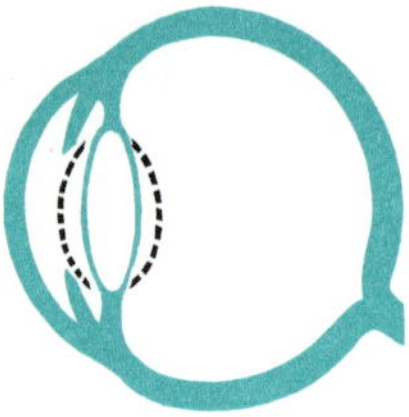

Säugetierauge, Formänderung der Linse

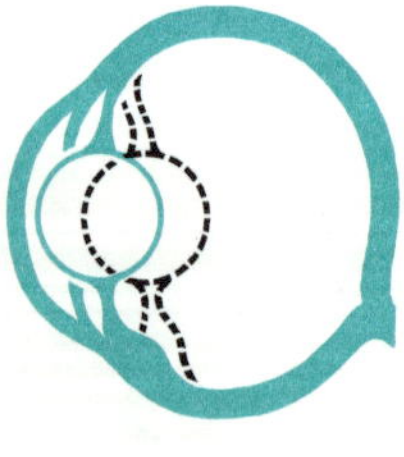

Fischauge, Lageänderung der Linse

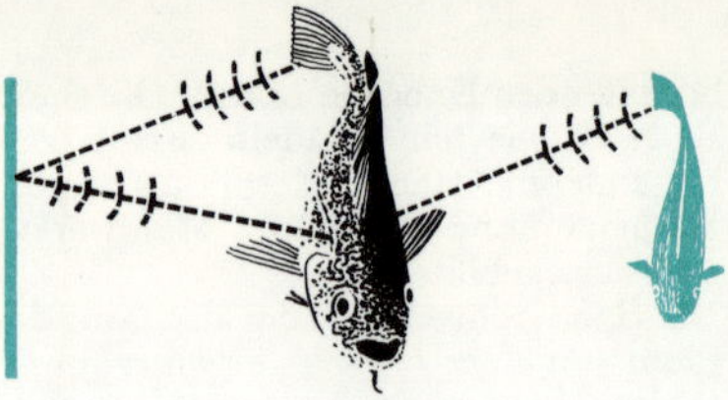

Daneben weisen die Fische einen eigenartigen Wahrnehmungsapparat, die Seitenlinie, auf, die aus einer Reihe kleiner Sinnesknospen besteht und auf beiden Körperseiten als deutlich sichtbarer Streifen zu erkennen ist. Auf dem Kopf bildet sie zahlreiche Nebenäste aus. Durch Experimente wurde bewiesen, daß das Seitenliniensystem der Ort für den Strömungssinn ist, der es dem Fisch ermöglicht, die Richtung von Druckwellen, die durch Bewegungen im Wasser (andere Fische, Feinde) entstehen, wahrzunehmen und zu identifizieren. Indem er das Echo seiner eigenen Bewegungen auffängt, vermag der Fisch mit Hilfe dieses Organes auch die Lage von unbeweglichen Objekten auszumachen; es unterstützt also den Gesichtssinn der Fische.
Die Fische können auch hören, aber je nach Familienzugehörigkeit in sehr verschiedenem Ausmaße. Die Karpfenartigen haben den besten Gehörssinn, da ihr inneres Ohr mit der Schwimmblase durch besondere Gehörknochen mechanisch verbunden ist. Die gasgefüllte Schwimmblase wird durch Schallwellen zur Vibration gebracht; diese Schwingungen übermitteln die Gehörknochen dem Ohr. Die Heringe besitzen einen ähnlich funktionierenden, wenn auch anders gebauten Mechanismus für einen besseren Schallempfang.
Wie bei den anderen Wirbeltieren, ist das eigenartig gebaute Labyrinth der Empfangsapparat für die Schallwellen (siehe S. 61) zugleich auch der Ort für den Gleichgewichtssinn (Orientierung im Raum).
Nachdem man also weiß, daß die Fische hören können, frägt man sich na-

türlich, ob sie auch fähig sind, Laute von sich zu geben. Einige Fischgruppen (Stachelmakrelen, Igelfische) tun dies, indem sie durch »Zähneknirschen« Geräusche produzieren, die durch die Resonanz der Schwimmblase verstärkt werden. Andere Fischlaute entstehen, indem Luftblasen aus dem Maul gepreßt werden (Aal, Elritze). Bei einigen Welsen, Umberfischen und Knurrhähnen wird zur Lauterzeugung die Wand der Schwimmblase durch einen besonderen Vibrationsmechanismus zum Schwingen gebracht.
Wieviele Fischarten überhaupt fähig sind, Töne zu produzieren, ist noch weitgehend unbekannt: nur in wenigen Fällen wurden genaue Untersuchungen angestellt. Die »Sprache« der Fische dient als Mittel der gegenseitigen Verständigung, besonders während der Fortpflanzungszeit. Außerdem wird sie auch zum Einschüchtern

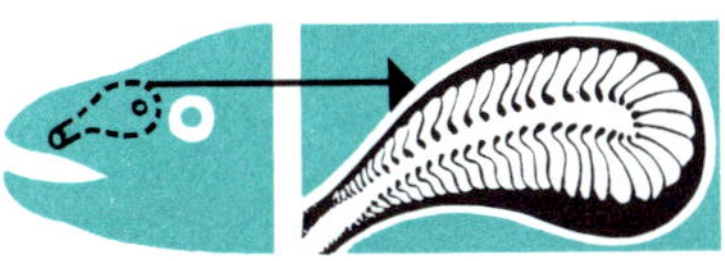

und Vertreiben von Feinden benützt oder um den Schwarmverband aufrechtzuerhalten.
Fische besitzen einen guten Geruchssinn. Beidseitig vor den Augen liegen die Nasenöffnungen, von denen jede in eine Riechgrube führt. Eine Hautbrücke unterteilt jede Nasenöffnung in zwei Abschnitte: während des Schwimmens oder durch aktives Pumpen gelangt das Wasser durch die vordere Öffnung in die Riechgrube und fließt durch die hintere Öffnung ab. Bei den Knorpelfischen liegen die Geruchsorgane unterhalb der *Schnauze*, nahe beim Maul.
Mit Hilfe des Geruchssinns kann der Fisch zwischen Freunden und Feinden unterscheiden und seinen Weg zum Futter »erschnüffeln«. Hierbei wird er auch durch den Geschmackssinn unterstützt, der nicht nur im Maul, sondern auch auf den Bartfäden, dem Kopf und einem großen Teil der Körperoberfläche lokalisiert ist.

Das Farbkleid der Fische

Betrachtet man eine der Farbtafeln dieses Buches durch eine Lupe, so entdeckt man, daß sich z. B. die grüne Farbe aus blauen und gelben Punkten zusammensetzt. In gleicher Weise sind die schwarzbraunen, gelben und roten Pigmentfarben der Fische auf Tau-

Farbzellen und Farbwechsel

sende von Farbzellen, den Chromatophoren, verteilt. Die einzelnen Farbzellen breiten die Pigmentkörnchen innerhalb der Zelle je nach Bedarf aus oder ziehen sie auf einem Punkt zusammen. Dadurch können verschiedene Farbtöne hervorgehoben oder zum Verschwinden gebracht werden.
Viele Bodenfische, die Plattfische z.B., verbergen sich, indem sie die Farbe und das Muster des Untergrundes annehmen. Dieser Farbwechsel der Fische wird hormonal und nervös gesteuert. Experimente mit geblendeten Arten zeigten, daß die Regulierung des Farbwechsels indirekt durch das Auge stattfindet.
Fast alle Fische, die in den oberen Wasserschichten leben, weisen silberhelle Körperseiten auf. Diese Färbung beruht auf der Reflexion des Lichtes in den mikroskopisch kleinen, farblosen Kristallen, die in den Farbzellen der Lederhaut eingelagert sind. Diese Kristalle bestehen aus Guanin, einem Nebenprodukt des Stoffwechsels. Tiefseefische sind oft dunkel gefärbt, wogegen die Fische der Seegras-Region eine grüne oder braune Schutzfärbung besitzen. Schließlich legt sich zur Fortpflanzungszeit ein Teil der Fische ein besonderes »Hochzeitskleid« zu, in der Absicht, dem Partner zu gefallen oder die Nebenbuhler zu vertreiben (Stichlinge, Lachse).

Körperform und Schwimmen

Hohe Geschwindigkeit – bei kleinem Energieverbrauch, das war das Ziel der Entwicklung, die Makrelen, Pinguine, Delphine und auch Unterseeboote in vielen wesentlichen Punkten ihrer äußeren Form gleich aussehen läßt.
Viele Fische jedoch sind nicht torpedoförmig gebaut, sondern weisen eine davon gänzlich abweichende Körperform auf. Sie haben, mehr oder weniger auf Kosten ihrer Schwimmfähigkeit, wiederum andere Vorteile für ihre Existenz entwickelt.

Hochrückige Fische sind zwar von der Seite her leicht zu sehen, von anderen Blickwinkeln aus aber schwer zu erkennen. Bodenfische, die sich halbvergraben im Sand verstecken, besitzen oft einen vollkommen abgeplatteten Körper, wie etwa die Rochen und Plattfische. Raubfische dagegen, die ihrer Beute auflauern, haben einen kurzen, keulenförmigen Körper mit einem enorm großen Kopf und entsprechendem Maul, z. B. der Seeteufel und Seeskorpion. Andere Fische, die sich hauptsächlich nahe über dem Boden schwimmend fortbewegen, ent-

wickelten lange, schlangenartige Körper mit weit ausgezogenen Rücken- und Afterflossen (Aal, Aalmutter und Butterfisch). Einige Arten tragen einen Panzer aus knöchernen Platten und Stacheln und sind so plump gebaut, daß sie für einen Raubfisch

schwer zu verschlingen sind, wie etwa der Seehase.
Die Mehrzahl der Fische schwimmt durch seitliche Schläge ihres Rumpfes. Ausnahmen davon sind z. B. die Seenadeln, die sich mit Hilfe der wellenförmig bewegten Rückenflosse fortbewegen. Bei Fischarten mit langen

Rücken- und Afterflossen können diese wellenförmige Bewegungen ausführen, die den Fisch vorwärts oder rückwärts treiben. Die Brustflossen dienen beim langsamen Schwimmen als Ruder, können aber auch als Gleitflächen oder als wirksame Bremse eingesetzt werden. Die Bauchflossen sind in erster Linie passive Stabilisationsorgane, werden aber bei bestimmten Arten für einen besonderen Zweck umgewandelt, z. B. zur Saugscheibe des Seehasen und der Grundeln. Für eine kurze und schnelle Vorwärtsbewegung oder auf der Flucht, nützt der Fisch den Rückstoßeffekt des Atemwassers aus, das mit großer Kraft unter den Kiemendeckeln nach rückwärts gestoßen wird.
In der Regel schwimmen die Fische mit dem Rücken nach oben. Erwachsene Flundern jedoch schwimmen, genau besehen, auf einer Seite; es gibt auch einige Fische, wie das Seepferdchen, die aufrecht oder, wie man bei einem bestimmten afrikanischen Wels beobachten kann, gar mit dem Bauch nach oben schwimmen. Viele Fische können Sprünge über die Wasseroberfläche machen, z. B. Lachse und die

Fliegenden Fische. Der in den Tropen beheimatete Schlammspringer vollführt auf dem Lande ziemlich weite Sprünge und erklettert nahe am Wasser stehende Bäume und Büsche.
Schwertfische und die größeren Vertreter der Makrelenfamilie zählen zu den schnellsten Schwimmern unter den Fischen. Bonitos können einem Schiff, das 20 Knoten (= ca. 37 km/h) fährt, stundenlang folgen; Thunfische sind sogar noch schneller.
Makrelen schwimmen zweifellos ihr ganzes Leben über, die meisten Fische aber wechseln in einem 24 Stunden Rhythmus zwischen aktiven Schwimm- und passiven Ruheperioden ab, während derer sie sich nur wenig bewegen. Ja, es gibt Fische, die, auf der Seite liegend, schlafen, wie es etwa der Klippenbarsch tut.

BIOLOGIE DER FISCHE

Schwarmbildung

Viele Fischarten schließen sich, ähnlich den Vögeln und Säugetieren, zu großen Gemeinschaften zusammen. Dabei kann man alle möglichen Grade von Schwarmbildung unterscheiden: bekannt sind vor allem die Herings- und Makrelenschwärme, denen diese Fische ihr ganzes Leben lang angehören; andere Arten, wie etwa die Schwimmgrundeln, schließen sich nur bei Gefahr und nur für wenige Se-

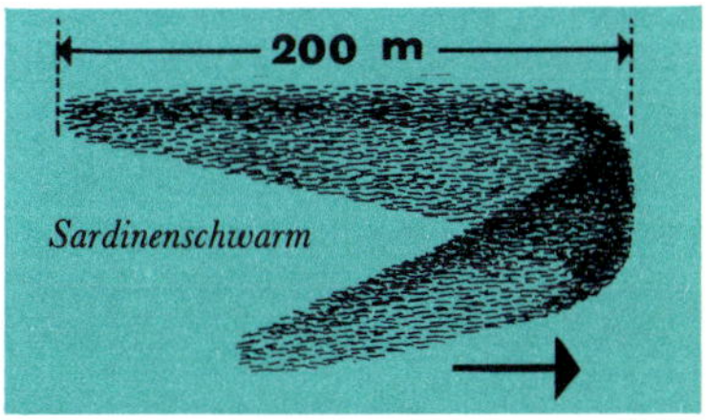

kunden dichter zusammen. Die Tiere eines Schwarmes haben gewöhnlich dieselbe Größe (und das gleiche Alter). Zum überwiegenden Teil setzt sich ein Schwarm aus einer einzigen Fischart zusammen, er kann aber auch eine geringe Anzahl anderer sozialer Fische, die sich im angeschlossen haben, beinhalten. In Sprottenschwärmen z. B. schwimmen oft junge Heringe mit.

Ebenso schließen sich die Jungfische vieler Fischarten zu Schwärmen zusammen; je erwachsener diese dann werden, um so mehr werden sie zu Einzelgängern, worauf sich der Schwarm allmählich auflöst. Der Dreistachlige Stichling bildet Schwärme, die sich beim Freßakt und zur Fortpflanzungszeit auflösen.

Der Gesichtssinn hat für den Bestand eines Schwarmes große Bedeutung: während der Nacht lösen sich die Schwärme auf, geblendete Fische vermögen keine Schwärme mehr zu bilden.

Verschiedene Instinkte bilden den Grund für die Schwarmbildung bei den Fischen: sie bietet einen gewissen Schutz vor Feinden, da viele Augenpaare mehr sehen als eines und eine große Mengenzahl einen angreifenden Raubfisch zu verwirren scheint. Die Bedeutung der Schwarmformation während der Fortpflanzungszeit ist wohl offentsichtlich.

Standfische und Zugfische

Seeskorpione, Grundeln, Aalmutter und viele andere Bodenfische bewegen sich nicht sehr weit von dem Gebiet fort, in dem sie aufwuchsen. Höchstens daß sie während der kalten Jahreszeit tiefere Wasserschichten aufsuchen. Dies gilt auch für viele Plattfische und die lokalen Bestände der Küstenheringe und -dorsche, die in bestimmten Fjorden und Buchten zu Hause sind. Diese Standfische neigen daher in viel höherem Grade als die Zugfische dazu, lokale Rassen auszubilden, die man dann an äußeren und inneren Kennzeichen unterscheiden kann: z. B. an der Zahl der Rückenwirbel und Flossenstrahlen. Solche Merkmale sind meist nur statistisch erfaßbar; tausend und mehr Fische müssen untersucht werden, um verläßliche Werte für Rassendifferenzierungen zu erhalten.

Ein großer Teil der wichtigsten Nutzfische sind Zugfische, die jahreszeitlich- und zweckgebundene Wanderungen unternehmen – oft Tausende von Kilometern innerhalb ihrer Verbreitungszone. Man denke dabei nur an die Wanderungen der Sardinen, Heringe, Makrelen, Thunfische und Dorsche.

Die Fische haben für ihre Wanderungen zwei Hauptmotive: Nahrungssuche und Fortpflanzung. Nachdem der Thunfisch im Mittelmeer gelaicht hat, ist er abgemagert und ausgehungert. Deshalb zieht er in den Sommermonaten gegen Norden, um dort die fischreichen Gewässer aufzusuchen. Im Juli erreicht er die norwegische Küste und kehrt, sobald das Wetter kühler wird, in südlichere Gefilde zurück. Im

nächsten Frühjahr treiben ihn seine Instinkte zum Mittelmeer, wo seine Laichgründe liegen. Auf diese Weise schließt sich ein Kreis, der für viele Fischwanderungen charakteristisch ist: ein stetes, jahreszeitlich beeinflußtes Wandern zwischen Laich- und Futterplätzen, mit einem Überwinterungsplatz dazwischen.

Es ist eine bei Fischen häufige und eigenartige Erscheinung, daß das Laichen in einem bestimmten Gebiet stattfindet, die junge Brut aber an einem ganz anderen Orte aufwächst. Die Schollen laichen in der Nordsee in Tiefen von 25–75 m. Die Eier treiben für fast drei Wochen passiv im Meere, die frischgeschlüpfte Brut aber kann schwimmen und sucht, mit Hilfe der Meeresströmungen, seichtes Wasser auf. So kommt es, daß die Schollenbrut ihre ersten Lebensmonate in geringen Tiefen entlang den Sandbänken der Nord- und der west-

lichen Ostsee verbringt. Während sie in ihrem Wachstum fortschreiten, suchen sie tiefere Wasserschichten auf und verteilen sich schließlich in Tiefen von etwa 5–15 m.
Die Sprottenbrut wird von den Laichgründen im Skagerrak entlang der norwegischen Südwestküste, die Dorschbrut von den Lofoten zur Finnmarkenküste getrieben, usw. Die Wanderwege der Fische werden vor allem durch hydographische Faktoren (Wassertemperatur, Strömungs-, Boden- und Tiefenverhältnisse) bestimmt (siehe S. 18).

Die Fortpflanzung der Fische

Die Fortpflanzungsorgane der Knochenfische haben die Form von hohlen Säcken, die Eier (Rogen) oder Samen (Milch) auf ihrer Innenwand produzieren. Bei unentwickelten Fischen sind sie noch sehr klein, aber wenn diese laichreif werden schwellen die Gonaden mit Geschlechtsprodukten an. Das Ablaichen findet durch einen kurzen Kanal direkt hinter den After statt.

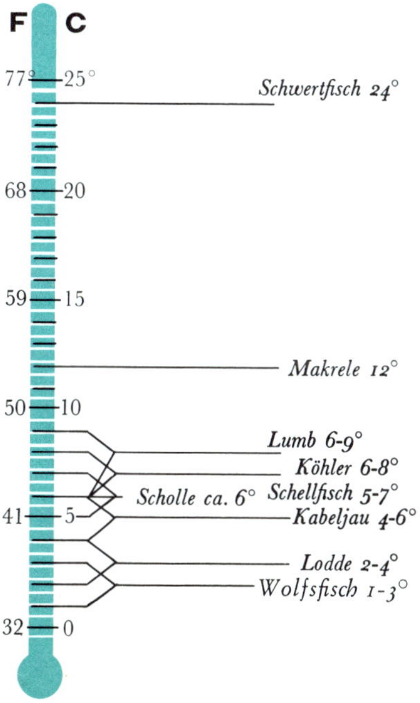

Während des Heranreifens suchen die Fische geeignete Laichplätze auf. Dieses Buch enthält viele Beispiele für die besonderen Wünsche die die Fische hierin entwickeln können:
Einige Arten z. B. nehmen es mit der Wahl der geeigneten Wassertemperatur sehr genau und laichen nur innerhalb eines Spielraumes von wenigen Graden. Dorsche laichen bei 4°–6° C, Makrelen bei ca. 12° C.
In der Regel werden Rogen und Milch frei ins Wasser abgegeben, während die Tiere nebeneinander, manchmal Bauch an Bauch (wie es z. B. bei Dorschen und Leierfischen der Fall ist) einherschwimmen. Bei einigen Fischen jedoch kommen Begattungsorgane vor; die Eier werden dann im Körper der Weibchen befruchtet (Seeskorpion, Rotbarsch, Haie, Rochen).
Die Eier sind durchsichtig, grünlich oder rötlich gefärbt. Viele Fischeier sind etwas leichter als Wasser und schweben langsam zur Wasseroberfläche (Sprotten, Dorsche und Plattfische), andere dagegen sinken zu Boden (Heringseier) oder kleben durch Haftfäden am Seegras (Hornhecht) fest. Eine große Anzahl der freischwebenden (= pelagischen) Eier gehen bei schlechten Wetter zugrunde oder werden gefressen. Viele frischgeschlüpften Larven verhungern, sobald nicht genug Nahrung im Wasser vorhanden ist. Daher muß die Zahl der Eier sehr groß sein. Den Rekord hält, soweit bekannt, der Mondfisch mit 300 Millionen Eiern. Eine Scholle laicht je nach Größe 50 000 bis 500 000 Eier ab.
Eine ganze Anzahl von Fischen, die nahe der Küste laichen, treiben Brutpflege. Der Seehase bewacht seinen Eiklumpen gegen Feinde, die Grundeln verstecken ihr Gelege auf der Unterseite von Muschelschalen, Stichlinge wiederum bauen Nester. Auf diese Weise werden die Eier vor Feinden beschützt, so daß sich die Eizahl auf wenige Hundert verringern kann. Die Haie gebären 4–20 große Junge.
Die meisten Fische laichen jedes Jahr, einige verenden nach dem Laichen. Für alle gemeinsam ist, daß die Fortpflanzungszeit sehr viel Lebenskraft

von ihnen verlangt, so daß sie nach dem Laichgeschäft mager, erschöpft und hungrig sind. Eine Anzahl Fische frißt während der Laichperiode wenig oder überhaupt nichts.

Die Entwicklung

Nach der Befruchtung entwickelt sich der Embryo auf Kosten der Dottermasse, die er umwächst und allmählich in seinem Magen aufnimmt. Die Entwicklung hängt von der Temperatur ab und dauert von ein paar Tagen bis zu mehreren Monaten.
Der frischgeschlüpfte Jungfisch hat oft wenig Ähnlichkeit mit den erwachsenen Tieren, so daß er als »Larve« bezeichnet wird. Bevor diese das Aussehen der Eltern erhält, muß sie sich

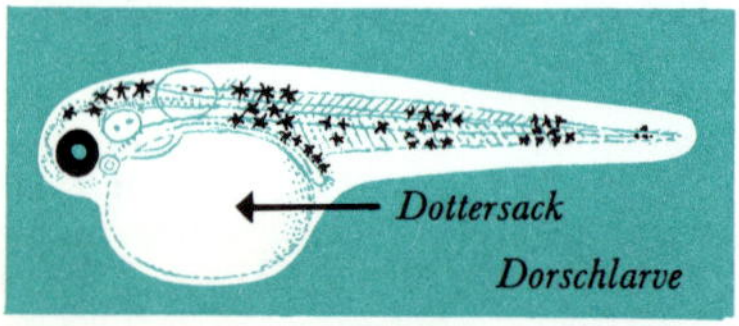

Dorschlarve

erst einer Umwandlung unterziehen. Die Larven der Fische zu identifizieren und ihre Entwicklung zu klären, ist ein ebenso interessantes wie schwieriges Unterfangen. Als Beispiele für sehr eigenartige Larvenformen sei auf diejenigen des Mondfisches und des Anglers (S. 195) hingewiesen. Vollständige Entwicklungsreihen findet man unter Aal (S. 83), Heringe (S. 65), Dorsch (S. 99) und Scholle (S. 187).
Viele Fische kümmern sich nicht um ihre Nachkommenschaft, die, auf sich allein gestellt, sich so gut wie möglich durchschlagen muß.
Gewöhnlich führen die Larven eine pelagische Lebensweise und halten sich in den oberen Wasserschichten auf. In den ersten Tagen nach dem Schlüpfen ernähren sie sich von den Dotterresten und danach von winzigen Planktonorganismen. Ihre Schwimmfähigkeit ist noch sehr gering entwickelt, so daß die Larven mit den Strömungen fortgetrieben werden.
Nach einigen Wochen pelagischen Lebens, suchen die Larven der Grundfische den Meeresboden, oft an ganz seichten Stellen, auf. Die Jungen der Plattfische durchlaufen nun ihre eigenartige Umwandlung zum fertigen Tier, wie dies bei der Scholle (S. 184) erwähnt wird. Die Jungfische der freischwimmenden Arten wiederum schließen sich zu Schwärmen nahe der Küsten zusammen (z. B. Heringe) oder suchen tiefere Wasserschichten des Meeres auf (z. B. Mondfisch, Schwertfisch). Die Larven haben sich zu diesem Zeitpunkt bereits verwandelt und schauen wie kleinere Ausgaben ihrer Eltern aus.

Wachstum und Alter

Das Wachstum hängt natürlich in erster Linie von der zur Verfügung stehenden Futtermenge und der Temperatur ab, variirt aber sehr von Art zu Art: im Alter von drei Jahren erreicht die Makrele 30 cm; ein naher Verwandter, der Thunfisch, mißt dann bereits 100 cm. Für viele Fische wird in diesem Buch das Gewicht angegeben. Die Fische wachsen ihr ganzes Leben über, am schnellsten aber, solange sie jung sind. Es ist daher schwierig festzustellen, wie groß die einzelnen Fischarten werden können und die Angaben über die maximale Länge und das Gewicht einer Art bedeuten nur, daß so große Werte oder gar noch größere sehr selten sind. Das schnelle Wachstum der Sommermonate verzögert sich im Winter. Auch zur Zeit der Vorbereitung auf die Laichperiode wächst ein Fisch langsamer, da ein großer Teil der aufgenommenen Nährstoffe zum Auf-

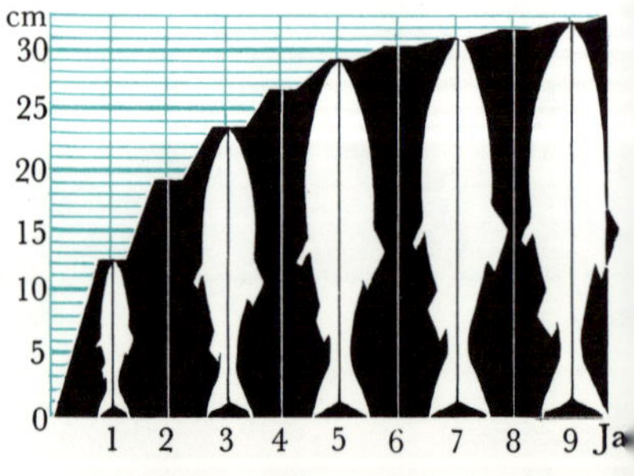

bau von Sexualprodukten verwendet wird. Es zeigen sich nur geringe Unterschiede bezüglich der Wachstumsgeschwindigkeit bei Männchen bzw. Weibchen. Bei Plattfischen und Aalen sind die Weibchen in der Regel etwas größer.

Die Beziehung zwischen Länge und Gewicht eines Fisches wird durch folgende Formel ausgedrückt: Gewicht $= a \times L^n$; wobei a eine Konstante und der Exponent n gewöhnlich ca. 3 ist, da das Wachstum dreidimensional vorsichgeht, wogegen die Länge nur das Maß für eine Dimension ist.

Eine Anzahl Grundeln und Seenadeln haben nur eine Lebensdauer von einem Jahr. Andere Fische wiederum können weit über 20 Jahre alt werden, wie z. B. der Grönlandhai, Aal, Dorsch, Rotbarsch, Heilbutt und die Scholle. Der Stör soll angeblich über 100 Jahre alt werden. Die Bestimmung der Wachstumsgeschwindigkeit und des Alters der Fische hat große Bedeutung für die fischereibiologischen Untersuchungen, worauf auf S. 235 näher eingegangen wird.

Fischnahrung

Fast alle Meeresfische leben von tierischer Nahrung; Pflanzenfresser werden hauptsächlich im Süßwasser gefunden. Zu den typischen Raubfischen, die sich von anderen Fischen ernähren gehört der Thunfisch und ein Teil der Haie. Andere Fische entwickeln sich erst mit fortschreitendem Alter zu Raubfischen: viele Dorsche und Rotbarsche z. B. ernähren sich in ihren alten Tagen hauptsächlich von Heringen und Lodden.

Die Hauptnahrung für Raubfische stellen die kleinen und in großer Zahl vorkommenden Arten dar: Sardinen, Heringe, Sprotten, Lodden, Sandaale, Leierfische und Grundeln. Der Thunfisch hat eine besondere Vorliebe für andere Raubfische: Makrelen, Makrelenhecht und Hornhecht.

Die meisten Fische fressen überwiegend wirbellose Tiere. Besonders drei Tiergruppen sind hier von Bedeutung: Die Krebse *(Crustaca)*, die im Meer die gleiche Rolle wie die Insekten auf dem Lande spielen und von vielen Fischarten gefressen werden. Die Borstenwürmer *(Polychaeta)* sind eine

Krebstiere (18000 Arten im Meer)

andere wichtige Gruppe, von denen sich in mehr oder weniger hohen Maße praktisch alle Bodenfische ernähren. Daneben sind auch die Weich-

Borstenwürmer (4000 Arten im Meer)

tiere *(Mollusca)* von Bedeutung, besonders diejenigen Muscheln und Schnecken mit dünner Schale, die leicht aufzuknacken sind. Der Seewolf

Weichtiere (91000 Arten im Meer)

jedoch hat so kräftige Zähne (siehe Abb 117 b S. 153), daß er sogar der dickschaligen Weichtiere Herr wird.

Eine andere Gruppe von Bodentieren, die bei der Ernährung der Fische eine Rolle spielen, sind die Stachelhäuter *(Echinodermata)*, nämlich die See-

Stachelhäuter (6000 Arten im Meer)

sterne, Schlangensterne, Seeigel und Seegurken. Die Stachelhäuter sind aber nur von geringem Nährwert für die Fische; daher werden sie nur an Orten gefressen, an denen der Boden arm an Krebsen, Würmern und Weichtieren ist.

Die Oberflächenfische finden ihre Nahrung mit Hilfe des Gesichtssinnes, die Bodenfische auch mit Hilfe der Sinnesorgane auf ihren Mundtentakeln (Bartfäden der Dorschfamilie). Plattfische haben für den gleichen Zweck spezielle Sinneszellen an der Unterseite ihres Kopfes.

Plankton und Nahrungsketten

Der Begriff Plankton wird für alle die meist winzig kleinen Organismen, Tiere ebenso wie Pflanzen, angewendet, die gemeinsam haben, daß sie sich im Meerwasser schwebend mehr oder weniger passiv mit den Meeresströmungen treiben lassen.

Pflanzliches Plankton *(Phytoplankton)* findet sich nur in den obersten Wasserschichten, da es, wie die meisten anderen Pflanzen, von der Sonnenenergie abhängig ist. Es verwendet die Nährsalze und das Kohlendioxyd des Meerwassers, um in einer chemischen Synthese organisches Material aufzubauen. Es besteht in der Hauptsache aus mikroskopisch kleinen, einzelligen Algen, von denen die meisten nur 1/10 bis 1/1000 mm messen. Die wichtigsten Bestandteile des Phytoplanktons sind die Kieselalgen *(Diatomea)* und die Geiselalgen (vor allem *Dinoflagellata* und *Coccolithina)*. Trotz ihrer geringen Größe stellen die Algen auf Grund ihres massenhaften Vorkommens und ihrer raschen Vermehrung die Grundlage für die Ernährung aller Meerestiere dar. Vom Phytoplankton ernährt sich nämlich das tierische Plankton *(Zooplankton)*, die pelagischen Krebse, Flossenschnekken und Medusen, wie etwa die bekannten Quallen. Auch ein Teil der pelagischen Würmer werden, ebenso wie die Eier und Larven der Fische und der wirbellosen Bodenfauna, zum Plankton gerechnet.

Die wichtigsten direkten Verbraucher des Phytoplanktons sind die Krebse: die 1–4 mm langen Ruderfüßler *(Copepoda)* und die 7–40 mm langen Leuchtkrebschen *(Euphausiacea)*. Von diesen Krebsen und ihren Larven leben die übrigen Planktontiere, auch die pelagischen Fischlarven.

Viele erwachsene Fische leben in verschiedenem Ausmaße von Planktonorganismen. Dies gilt für den Hering, Lodde, Makrele, aber auch für größere Fische wie den Riesenhai und den Mondfisch. Wie bekannt, leben auch die Bartenwale vom Plankton.

Das übrige Tierleben des Meeresbodens wird ebenfalls direkt oder indirekt vom Plankton aufrechterhalten. Ein ständiger Regen von Futterresten, Exkrementen und toten Organismen fällt aus der produktiven Planktonschicht auf den Meeresboden herab. Dieser »Regen«, in der Fachsprache Detritus genannt, wird auf dem Boden zerlegt und verwendet von Bakterien, verschiedenen Muscheln, Würmern und Krebstieren.

Phytoplankton: **1** *Kieselalgen* **2** *Panzeralgen.* Zooplankton: **3** *Fischeier* **4** *Krabbenlarven* **5** *Krebslarven* **6** *Flügelschnecke* **7** *Hüpferlinge* **8** *Quallen* **9** *Pelagische Flohkrebse* **10** *Borstenwürmer* **11** *Tintenfischlarven* **12** *Pfeilwürmer* **13** *Fischlarven* **14** *Leuchtgarnelen*

Die Nahrung wird im Fischkörper in Energie und Wachstum umgesetzt. Durch einen Vergleich der aufgenommenen Futtermenge mit der Gewichtszunahme eines Fisches erhält man ein Bild von der Leistung des Stoffwechsels. Ergibt z. B. eine Futtermenge von 4 kg eine Gewichtszunahme von 1 kg, so beträgt der Umsetzungskoeffizient 4,0. Bei jungen Fischen ist dieser Koeffizient gewöhnlich niedrig, bei älteren hoch; im allgemeinen beträgt er, je nach dem Nährwert (Kalorieninhalt) des Futters, 4,8–8,0.

Die Lebewesen im Meer können alle als Glieder einer Ernährungskette betrachtet werden, wie es das untenstehende Bild anschaulich darstellt. Von Nahrungskonkurrenz spricht man, wenn sich zwei Fischarten vom selben Futter ernähren: an Stellen, wo z. B. die Kliesche in großer Zahl vorkommt, wird sie, vom wirtschaftlichen Standpunkt aus gesehen, zu einem schädlichen Konkurrenten für die wertvollere Scholle. Seeskorpione sind aus dieser Sicht nur gierige und unnütze Konkurrenten der Nutzfische.

Ernährungskette

Die Verbreitung der Fische

Am Cap Hatteras biegt der warme Golfstrom von der Küste Nordamerikas ab und setzt sich nordostwärts als nordatlantische »Westwinddrift« quer über den Atlantik hin fort. Nahe der amerikanischen Küste transportiert dieser mächtige Strom 50 Millionen

Der Golfstrom und die atlantische Westwinddrift

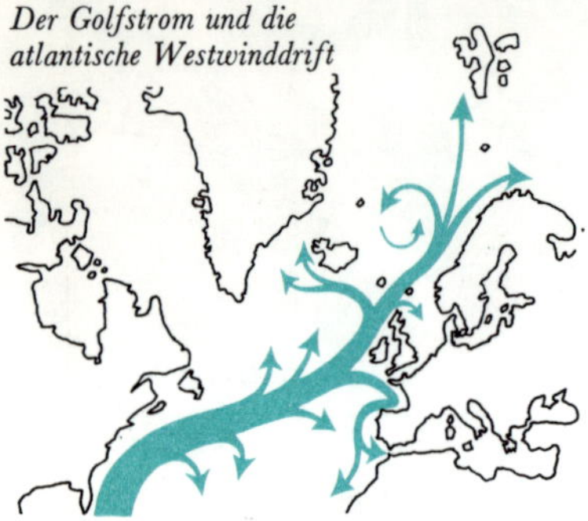

Tonnen Wasser in der Sekunde. Da auf seinem Wege über den Atlantik südwärts drehende Seitenströme abzweigen, erreichen »nur« 10 Millionen Tonnen Wasser die Gebiete westlich von Irland. Hier teilt sich die Strömung erneut und entsendet Ausläufer, nach Norden bis SW-Island, W-Norwegen und der südlichen Barents-See, nach Südosten bis zur Westküste Frankreichs und zum Mittelmeer. Auch die Nordsee hat Anteil an diesem warmen, nordatlantischen Strömungssystem. Die milden Winter der nordeuropäischen Küsten sind auf Sonnenenergie zurückzuführen, die 2 bis 3 Jahre von der Karibischen und der Sargasso See unterwegs waren.
Die meisten unserer Nutzfische sind an jenes Gebiet angepaßt, das unter dem Klimaeinfluß der nordatlantischen Westwinddrift steht. Dieser Bereich, den die Tiergeographen die boreale Zone nennen, erstreckt sich von der Biskaya bis zur südlichen Barents-See. Dorsche, Heringe und Schollen gehören zu den typischen Fischen der Borealzone.
Zu den borealen Fischen kommen in NW-Europa viele südliche Arten hinzu, die der mehr wärmeliebenden mediterran-atlantischen Fauna angehören. Die Nordgrenze ihrer Verbreitung liegt bei Irland und dem Kanal; einige dieser Fische sind jedoch häufige Sommergäste in der Nordsee, dem Skagerak und in den Gewässern vor W-Norwegen, z. B. Thunfische, Meeräschen, Seebarsche, Streifenbarben, Anchovis und Petersfische. Im Bereich der Bretagne kann man die interessante Beobachtung machen, wie die südlichen Arten hier die Lebensräume ihrer nördlichen Verwandten einnehmen. Die Sardine zum Beispiel ist eine südliche, die Sprotte eine boreale Art; sie gehören zur Familie der Heringe und beide ernähren sich in küstennahen Gewässern von Plankton. Sie werden mit den selben Geräten gefangen und auf gleiche Weise verarbeitet.
Neben den südlichen Arten finden sich in der borealen Fischfauna auch nördliche, arktisch-boreale Faunenelemente, die niedrige Temperaturen bevorzugen, wie etwa die Lodden, die Polardorsche und die in tiefen, kalten Stellen lebenden Wolfsfische.
Auf einer kleinen Karte wird für jede Fischart in diesem Buch das Hauptverbreitungsgebiet angegeben. Wenn man bedenkt, daß die einheitliche Meeresoberfläche eine große Mannigfaltigkeit verschiedenster Lebensmöglichkeiten unter sich birgt, wundert man sich nicht, daß die Meeresfische eine genau begrenzte geographische Verbreitung haben. Jede Art ist an bestimmte Temperaturen, Wassertiefen und Bodenverhältnisse angepaßt und steht in hartem Konkurrenzkampf mit Artgenossen und Feinden um Futter und Laichplätze.

Hydrographie

Die Kenntnis der Physik und Chemie des Meerwassers liefert den Schlüssel für ein besseres Verständnis der Biologie der Fische.
Im Durchschnitt enthält das Meerwasser ca. 35 g gelöste Salze pro Liter (Salzgehalt = 35 Promille); es ist deshalb schwerer als Süßwasser. Neben dem Salzgehalt ist sein spezifiches Gewicht auch von der Temperatur abhängig (warmes Wasser ist leichter als kaltes!), so daß im Meer eine

horizontale Schichtung aus Zonen mit verschiedenem Salzgehalt und Temperaturen entsteht. Viele Beispiele und deren praktische Bedeutung für die Seefischerei wären hier zu nennen: so fließt wie ein riesiger Strom das warme und daher leichte Wasser der Westwinddrift über die kalten Schichten des Nordatlantiks.

Ein ähnliches Beispiel liefern die Verhältnisse in der Ostsee: dort ist der Salzgehalt des Wassers wegen der reichlichen Süßwasserzufuhr geringer als in der Nordsee. Der Wasserüberschuß der Ostsee fließt durch den Öresund als ziemlich brackiger (und daher leichter), 10–20 m tiefer Oberflächenstrom, entlang der schwedischen Kattegat-Küste und legt sich über das salzhaltigere atlantische Wasser, das in entgegengesetzter Richtung von der Nordsee her einströmt.

Auf ähnliche Weise kann das kalte, brackige Küstenwasser vor Norwegen in den Wintermonaten als 30–70 m dicke Schicht das wärmere atlantische Wasser bedecken. Genau an der Übergangsstelle zwischen diesen beiden Schichten, der Sprungschicht, in deren Bereich die Temperatur ca. 5° C beträgt, laicht im Frühjahr der Norwegische Hering – und hier wird er gefangen.

Für die Planktonproduktion spielt die Schichtung des Meerwassers eine wichtige Rolle. Während der Wintermonate kühlt sich im nördlichen Atlantik das Wasser bis in ca. 500 m Tiefe auf die gleiche Temperatur ab. Infolgedessen ist diese mächtige Schicht nicht mehr stabil und den Wirbelbildungen durch Wind und

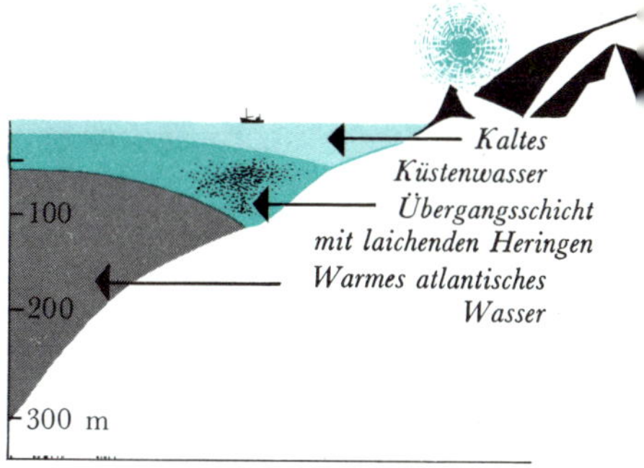

Wellen ausgeliefert. Die Planktonalgen werden von diesen vertikalen Strömungen in die Tiefe gerissen und aus dem für sie notwendigen Sonnenlicht entfernt, so daß sie zu dieser Jahreszeit nur schlecht gedeihen. Im Frühjahr dagegen entsteht durch die kräftige Sonneneinstrahlung eine 25–40 m tiefe, wärmere Oberschicht, die sich auf Grund ihres niedrigeren spezifischen Gewichtes als eine stabile Decke über das kalte Wasser legt. In dieser Deckschicht bleiben die Algen dem Sonnenlicht ausgesetzt – eine gewaltige Planktonproduktion ist die Folge! In dieser Zeit der größten Planktonvermehrung erscheinen nun die pelagischen Larven vieler unserer wichtigsten Nutzfische. Dann und wann kommen auch einige von ihnen schon zu früh: ein beträchtlicher Teil der Schollenbrut geht zugrunde, wenn sie durch Strömungen in ein Gebiet geschwemmt werden, das zu wenig Plankton enthält.

BESTIMMUNGSSCHLÜSSEL

Um die einzelnen Fischarten bestimmen zu können, bedient man sich des unten angegebenen Bestimmungsschlüssels. Man beginnt hierbei bei der Ziffer 1. Jede Zahl auf der linken Seite des Schlüssels umfaßt in einer Klammer 2–4 verschiedene Kennzeichen der Fische. Auf der rechten Seite findet man für jedes dieser Kennzeichen einen Hinweis auf eine neue Ziffer oder den gefundenen Namen. Die mit einem Stern versehenen Arten werden nur im Bestimmungsschlüssel erwähnt.

Bestimmungsschlüssel für die Hauptgruppen

1 Körper aalförmig, paarige Flossen fehlen, Mund als Saugscheibe ausgebildet .... **Rundmäuler,** Seite 33
Andere Körperform **2**

2 Ohne Kiemendeckel, mit 5-7 Kiemenspalten .... **Haie und Rochen,** Seite 20
Bestimmungsschlüssel I

Mit Kiemendeckel **3**

3 Die Seitenlinie bildet auf dem Kopf ein charakteristisches Muster .... **Chimären,** Seite 59
Ohne ein solches Muster .... **Knochenfische,** Seite 23
Bestimmungsschlüssel II

Schlüssel I. Haie und Rochen

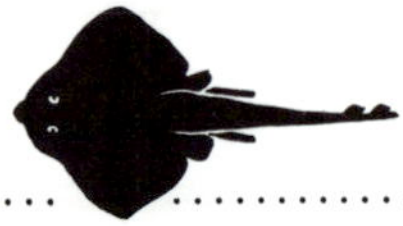

1 Körper scheibenförmig, Kiemenöffnungen auf der Bauchseite .... **Rochen 2**
Kiemenspalten seitlich vor den Brustflossen .... **Haie 12**

2 Schwanz peitschenförmig, mit einem Stachel bewaffnet **3**

Schwanz mit zwei kleinen Rückenflossen **4**

3 **Adlerrochen,** *Myliobatis aquila,* Seite 58 u. .... **Stechrochen,** Seite 59

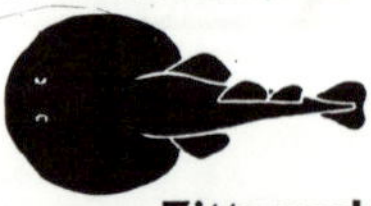

4 Körperscheibe fast kreisrund, Haut ohne Dornen .... **Zitterrochen,** Seite 51
Körperscheibe breit **5**

5 Maul stumpfwinklig **6**
Maul recht- oder spitzwinklig **9**

6 Große Rückendornen mit glatter Basalplatte ....**Nagelrochen,** Seite 53
Rückendornen, falls vorhanden, mit gerippter Basalplatte **7**

7 Die Vorderkante der Körperscheibe stark ausgebuchtet ....**Fyllarochen,** Seite 53
Die Vorderkante ist nur schwach ausgebuchtet oder gerade..........**8**

8 Bis zu 16 große Dornen in einer Längsreihe auf dem Rücken ..**Sternrochen,** Seite 53
Die Dornen auf dem Rücken sind klein oder fehlen ganz.
Folgende 6 Arten kommen vom Mittelmeer bis zum Kanal vor:

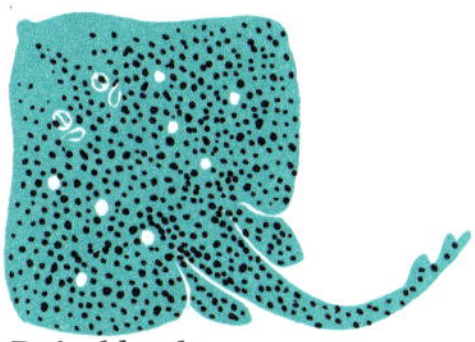

Raja blanda
Blonde*

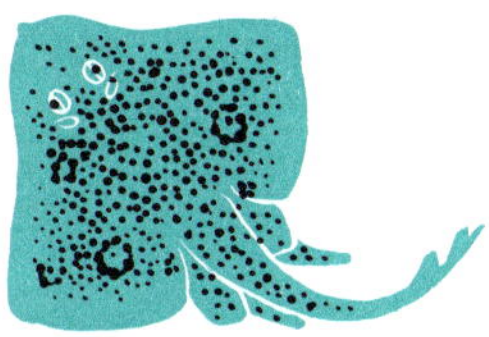

Raja montagui
Fleckenrochen*

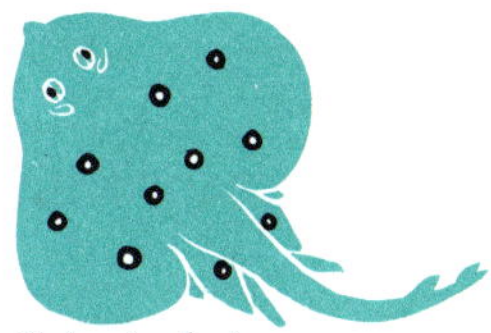

Raja circularis
Sandrochen*

Raja naevus
Kuckucksrochen*

Raja undulata
Scheckenrochen*

Raja microcellata
Hellfleckiger Rochen*

9 Körperunterseite einfarbig weiß; Dornen auf Rücken und Schwanz **10**
Körperunterseite dunkel oder gefleckt; Dornen nur auf dem Schwanz und eventuell in der Nähe der Augen **11**

10 Schwanzrücken mit einer mittleren Dornenreihe..........**Weißrochen,** Seite 57
Schwanzrücken ohne mittlere Dornenreihe ....**Chagrinrochen,** Seite 57

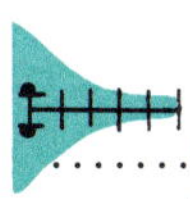

11 Schnauze 5-6 mal länger als der Augenabstand ....**Spitzrochen,** Seite 57
Schnauze ca. 3 mal so lang wie der Augenabstand..........**Glattrochen,** Seite 55

12 Sechs Kiemenspalten, nur eine Rückenflosse..........**13**
Fünf Kiemenspalten, zwei Rückenflossen **14**

13 Schwanzlänge beträgt ca. ⅓ der Gesamtlänge........**Grauhai*** *Hexanchus griseus*

Schwanz nicht auffallend verlängert.......**Krausenhai*** *Chlamydoselachus anguineus*

14 Flacher Körper, endständiges Maul ....

Meerengel, Seite 51

Andere Körperform **15**

15 Mit einem Stachel vor jeder Rückenflosse ....

16

Ohne Stacheln vor den Rückenflossen **17**

16 1. Rückenflosse kleiner als die zweite .... **Schwarzer Dornhai,** Seite 47

Schwanzflosse mit breitem Lappen ....

Brauner Dornhai* *Centrophorus squamosus*

Schwanzflosse ohne Lappen .... **Gemeiner Dornhai,** Seite 45

17 Mit Afterflosse ....

.... **18**

Ohne Afterflosse .... **Grönlandhai,** Seite 49

18 1. Rückenflosse liegt hinter den Bauchflossen...

Katzenhai, Seite 46 und **Fleckhai,** Seite 47

1. Rückenflosse liegt vor den Bauchflossen **19**

19 Schwanzflosse ungefähr so lang wie der Rumpf

Fuchshai, Seite 41

Schwanzflosse nicht auffallend verlängert........................ **20**

20 Sehr hohe Kiemenspalten ....

Riesenhai, Seite 39

Kiemenspalten kleiner **21**

21 An der Ober- und Unterseite der Schwanzflossenwurzel eine querlaufende Vertiefung .... **Blauhai,** Seite 42

Ohne querlaufende Vertiefung.. **22**

22 Schwanzflosse halbmondförmig ....

.... **23**

Schwanzflosse nicht halbmondförmig **24**

23 Der Hinterrand der Brustflossen liegt vor der 1. Rückenflosse, Zähne einspitzig .... **Makrelenhai*** *Isurus oxyrinchus*

Der Hinterrand der Brustflossen liegt unter der 1. Rückenflosse, Zähne dreispitzig..................... **Heringshai,** Seite 37

24 Die beiden Rückenflossen sind fast gleich groß

Glatthai, Seite 41

Die 2. Rückenflosse ist deutlich kleiner .... **Hundshai,** Seite 41

Schlüssel II. Knochenfische

Die folgenden 10 Knochenfische haben ein so typisches Aussehen, daß man sie an ihrer Körperform sofort erkennt:

max. 12 cm
Silberbeil, Seite 73

max. 1,5 m
Gotteslachs, Seite 121

max. 60 cm
Petersfisch, Seite 122

max. 7 m, bandförmig
1 **Riemenfisch,** Seite 120

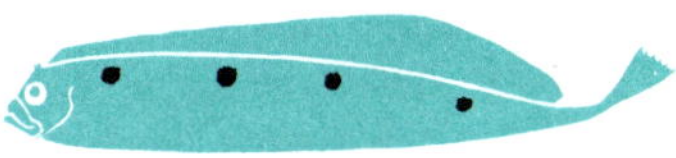

max. 3 m, bandförmig
Spanfisch, Seite 120

max. 3,0 m
Mondfisch, Seite 195

max. 1,5 m
Seeteufel, Seite 195

max. 70 cm **Brachsen-makrele,** Seite 125

max. 3-4 m
Schwertfisch, Seite 149

Macrorhamphosus scolopax
Schnepfenfisch, 15 cm

Fische mit anderen Körperformen **2**

2 Haiähnlicher Körper mit Längsreihen von Knochenschildern .... **Stör,** Seite 63
Andere Körperform **3**

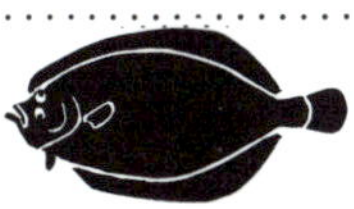

Körper flach, oval, mit langen Flossensäumen
3 **Plattfische,** Seite 172

Körper dünn, Schnauze röhrenförmig, Rückenflosse kurz .... **Seenadeln,** Seite 92
Andere Körperform **4**

4 Schnauze schnabelartig verlängert; die unpaaren Flossen schwanzständig **5**

Schnauze mit 2-4 Bartfäden .... **Seequappen,** Seite 119

Andere Kennzeichen **6**

5 Mit Flösselchen hinter der Rücken- und Afterflosse .... **Makrelenhecht,** Seite 90

Ohne Flösselchen .... **Hornhecht,** Seite 89

6 Mit drei weichstrahligen Rückenflossen .... **Dorsche,** Seite 97

Mit zwei Rückenflossen und Flösselchen auf dem Schwanzstiel .... **Makrelen,** Seite 139

Ohne diese Kennzeichen **7**

7 Mit einigen isolierten, beweglichen Stacheln vor der Rückenflosse .... **Stichlinge,** Seite 171

Ohne solche Stacheln **8**

8 Mit einer kurzen, weichstrahligen Rückenflosse; ohne Seitenlinie .... **Heringe,** Seite 64

Mit einer kurzen, weichstrahligen Rückenflosse und einer kleinen, strahlenlosen Fettflosse **9**

Ohne diese Kennzeichen **13**

9 Mit Leuchtorganen entlang der Bauchseite .... **Lachshering,** Seite 73

Ohne Leuchtorgane **10**

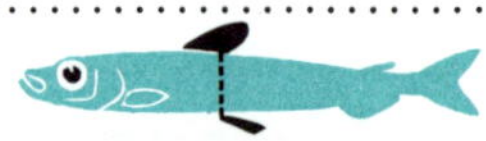

10 Die Bauchflossen liegen unter dem Hinterrand der Rückenflosse; sehr große Augen .... **Glasauge** und **Goldlachs,** Seite 81

Die Bauchflossen liegen unter dem mittleren oder vorderen Teil der Rückenflosse **11**

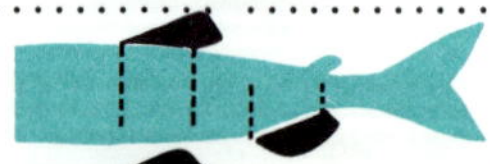

11 Afterflosse etwas länger als die Rückenflosse; schlanke Körperform **12**

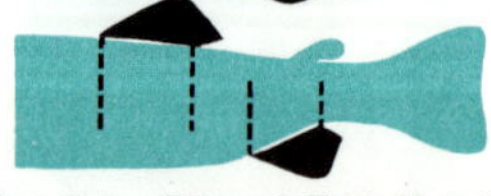

Afterflosse etwas kürzer als die Rückenflosse .... **Lachs,** Seite 75 und **Forelle,** Seite 79

12 Höchstens 80 Schuppen in der Längsreihe .... **Stint,** Seite 81

Mindestens 150 Schuppen in der Längsreihe .... **Lodde,** Seite 81

13 Ohne deutlich abgesetzte Schwanzflosse **14**

Mit deutlicher Schwanzflosse **16**

4 Mit einem Kinnbärtel; Schwanz lang und dünn, oft abgebrochen . . . . **Grenadierfisch,** Seite 95
Ohne diese Kennzeichen **15**

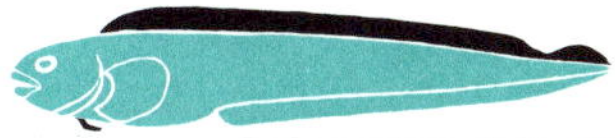

5 Mit kleinen Bauchflossen; am hinteren Ende der Rückenflosse eine Einbuchtung . . . . **Aalmutter,** Seite 155
Mit kleinen Bauchflossen; Rückenflosse ohne Einbuchtung . . **Wolfsfisch,** Seite 155
Ohne Bauchflossen; die kleinen Kiemenöffnungen liegen nahe der Brustflossenbasis . . . . **Aal,** Seite 83

6 Kleine, schlanke Fische, mit spitzer Schnauze und silberglänzenden Körperseiten; ohne Bauchflossen . . . . . . **Sandaale,** Seite 133
Ohne diese Kennzeichen **17**

7 Bauchflossen mehr oder weniger zusammengewachsen, schalen- oder trichterförmig; zwei Rückenflossen; selten über 10 cm lang **18**

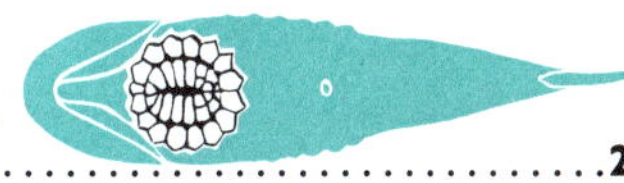

Bauchflosse mehr oder weniger umgewandelt in eine Saugscheibe mit Saugknöpfen **24**
Bauchflossen, falls vorhanden, nicht zusammengewachsen **25**

8 Körper durchsichtig . . . . **Glasgrundel** und **Kristallgrundel,** Seite 159
Körper nicht durchsichtig **19**

9 Schwanzstiel deutlich kürzer als die Basis der 2. Rückenflosse **20**

Schwanzstiel ebenso lang wie die Basis der 2. Rückenflosse **21**

20 50-58 Schuppen in der Längsreihe; die vier ersten Strahlen der 1. Rückenflosse sind gleich lang . . . **Paganellgrundel** siehe unter Schwarzgrundel, Seite 156

35-42 Schuppen in einer Längsreihe; der 4. Strahl der 1. Rückenflosse verlängert und nach hinten gebogen . . . . **Schwarzgrundel,** Seite 157

25-30 Schuppen in der Längsreihe, Schwanzflosse zugespitzt . . . . **Fries'sche Grundel** siehe unter Schwarzgrundel, Seite 156

21 1. Rückenflosse mit 7-8 Stachelstrahlen; großer schwarzer Fleck auf der Schwanzwurzel . . . . **Schwimmgrundel,** Seite 157
1. Rückenflosse mit 5-6 Stachelstrahlen **22**

22 Der 2. Stachelstrahl der 1. Rückenflosse ist verlängert ....

Jeffrey'sche Grundel* *Gobius jeffreysi*

Zweiter Stachelstrahl nicht verlängert **23**

23 61-73 Schuppen in der Längsreihe .... **Sandgrundel,** Seite 159

42-52 Schuppen in der Längsreihe .... **Strandgrundel*** siehe unter Fleckengrundel, Seite 158

35-41 Schuppen in der Längsreihe................. **Fleckengrundel,** Seite 159

24 Klobiger, mit Knochendornen bewaffneter Körper ....

Seehase, Seite 168

Kleine Fische, mit langen Rücken- und Afterflossen. . **Scheibenbäuche,** Seite 169

Kleine Fische mit zweiteiliger Saugscheibe und einem dunklen Fleck hinter den Brustflossen........................ **Ansauger*** *Lepadogaster bimaculatus*

25 1. Rückenflosse sehr klein (nur 3 Flossenstrahlen); ein Kinnbärtel; undeutliche Seitenlinie; nicht über 20 cm. Farbe: schwarzbraun.............. **Froschdorsch,** Seite 113

Mit nur einer Rückenflosse; ein Kinnbärtel; Seitenlinie deutlich sichtbar; die unpaaren Flossen begrenzt von einem schwarzen Band mit weißem Saum....... **Lumb,** Seite 117

Andere Kennzeichen **26**

26 Mit zwei getrennten Rückenflossen ....  **27**

Mit nur einer Rückenflosse ....  **36**

27 Die 1. Rückenflosse mit Stachelstrahlen......  **29**

Die 1. Rückenflosse mit gegliederten Weichstrahlen ....  **28**

28 Ohne Kinnbärtel; Afterflosse und 2. Rückenflosse mit einer Einbuchtung hinter der Mitte .... **Hechtdorsch,** Seite 117

Mit einem Kinnbärtel; After- und 2. Rückenflosse ohne Einbuchtung .... **Leng,** Seite 114

Mit einem Kinnbärtel; Bauchflossen lang und fadenförmig.. **Gabeldorsch,** Seite 113

29 Unterer Teil der Brustflossen mit drei freibeweglichen Flossenstrahlen .... **Knurrhähne,** Seite 162

Brustflossen ohne freie Strahlen **30**

0 Der Abstand zwischen den beiden Rückenflossen größer als die Länge der 1. Rückenflosse.  31
Die beiden Rückenflossen stehen dicht oder mit nur einem kleinen Zwischenraum hintereinander ....  32

1 Mit zwei großen Kinnbärteln .... **Meerbarben,** Seite 125
1. Rückenflosse mit dünnen Stachelstrahlen; ein glänzendes Band auf beiden Seiten .... **Streifenfisch,** Seite 137
Die Rückenflosse mit 4 Stachelstrahlen; 7-8 dunkle Längsstreifen auf dem Körper .... **Meeräschen,** Seite 138

2 Die 1. Rückenflosse bedeutend kürzer als die 2. Rückenflosse ....  33
Die beiden Rückenflossen sind fast gleich lang 35

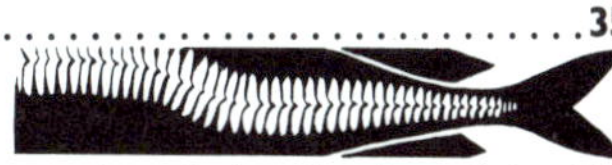

3 Schwanzflosse tief gegabelt; Seitenlinie mit auffallend großen, plattenförmigen Schuppen .... **Stachelmakrelen,** Seite 123
Schwanzflosse nicht tief gegabelt; Seitenlinie ohne große Schuppen 34

4 Afterflosse kurz, 2. Rückenflosse doppelt so lang wie die erste. Große Schuppen auf Kopf und Körper ...... **Umberfische,** Seite 125

Afterflosse lang, 2. Rückenflosse 4-5mal so lang wie erste, mit mehr als 20 Strahlen. Kiemendeckel mit großem, rückwärts gerichteten Stachel ..... **Petermännchen,** Seite 135

Afterflosse lang, 2. Rückenflosse 3mal so lang wie die 1., max. mit 10 Strahlen. Bei Männchen sind Strahlen der 1. Rückenflosse stark verlängert .... **Leierfische,** Seite 137

5 Körper mit Knochenplatten gepanzert; Schnauze mit spitzen Dornen; Bartfäden auf der Kopfunterseite .... **Steinpicker,** Seite 167

Körper ohne Schuppen; Vorkiemendeckel mit einem oder mehreren Stacheln .... **Groppen,** Seite 164

Körper mit Schuppen; Vorkiemendeckel mit Dornen; Afterflosse mit 3 Stachelstrahlen .... **Barsch,** Seite 123

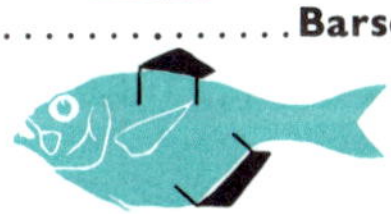

6 Afterflosse länger als die Rückenflosse. Farbe: rötlich .... **Zehnfinger-Schleimkopf,** Seite 120
Afterflosse kürzer als die Rückenflosse 37

7 Mit gut sichtbaren Schuppen; normale Körperform 38

Ohne oder mit nur kleinen, glatten Schuppen; »Seewolf-Körper« 41

38 Kiemendeckel mit Stacheln bewaffnet.
Farbe: rötlich . . . . **Rotbarsch,** Seite 161

Kiemendeckel mit einem auffälligen Längskamm . . . . **Wrackbarsch*** *Polyprion americanum*

Kiemendeckel ohne Stacheln **39**

39 Vorderabschnitt der Rückenflosse mit Stachelstrahlen **40**

Rückenflosse ohne Stachelstrahlen . . . . **Schwarzfisch*** *Centrolophus niger*

40 Brustflossen spitz, Schwanzflosse gegabelt . . . . **Meerbrassen,** Seite 126

Brustflossen abgerundet, Schwanzflossenrand gerade: buntgefärbte Fische . . . . **Lippfische,** Seite 128

41 Mit sehr kräftigen Zähnen; Bauchflossen fehlen.
Große Fische aus 20-600 m Tiefe **42**

Kleine Zähne; Bauchflossen vorhanden, können aber sehr klein sein. Kleine Fische aus seichtem Wasser **43**

42 Mit dunklen Querbändern . . . . **Gemeiner Seewolf,** Seite 153

Bräunlich, mit deutlichen Flecken . . . . **Gefleckter Seewolf,** Seite 153

Dunkelbläulich, mit undeutlichen Flecken . . . . **Blauer Seewolf,** Seite 153

43 Abstand zwischen Maulspitze und Beginn der Afterflosse ca. ⅓ der Gesamtlänge . . . . **Bandfisch,** Seite 151

Abstand zwischen Maulspitze und Beginn der Afterflosse ca. ½ der Gesamtlänge **44**

44 Langgestreckter Körper mit dunklen Flecken an der Rückenflossenbasis . . . . **Butterfisch,** Seite 151

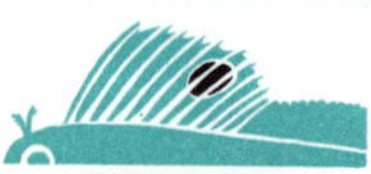

Hohe Rückenflosse mit einem kräftigen, dunklen Fleck . . . . **Seeschmetterling,** Seite 151

Rückenflosse in der Mitte mit einer deutlichen Einbuchtung; zwei Tentakel über den Augen . . . **Montagu'scher Schleimfisch,** Seite 151

Rückenflosse in der Mitte schwach eingebuchtet; zwei Tentakel über den Augen . . . . **Gestreifter Schleimfisch,** Seite 151

Rückenflosse in der Mitte deutlich eingebuchtet; ohne Tentakel . . . . **Schleimlerche,** Seite 151

Rückenflosse ohne Einbuchtung; 2 Paar Tentakel über den Augen . . . . **Stachelrücken,** Seite 151

ABBILDUNGEN
UND
EINZELBESCHREIBUNGEN

ENTWICKLUNGSLABYRINTH

Alle heute lebenden Tiergruppen haben in den kommenden Jahrmillionen die Möglichkeit, ihre Entwicklung fortzusetzen

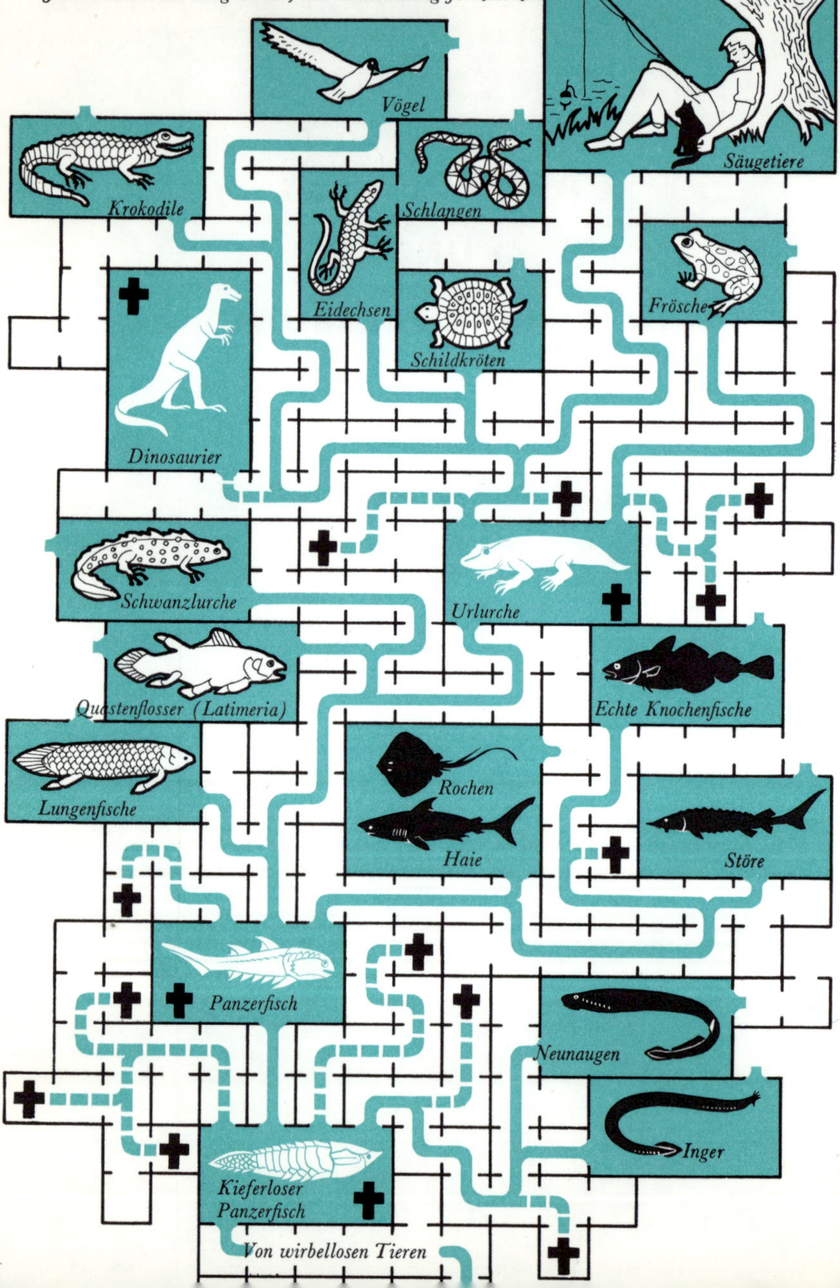

RUNDMÄULER

Cyclostomata

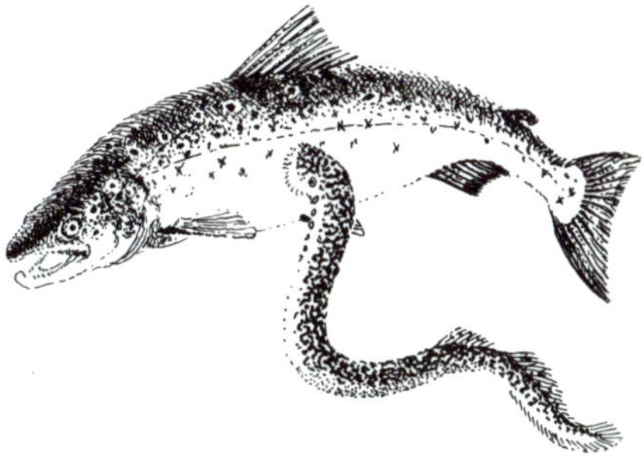

Die Rundmäuler (Neunaugen und Inger) sind die primitivste Wirbeltiergruppe, die wir kennen. Den Namen »Rundmäuler« verdanken sie ihrem trichterförmigen, mit Hornzähnen bewaffneten Saugmund. Mit den Knorpel- und Knochenfischen sind sie nicht näher verwandt (siehe S. 30); im Gegensatz zu diesen besitzen sie weder Kiefer noch paarige Flossen. Ihr aalartiger Körper wird von einer schuppenlosen, schleimigen Haut bedeckt. Das Skelett ist knorpelig und nur gering entwickelt.

Den Bau ihres Kiemenapparates versteht man am besten, wenn man einen Längsschnitt durch das Vorderende dieser Tiere betrachtet. Auf jeder Seite des Vorderdarmes liegen sieben Kiemenbeutel, die mit einem faltigen Gewebe ausgekleidet sind. Diese Kiemenbeutel besitzen entweder eine direkte Verbindung zur Körperoberfläche (Neunaugen) oder sie münden auf jeder Seite in einen Kiemengang, der das Atemwasser abführt (Inger). Die Neunaugen können das Atemwasser sowohl durch das Maul aufnehmen als auch durch die Kiemenöffnungen einsaugen und ausstoßen; die Inger dagegen saugen das Wasser durch ihre unpaare Nasenöffnung ein und stoßen es durch die Kiemengänge aus. Beide, weder Neunaugen noch Inger, besitzen eine Schwimmblase.

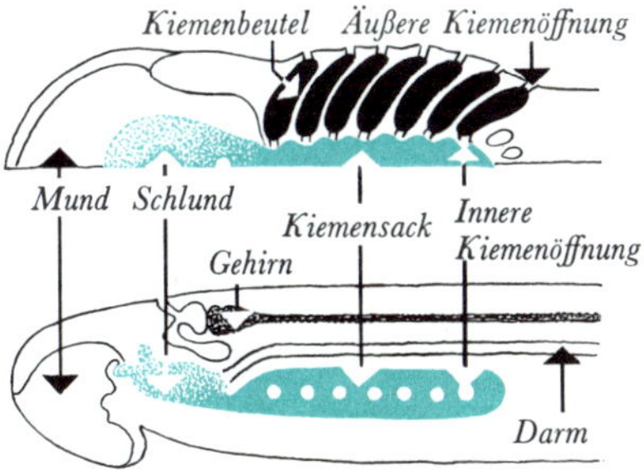

Horizontaler und vertikaler Längsschnitt durch den Vorderkörper eines Neunauges

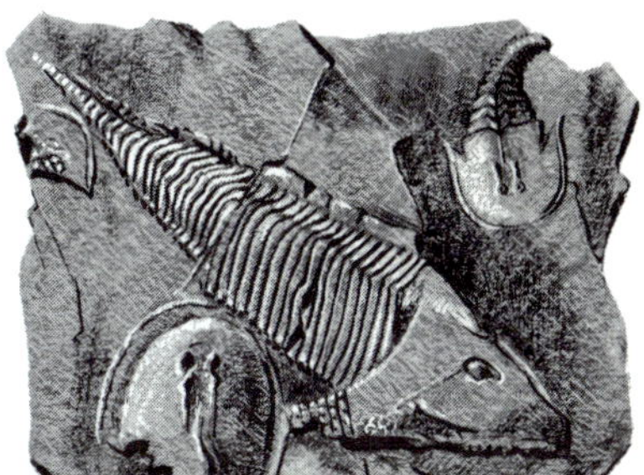

Die Rundmäuler haben eine stammesgeschichtliche Entwicklung von 4–500 Millionen Jahren hinter sich. Schon sehr früh zweigten sie vom Stammbaum der »echten« Fische ab. Ihre Vorfahren, eigenartig aussehende, kieferlose Panzerfische *(Ostracodermi)* aus dem Zeitalter des Devon, trugen einen kräftigen Knochenpanzer und hielten sich, wie man aus Versteinerungen weiß, vor allem im Süßwasser auf. Die heute existierenden 45 Arten werden als die letzten degenerierten Nachkommen dieser Panzerfische angesehen.

1. Meerneunauge
Petromyzon marinus L.

Kennzeichen: Mundscheibe mit zahlreichen, ringförmigen Reihen von Hornzähnen (Abb. 1 b).
Durchschnittslänge 60–75 cm, max. 1 m. Lebt als Blutsauger und Aasfresser; oft an Dorschen, Heringen, Makrelen und Haien festgesaugt. Raspelt ein Loch in die Haut seiner Opfer und scheidet in die Wunde ein Sekret ab, das Gewebe auflöst und die Gerinnung des Blutes verhindert. Wandert im Herbst oder im zeitigen Frühjahr die Flüsse aufwärts und laicht auf steinigem Grund von Febr.–Juni. Während des Laichaufstieges wird die Nahrungsaufnahme eingestellt. Das Männchen säubert mit seinem Saugmund den Laichplatz von Steinen. Zur Paarung saugt sich das Weibchen an einen Stein fest und das Männchen umschlingt es. Bei diesem Vorgang, der etwa alle 5 Minuten wiederholt wird, werden insgesamt 200–240 000 Eier von ca. 1 mm abgelaicht und besamt. Der bei der Paarung aufgewirbelte Sand klebt an den Eiern fest und drückt sie zu Boden. Sie werden von den Eltern, die kurz darauf verenden, mit Steinen bedeckt. Die Eientwicklung dauert ca. 1–2 Wochen. Die Larven (Querder) sind den erwachsenen Tieren sehr unähnlich: 2–5 Jahre lang leben sie wie Würmer in Schlammröhren. Erst bei 15–20 cm Länge wandeln sie sich in vollausgebildete Neunaugen um und wandern zum Meer ab. Das fettreiche Fleisch der Neunaugen ist besonders in den Wintermonaten sehr schmackhaft. Wirtschaftlich ohne Bedeutung.

2. Flußneunauge
Lampetra fluviatilis (L.)

Kennzeichen: Mundscheibe mit nur einer Reihe von hornigen Zähnen (Abb. 2 b).
Die Männchen werden 31–32 cm, die Weibchen 32–34, selten 40 cm lang. Lebensweise und Fortpflanzung ähnlich wie Meerneunauge. Während des Laichaufstiegs beginnt der Darm zu schrumpfen, die Rückenflossen vergrößern sich und beim Weibchen bildet sich eine »Afterflosse« aus. Eizahl: 4 000–40 000. Verenden nach der Laichzeit. Das Larvenstadium dauert 4 Jahre. Bei 9–15 cm Länge findet die Umwandlung zum fertigen Tier und die Abwanderung zum Meer statt, wo sie 1–2 Jahre verbleiben.
Flußneunaugen werden während des Laichaufstiegs in Reusen und Hamen gefangen und kommen gesalzen, geräuchert oder mariniert in den Handel. Wirtschaftlich heute nur noch von geringer Bedeutung.

3. Inger
Myxine glutinosa L.

Kennzeichen: Aalartiger Körper, je 4 Bartfäden am Mund und an der Nasenöffnung. Schuppenlose, schleimige Haut. Nur am Schwanz mit einem kleinen Flossensaum ausgestattet. Die Augen sind verkümmert.
Die Weibchen werden 30–42 cm, die Männchen 25–30 cm lang. Sie sind Nachttiere, die sich in Tiefen von 20–800 m auf schlammigem Grund aufhalten. Bei einer Länge von 25–28 cm werden sie geschlechtsreif und pflanzen sich offenbar das ganze Jahr über in größeren Tiefen fort. Eizahl: 20–30. Die Eier sind oval, 17–25 mm lang und von einer hornartigen Schale umgeben, die an jedem Ende ein Bündel Widerhaker besitzt. Die Eientwicklung dauert wahrscheinlich mehrere Wochen. Erwachsene Inger leben von Bodentieren, sind aber auch dafür berüchtigt, daß sie sich in gefangene Fische einbohren und diese von innen her ausfressen; sie fügen daher stellenweise der Langleinen-Fischerei großen Schaden zu. Ihr Geruchssinn ist hervorragend entwickelt; deshalb scheinen sie solche Meeresstellen zu bevorzugen, wo Wasserströmungen vorhanden sind, die ihnen den Geruch der Beute zutragen. Ohne wirtschaftliche Bedeutung.

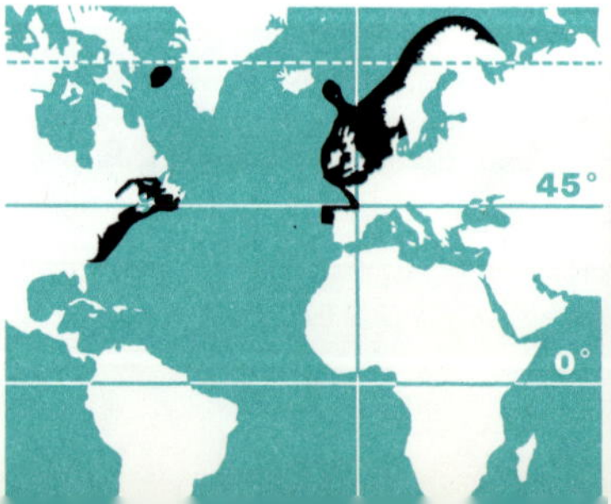

a

1. MEERNEUNAUGE

Petromyzon marinus

a 35 cm - **b** Kopf von unten

b

Zahnbewaffnung

a

2. FLUSSNEUNAUGE

Lampetra fluviatilis

a 28 cm
b Kopf von unten

b

Zahnbewaffnung

a

3. INGER

Myxine glutinosa

a 35 cm
b Kopf von unten
c Ei, 22 mm
d Zusammengeklebte Eier vom Meeresgrund

c

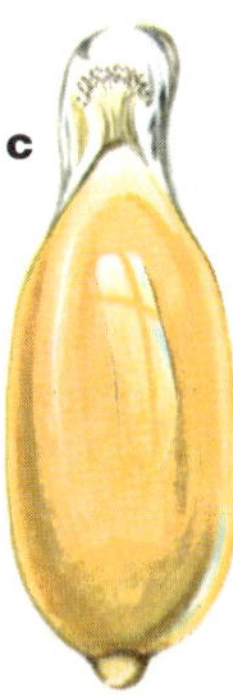

b

d

KNORPEL-FISCHE

Chondrichthyes

In dieser Gruppe werden Haie, Rochen und die Seekatzen zusammengefaßt. Man nimmt an, daß sie von Süßwasser- oder Brackwasserformen abstammen, die nachträglich zum Leben im Meer übergegangen sind. Aus Versteinerungen kennt man eine große Anzahl längst ausgestorbener Knorpelfische. Die ca. 500 heute existierenden Arten sind in Wirklichkeit nur der letzte Rest dieser Tiergruppe, die vor etwa 250 Millionen Jahren, im Zeitalter des Karbon, eine dominierende Stellung unter den Fischen einnahm.

Fast alle Knorpelfische besitzen eine lange Schnauze; ein gutes Stück von deren Spitze entfernt ist die Mundöffnung auf der Kopfunterseite als eine Querspalte ausgebildet, daher die Bezeichnung »Quermäuler«.

Als typisches Kennzeichen besitzen die Haie und Rochen, ähnlich wie die Rundmäuler, unbedeckte, äußere Kiemenöffnungen, während bei ihren nächsten Verwandten, den Seekatzen, ebenso wie bei den Knochenfischen, zwei Kiemendeckel diese weichhäutigen Organe schützen.

Haie haben 5–7 Kiemenöffnungen, Rochen dagegen immer nur 5. Außerdem besitzen ein Teil der Haie und alle Rochen noch besondere Öffnungen hinter den beiden Augen, die Spritzlöcher. Sie sind vor allem bei den auf dem Untergrund lebenden Arten gut entwickelt. Wenn die Rochen im Boden halbvergraben auf Beute lauern, saugen sie das Atemwasser nur durch die zwei Spritzlöcher ein und schützen so die Kiemen vor dem Versanden.

Besondere Merkmale der Quermüuler sind auch ihre steifen, fleischigen Flossen, die sie nicht wie die Knochenfische zusammenfalten können. Die Schwanzflosse ist unsymmetrisch gebaut, der obere Lappen am kräftigsten entwickelt. Die hohe, dreieckige Rückenflosse und der Oberlappen der Schwanzflosse, die während des Schwimmens oft über die Wasseroberfläche ragen, sind allgemein bekannte Zutaten der Witzzeichnungen über Haifische.

Die Quermäuler besitzen keine Schuppen, sondern Hautzähne, die mit einer harten Schmelzschicht überzogen sind.

Wegen dieser kleinen, dichtstehenden Zähne, deren Spitzen nach rückwärts gebogen sind, fühlt sich die Haut der Haie rauh wie Sandpapier an; sie wird daher auch als Poliermittel verwendet.

Bei den Rochen dagegen sind diese Hautzähne in große Dornen umgewandelt, die auf der Körperoberfläche entweder weit auseinanderstehen oder zu unregelmäßigen »Nagelreihen« angeordnet sind. Die Haut der erwachsenen Seekatzen ist nackt. Das Skelett besteht ausschließlich aus Knorpel; nur die Kopfkapsel und die Wirbelsäule können durch eingelagerte Kalksalze verfestigt sein. Echtes Knochengewebe fehlt jedoch immer.

Die Kiefer sind meist stark bezahnt. Die Zähne stehen in mehreren Reihen

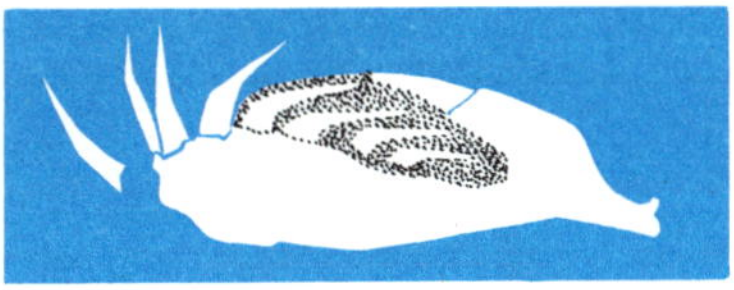

hintereinander. Sind die vordersten Zähne abgenützt, so tritt die nachrückende, nächste Zahngeneration in Aktion (»Revolvergebiß«).
Bei den Haien sind die Zähne entweder spitze, nadelförmige Greifwerkzeuge oder als dreieckige, messerscharfe Reißzähne ausgebildet. Die Rochen und auch einige Haiarten besitzen flache, stumpfe Zähne, die in der Mundhöhle pflasterartig angeordnet sind; damit können sie Schnecken und Muscheln wie in einem Walzwerk zerquetschen.
Der Darmkanal ist kurz und dick. Seine innere Oberfläche ist mit einer wendeltreppenartigen Spiralfalte ausgestattet, die den Nahrungsdurchgang stark verlangsamt und die absorbierende Darmfläche vergrößert.
Quermäuler besitzen keine Schwimmblase; deren Auftriebswirkung wird durch die riesige, ölhaltige Leber ersetzt.
Im Gegensatz zu vielen Knochenfischen, die Eier und Samen frei ins Wasser ablaichen, findet bei den Quermäulern eine Paarung und innere Befruchtung statt. Die hinteren Bauchflossenstrahlen der Männchen sind zu griffelförmigen Klammerorganen um-

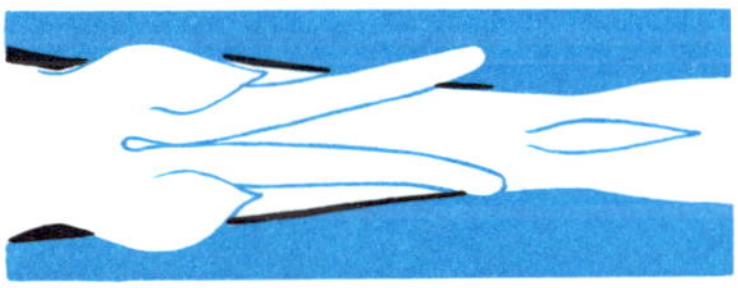

gewandelt, die zum Festhalten der Weibchen und zur Begattung dienen.
Die meisten Haie und viele Rochen sind lebendgebärend, d. h. die Jungen sind zum Zeitpunkt ihrer Geburt bereits vollständig entwickelt. Andere Arten legen Eier, die von geräumigen, mehr oder weniger durchsichtigen Hornkapseln umhüllt sind und durch fadenförmige Anhängsel an Algen oder Steinen befestigt werden. Die Eier und die Jungen der Quermäuler sind verhältnismäßig groß, die Wurfzahlen dementsprechend niedrig. So bringt z. B. das Heringshai-Weibchen nur 1–4 Junge zur Welt, die bei der Geburt bereits ca. 60 cm lang sind.
Einige Hai- und Rochenarten kommen in tropischen Flüssen vor; die Mehrzahl dieser Gruppe ist jedoch an das Leben im Meer angepaßt. Zwei

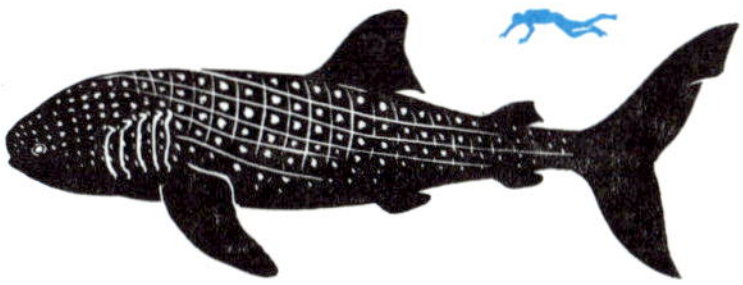

der größten Arten davon sind der Walhai (15 m) und der Riesenhai (12 m), friedliche Planktonfresser wie die Bartelwale.
Die pelagischen Teufelsrochen (Manta) sind mit einer »Flügelspannweite« bis zu 6 Meter die größten Rochen.

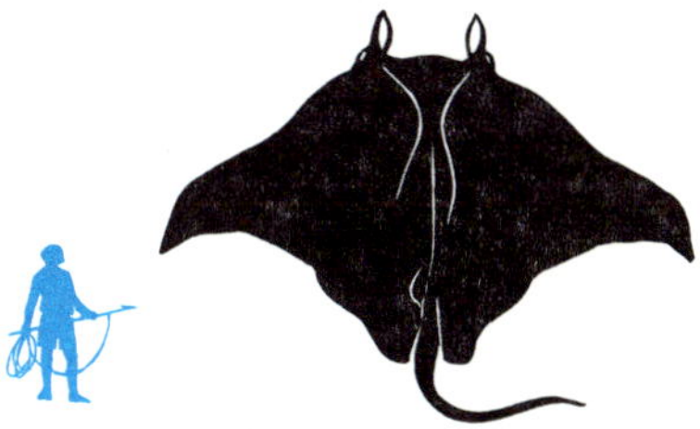

Ein Teil der Quermäuler ist für das Fischereigewerbe von Bedeutung: Zwar findet in Nordamerika und Europa das Fleisch der verschiedenen Arten nur verhältnismäßig geringen Absatz, in China, Japan und Pakistan jedoch spielt z. B. der Handel mit getrockneten Haifischflossen, aus denen delikate Suppen zubereitet werden, eine bedeutende Rolle. Auch als Rohmaterial für die Leimherstellung finden die Flossen Verwendung. Die Haut der Haie wird gegerbt und zu Zierleder verarbeitet.
Aus der Leber wird Öl für den technischen Bedarf und in steigendem Maße auch für die Herstellung von Vitaminpräparaten gewonnen.

HAIE

Pleurotremata

Mit Ausnahme der Meerengel, die breit und flach gebaut sind und daher als Verbindungsglied zu den nahverwandten Rochen gelten, besitzen die Haie einen torpedoförmigen Körperbau mit dreieckigem Querschnitt.
Keine der verschiedenen Haiarten des Nordatlantiks ist für den Menschen gefährlich. Von all' den Geschichten, die von den Mordtaten der Haie erzählen, sind 99 Prozent stark übertrieben.
Viele Verletzungen und Unglücksfälle, z. B. von badenden Personen in tropischen Regionen, werden nicht durch einen »menschenfressenden« Hai verursacht, sondern sind den Attacken der Barrakudas, großen, hechtähnlichen Raubfischen, die zuweilen durch seichte Küstengewässer streifen, zuzuschreiben. Die wenigen Haiarten, die dem Menschen gefährlich werden können (Blauhai, Weißhai) müssen ihren schlechten Ruf mit den Barrakudas und einigen anderen Knochenfischen teilen.
Die meisten Haie führen ein räuberisches Leben und ernähren sich hauptsächlich von Fischen. Einzelne Arten scheinen jedoch einen sehr gemischten Speiseplan zu bevorzugen. Die Widerstandsfähigkeit ihres Magens beweisen die verschiedenartigsten Gegenstände, die man im Lauf der Zeit in gefangenen Haien gefunden hat.
Sichere Altersbestimmungen sind bei Haien sehr schwer durchzuführen; Markierungsversuche zeigten, daß ihr Wachstum offenbar sehr langsam vor sich geht und viele über 20 Jahre alt werden können.

4. Heringshai

Lamna nasus (Bn.)

Durchschnittslänge 1,5–3 Meter, max. ca. 3,5 Meter. Gewicht 150–200 kg. Er hält sich meist in den oberen Wasserschichten auf; nur selten wird er in Tiefen über 150 Meter gefangen. Das ganze Jahr über kommen trächtige Weibchen vor. Die Jungen liegen frei in der Gebärmutter; sobald sie, mit einer Länge von ca. 6 cm, ihre eigene Dottermasse aufgebraucht haben, beginnen sie, die übrigen, unbefruchteten Eier zu verzehren. Dadurch schwillt ihr Magen wie ein riesiger Dottersack (»Dottermagen«) an. Die Neugeborenen sind ca. 60 cm lang. Wurfzahl: 1–4.
Über Wachstum und Alter ist nichts bekannt. Die Weibchen werden mit ca. 1,5 m geschlechtsreif.
Der Heringshai ist ein schneller und ausdauernder Schwimmer. Man kann ihn oft beobachten, wie er nahe der Wasseroberfläche Jagd auf Heringe und Makrelen macht. Auch Dornhaie, Dorsche, Plattfische und Tintenfische werden von ihm verfolgt. Der Fischereigewerbe fügt er beträchtlichen Schaden zu, da er die Fangnetze ausplündert und zerreißt.
Heringshaie werden mit starken Haiangeln gefangen; als Köder dienen Heringe oder Makrelen. Durch Zufall erwischt man manchmal einige als Beifang im Heringsschleppnetz. Wichtigste Fangründe: nördliche Nordsee, Shetland und Orkney Inseln. Im Winter scheint der Heringshai mehr nach Süden zu ziehen, möglicherweise sucht er auch tiefere Wasserschichten auf. Trotz seines furchterregenden Aussehens ist er für den Menschen ungefährlich.
Auf Heringshaie wird hauptsächlich in Norwegen Jagd gemacht, von wo das Fleisch u. a. nach Deutschland exportiert wird. Es kommt als »Karbonadenfisch«, »Kalbfisch« oder »Seestör« in den Handel. Nach dem Kochen verschwindet der Ammoniakgeruch des Fleisches; es erinnert im Geschmack an Kalbfleisch.
Aus der Leber, die bis zu 50 kg wiegen kann, wird wertvoller Tran gewonnen; die Haut wird zu Lederwaren verarbeitet.

4. HERINGSHAI

Lamna nasus

a Männchen ca. 3,5 m - **b** Die Kiefer
c Wichtigste Fangmethode

b

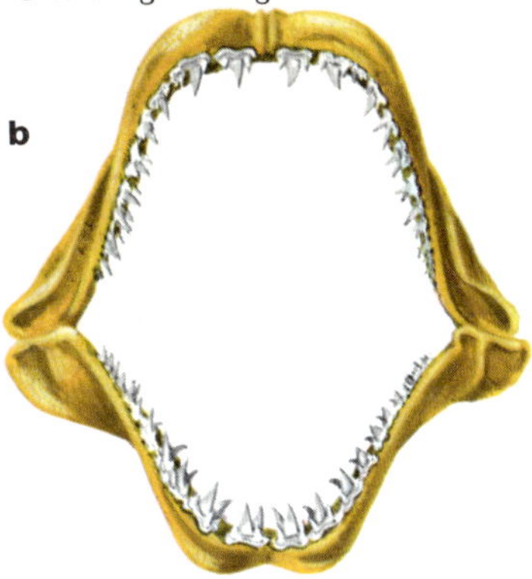

c

Haiangelhaken

a

5. Riesenhai

Cetorhinus maximus (Gunn.)

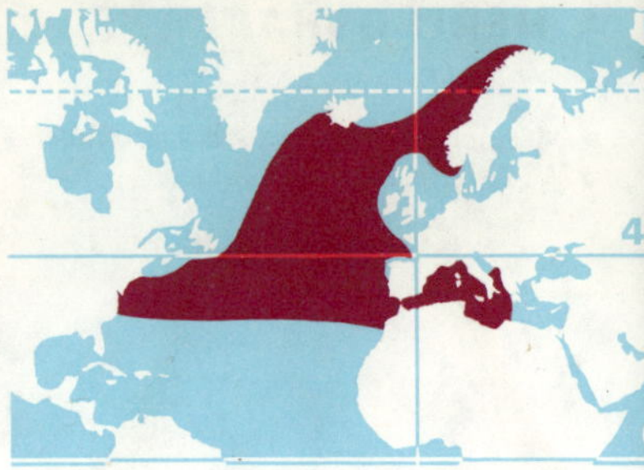

Max. Länge 12 m (3 500–4 000 kg Gewicht). Wie die Bartenwale ist der Riesenhai ein Planktonfresser. Die Kiemenbögen des Riesenhai sind durch lange, schlanke Hornfortsätze zu einer dichten Reuse umgestaltet; wenn er mit weitgeöffnetem Maul schwimmt, strömt planktonreiches Wasser durch dieses Filter und wird durch die enorm vergrößerten Kiemenspalten wieder ausgestoßen. Bei einer Schwimmgeschwindigkeit von 2 Knoten kann der Riesenhai auf diese Weise in einer Stunde Plankton aus ca. 1 500 t Wasser filtern.
Bei einer Länge von ca. 7 m und einem Alter von 3–4 Jahren wird der Riesenhai geschlechtsreif. Die Tragzeit dauert 2 Jahre. Ein oder höchstens zwei, 1,5 m lange Junge werden geboren.
Die Riesenhaie kommen als Einzelgänger oder in Schwärmen bis zu 50–250 Individuen vor. Ihr Hauptverbreitungsgebiet liegt südlich von Island. In den Gewässern der Hebriden und der Orkney Inseln treten sie als Sommergäste auf. Von hier ziehen sie bis in die nördliche Nordsee und vor W-Norwegen, wobei sie sich an die Abzweigungen der warmen atlantischen Strömungen halten. Im Herbst kehren sie wieder um und suchen im November wahrscheinlich tiefere Wasserschichten auf. Während der Wintermonate wird das Kiemenfilter absorbiert und erst im Februar neu gebildet, so daß angenommen werden kann, daß sie in der planktonarmen, kalten Jahreszeit kein Futter zu sich nehmen.
Da Riesenhaie Planktonfresser sind, können sie nicht mit der Angel gefangen werden, sondern die Walfänger harpunieren sie als Beifang. Die riesige Leber dieser Haie wiegt bis zu 500–700 kg, das sind 25–30 % des gesamten Körpergewichtes! 6–15 Hektoliter Tran können daraus gewonnen werden. Da die Entwicklung dieser Tiere langsam und ihre Vermehrung nur gering ist, sind die Bestände ständig durch Überfischen gefährdet.
Gestrandete teilweise skelettierte Riesenhaie wurden früher oft für »Seeschlangen« gehalten.

Joannes Jonstonus 1650

a

5. RIESENHAI

Cetorhinus maximus

a Junges Männchen ca. 4,5 m
b Erwachsenes Weibchen ca. 8 m
c Kiemenbogen
d Teil des Kiemengitters, normale Größe
e Hauptnahrung
f Verwendung
g Fangmethode

c

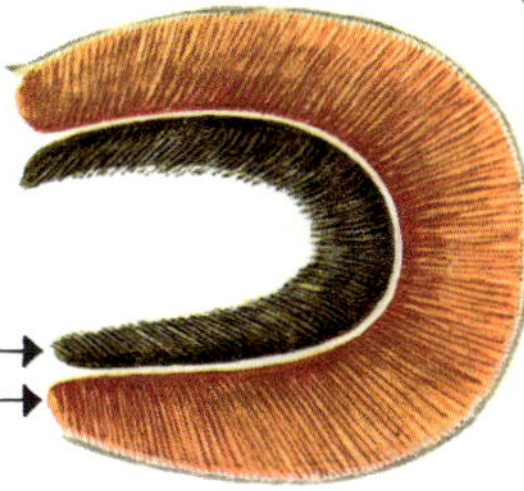

f

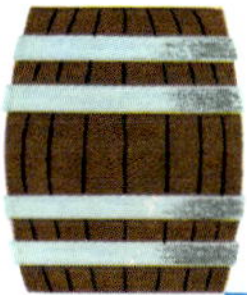

Tran

d

e

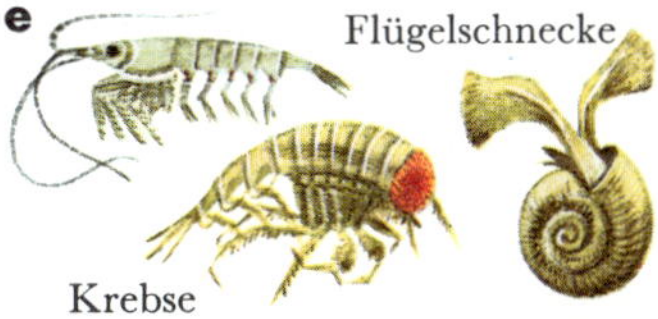

g

Harpune

b

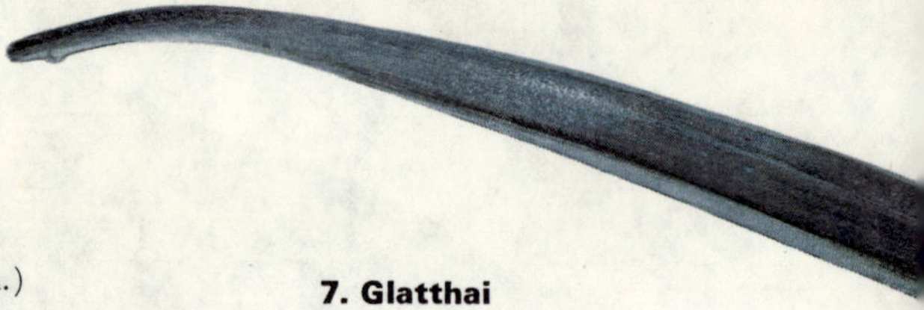

6. Fuchshai

Alopias vulpinus (Bn.)

Kennzeichen: außerordentlich langer Oberlappen der Schwanzflosse.
Die Färbung der Körperoberseite variirt von braun bis schiefergrau oder ist fast ganz schwarz.
Fuchshaie erreichen eine Länge bis zu 6 m und ein Gewicht um 500 kg. Sie unternehmen große Wanderungen, wobei sie dicht unter der Meeresoberfläche dahinschwimmen. Im Spätsommer finden sie sich regelmäßig, wenn auch nur in geringer Anzahl, in den Gewässern nördlich von Irland ein.
Mit ca. 4 Meter werden die Fuchshaie geschlechtsreif; über die Dauer der Tragzeit ist nichts bekannt. Die Jungen (im allgemeinen 2–4 Stück) sind bei der Geburt 1,2–1,5 m lang; schon als Neugeborene besitzen sie die artcharakteristische Schwanzform. Die Fuchshaie jagen fast ausschließlich pelagische Schwarmfische, vor allem Makrelen und Heringe. Es konnte mehrfach beobachtet werden, wie sie dazu in immer enger werdenden Kreisen einen Fischschwarm umzingeln, während ihre große Schwanzflosse das Wasser peitscht. Auf diese Weise gelingt es ihnen, ihre erschreckten Opfer dicht zusammenzudrängen, bevor sie mit dem großen Abschlachten beginnen.
Für die Fischerei haben die Fuchshaie keine Bedeutung; nur zufällig werden einzelne Exemplare in Heringsnetzen gefangen. Gelegentlich beschädigen sie auf ihren Verfolgungsjagden die Treibnetze. Für den Menschen sind sie ungefährlich.

7. Glatthai

Mustelus mustelus L.

Kennzeichen: Glatthaie besitzen pflasterartige Zähne ähnlich wie die Rochen. Die beiden Rückenflossen sind fast gleich groß.
M. mustelus kommt im Mittelmeer, *M. asterias* in der Nordsee vor; letzterer unterscheidet sich von *mustelus* durch helle Flecken an den Körperseiten.
Max. Länge 2 Meter. Trächtige Weibchen werden zu jeder Jahreszeit angetroffen. Wurfzahl: 10–20, selten etwas mehr. Die Glatthaie bewohnen die Küstengewässer in 20–100 m Tiefe. Nahrung: Langusten, Hummer, Krabben, Weichtiere und kleine Bodenfische.
Ihre wirtschaftliche Bedeutung ist nur gering.

8. Hundshai

Galeorhinus galeus (L.)

Kennzeichen: Ohne Stacheln vor den beiden Rückenflossen. Die 1. Rückenflosse ist 2–3 mal so groß wie die 2. Die Augen haben im vorderen Winkel eine Nickhaut. Die dreieckigen Zähne besitzen einen glatten Innen- und einen mehrspitzigen Aussenrand. Max. Länge 2 Meter. Sie leben in Bodennähe in Tiefen von 40–100 m. Fortpflanzungszeit: Juni bis September. Die Hundshaie werfen 20–40 Junge, die bei der Geburt ca. 40 cm lang sind. Ihre Hauptnahrung sind Bodenfische.
Wirtschaftlich bedeutungslos.

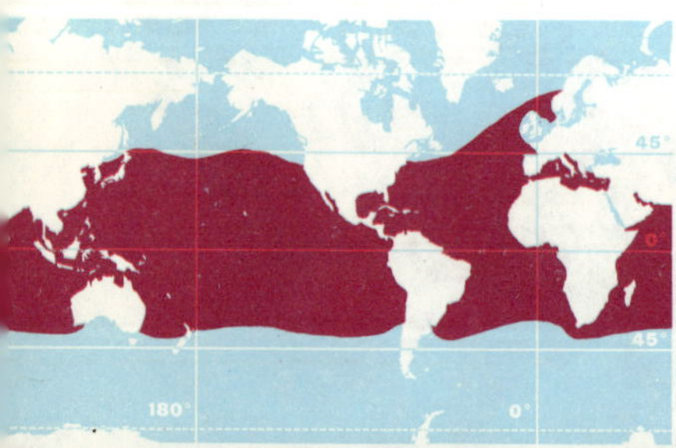

Männchen ca. 5 m

6. FUCHSHAI

Alopias vulpinus

a

b

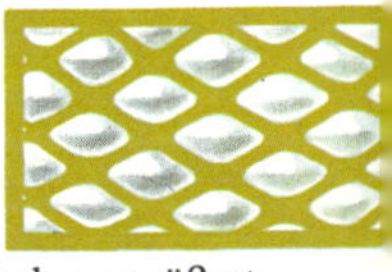

7. GLATTHAI

Mustelus mustelus

a Männchen 100 cm
b Ausschnitt der Zahnreihen ca. 3-fach vergrößert

a

b

8. HUNDSHAI

Galeorhinus galeus

a Weibchen 110 cm. - **b** Zahn vom linken Unterkiefer ca. 3-fach vergrößert

a

9. BLAUHAI

Prionace glauca (L.)

a Männchen ca. 3,50 m
b Zähne vom Ober- und Unterkiefer
c Lotsenfische

b

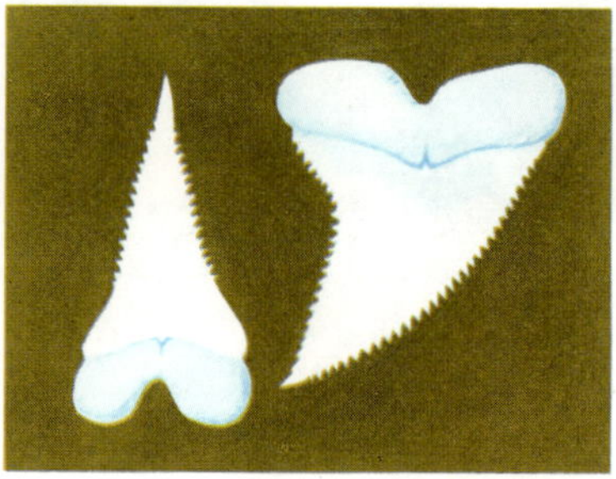

Kennzeichen: Ohne Stacheln vor den Rückenflossen. Augen mit Nickhaut. Mit einer querlaufenden Einkerbung vor der Schwanzflosse. Der Schwanzstiel ist im Gegensatz zum Heringshai ungekielt. Die einspitzigen Zähne mit gesägtem Rand. Spritzlöcher fehlen. Selten über 4 Meter. Blauhaie sind Bewohner des offenen Meeres, die oft weite Wanderungen unternehmen.
Geschlechtsreif werden sie mit ca. 2,5 m Länge. Die Jungen werden im Mutterleib durch eine eigenartige »Placenta« von den Säften des mütterlichen Organismus ernährt. Wurfzahl: 25–50. Die Neugeborenen sind 50–60 cm lang. Über die Fortpflanzungszeit ist nichts bekannt.

Die Blauhaie jagen Schwarmfische, vor allem Makrelen und Heringe; gelegentlich attackieren sie auch Dorsche, Dornhaie und Tintenfische.
In den nördlichen Bereichen der Nordsee kommen sie als regelmäßige, aber nicht sehr häufige Gäste vor.
Obgleich man die Blauhaie zu den »menschenfressenden« Haien zählt, wird ihre Gefährlichkeit doch meist stark übertrieben.
In Europa sind sie wirtschaftlich bedeutungslos, da hier ihr Fleisch nur wenig geschätzt wird. In Japan dagegen werden sie in großen Mengen gefischt. Fang mit Haiangeln.

c

Oft begleiten Lotsenfische die großen Haie. Sie leben von Resten und Abfall der Haimahlzeiten. Es ist nur eine Sage, daß sie den Hai zur Beute führen.

de Bry

Die meisten der schweren Verwundungen, die durch Haie verursacht werden, sind auf Tigerhaie und Weißhaie zurückzuführen.

10. Dornhai

Squalus acanthias L.

Vor jeder Rückenflosse sitzt ein kräftiger Stachel, auf dessen Rückseite, in einer Furche, sich eine kleine Giftdrüse befindet. Die 1. Rückenflosse ist größer als die 2. Eine Afterflosse fehlt. Seinen nächsten Verwandten, den Braunen Dornhai, der von Süden her bis in die Gewässer um Irland vordringt, erkennt man an seiner Färbung und seinen Augen, die etwa doppelt so groß sind wie die vom gewöhnlichen Dornhai.

Dornhaie werden 1 m, selten 1,2 m lang (max. 10 kg). Sie kommen als Grundfische sowohl im seichten Wasser als auch in Tiefen bis ca. 400 m vor.

Als die am häufigsten vorkommende Haiart des Nordatlantiks bilden sie auf Schlammgründen mit Wassertemperaturen von 6–15 °C riesige, manchmal bis zu tausend Individuen zählende Schwärme.

Auf ihren ausgedehnten Wanderungen legen sie täglich große Entfernungen zurück. Im Sommer finden sie sich besonders zahlreich vor den Shetland Inseln ein, im Winter in den Küstengewässern vor Norwegen. Bei Grönland sind sie selten.

Die Weibchen sind 18–22 Monate lang trächtig. In jedem Eileiter bildet sich eine längliche, durchsichtige Hornkapsel aus, die 1–6 Eier enthält. Im Laufe der weiteren Entwicklung wird diese gemeinsame Hülle aufgelöst; die Jungen schlüpfen also noch innerhalb des Mutterleibes und liegen hierauf frei im Eileiter. Ein Weibchen bringt gewöhnlich 4–8 Junge zur Welt, die bei der Geburt schon 20–33 cm lang sind. Ihr weiteres Wachstum geht langsam vor sich. Die Männchen sind mit 60–80 cm, die Weibchen mit 75–90 cm geschlechtsreif. Lebensdauer: 20–24 Jahre, berechnet an den Zuwachslinien der Rückenstacheln. Sie ernähren sich von Dorschen, Heringen, Krebsen und anderen Wirbellosen.

Dornhaie beschädigen oft Fanggeräte und Netze und fügen dadurch dem Fischereigewerbe Schaden zu.

Sie werden im Winter vor Norwegen mit Grundangeln gefangen, außerdem als Beifang in den Schleppnetzen. Die europäische Jahresanlandung beträgt 40–45 000 t, davon entfallen auf Norwegen 25–30 000 t, auf England ca. 10 000 t.

Die Haie werden nach dem Fang enthäutet, der Kopf entfernt. Die Bauch- und Rückenteile werden von Norwegen, auf Eis oder tiefgefroren, vor allem nach England und Deutschland exportiert. In Deutschland kommt das Fleisch entweder in Gelee mariniert (»Seeaal«) oder in Form der geräucherten Bauchlappen (»Schillerlocken«) in den Handel. Das frische, enthäutete Fleisch wird in Dänemark unter der Bezeichnung »Königsaal« verkauft. In einigen Ländern werden auch die Eier der Dornhaie gegessen. Die Leber dient zur Herstellung von vitaminreichen Tran.

a

b

10. DORNHAI

Squalus acanthias

a Weibchen 64 cm
b Junger Dornhai mit Dottersack 17 cm
c Hauptnahrung
d Verwendung
e Wichtigste Fangmethoden

c

d

e

11. Schwarzer Dornhai

Etmopterus spinax (L.)

Vor jeder Rückenflosse sitzt ein kräftiger Stachel. Die 2. Rückenflosse ist größer als die 1. Besonders auffallend ist das samtartige Aussehen der Haut. Der grünliche Schimmer der Bauchseite wird durch kleine in der Haut eingelagerte Leuchtorgane hervorgerufen.
Kleinster, nordatlantischer Hai (selten über 45 cm lang). In Tiefen von 75–700 m. Im Sommer werden 10–14, ca. 10 cm lange Junge geboren. Nahrung: Fische, Tintenfische und Garnelen. Wirtschaftlich ohne Bedeutung; schaden aber der Fischerei, da sie die Köder von den Dorsch- und Heilbuttangeln abreißen.

a

12. KLEINGEFLECKTER KATZENHAI

Scyliorhinus canicula (L.)

b

Ei an Algen

a Weibchen 58 cm
b Ei 6 cm

Die Hinterenden der Bauchflossen sind zugespitzt und ausgezogen.
Länge 60–80 cm, max. 1 m. Vorzugsweise auf algenbewachsenen Sandbänken in 10–85 m Tiefe. Nachts werden sie aktiv und machen dann Jagd auf kleine Fische, Krebse und Weichtiere. Die Weibchen legen im Frühjahr 18–20, ca. 6 cm lange Eikapseln ab, die an Algen oder Steinen aufgehängt werden. Erst nach 8–10 Monaten schlüpfen daraus die Jungen. Der etwas massiger gebaute Großgefleckte Katzenhai *(S. stellaris)* kommt nördlich der Biskaya nur selten vor. Bei dieser Art sind die Hinterenden der Bauchflossen stumpf abgerundet.

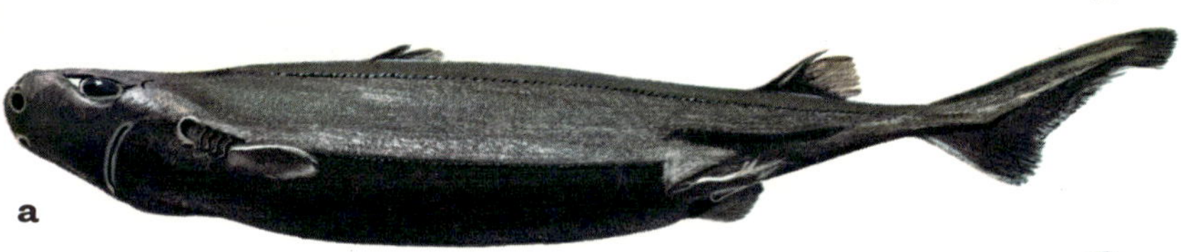

a

11. SCHWARZER DORNHAI

Etmopterus spinax

a Weibchen 43 cm
b Embryo 10 cm

b

a

13. FLECKHAI

Galeus melastomus

a Weibchen 58 cm **b** Ei 6 cm

b

Mit sägezahnähnlichen Dornen auf dem oberen Teil der Schwanzflosse. Die Mundhöhle ist schwarz. Sie gehören zur gleichen Familie wie die Katzenhaie.
Länge 60–80 cm. Leben in Bodennähe in Tiefen von 150–400 m. Nahrung: Fische, Krebse. Die Weibchen, mit ca. 70 cm geschlechtsreif, legen im Frühjahr 6 cm lange Eikapseln ab. Fleckhaie werden gelegentlich als unerwünschter Beifang in Schleppnetzen gefangen.

14. Grönlandhai

Somniosus microcephalus (Bloch)

Mittellänge 3–4 m, max. ca. 8 m. Der Grönland- oder Eishai lebt als arktischer Tiefseehai meist im Bereich von 200–600 m Tiefe, vor allem auf Schlammgründen mit Temperaturen von 0°–7° C. Auf Futtersuche streift er gelegentlich auch weit außerhalb seines eigentlichen Verbreitungsgebietes umher; hin und wieder trifft man ihn sogar vor der französichen Küste an.
Die Jungen werden wahrscheinlich im Winter geboren; sie sind bei der Geburt bereits 40–70 cm lang. Wie langsam das weitere Wachstum vor sich geht, zeigte ein vor Grönland, bei einer Länge von 262 cm markierter, wiedergefangener Hai, der innerhalb von 16 Jahren einen Zuwachs von nur 8 cm aufwies. Große Individuen müssen daher bereits ein sehr hohes Alter erreicht haben.
Grönlandhaie sind zwar Allesfresser, haben aber eine besondere Vorliebe für Dorsche und Heilbutt. Da sie bereits gefangene Fische oder Köder von den Grundangeln reißen, fügen sie dem Fischereigewerbe oft beträchtlichen Schaden zu.
Wie viele Haiarten besitzen sie einen außerordentlich gutentwickelten Geruchssinn, der sie schnell ihre Beute finden läßt. In ihrem Magen hat man schon oft ganze Robben, einmal sogar ein ganzes Rentier gefunden! Ihr Gesichtsinn ist dagegen nur schwach; nochdazu wird die Hornhaut ihrer Augen oft von einer parasitischen Krebsart zerstört.
Auf sein Verhalten beim Fang weist die lateinische Gattungsbezeichnung »Somniosus«, der »Schlafende«, hin: sobald der Grönlandhai am Haken hängt, verhält er sich völlig teilnahmslos und läßt sich ohne Widerstand an Deck ziehen.
Die Grönlandhaie fängt man mit Grundangeln, als Köder dient angefaultes Fleisch von Robben und Walen. In früheren Zeiten wurden zum Fang auch Fackeln verwendet, die den Hai an die Oberfläche lockten, worauf er harpuniert und an Deck gezogen werden konnte.
Wichtigste Fanggründe: Dänemark-Straße, W-Island, Bären-Inseln, Barents-See, Nordwest-Norwegen und Fär-Öer. Da die Tiere in Schwärmen in ihrem Verbreitungsgebiet umherziehen, hat jeder Ort in diesem Bereich seine lokale Fangsaison. In letzter Zeit sind die Fänge vor den Küsten Grönlands, Islands und Norwegens wirtschaftlich nur noch von geringer Bedeutung. Grönlandhaie fängt man heutzutage auf hoher See vom Bootsdeck aus. Die erbeuteten Haie werden an Bord gezogen, mit einer Seilwinde hochgewunden und ihre Bauchseite aufgeschnitten, worauf die Leber, die 15–20 (bei großen Exemplaren sogar bis zu 300) Kilogramm wiegt, aus der Bauchhöhle herausfällt.
Das Fleisch ist giftig und kann, wenn es vorher nicht sorgfältig ausgewaschen und getrocknet wurde, Schwindelanfälle, Sehstörungen und Durchfall, in schweren Fällen sogar Krämpfe mit tödlichen Ausgang hervorrufen. Dies wurde öfters an grönländischen Schlittenhunden beobachtet, die mit frischem Haifischfleisch gefüttert worden waren.
Nach dem Dörren ist der Genuß des Fleisches zwar ungefährlich, es ist aber nur kurze Zeit haltbar und durchaus keine Delikatesse, daher wird der restliche Haikörper nach dem Enthäuten über Bord geschmissen.
Grönland exportiert jährlich 7–8 000 Häute; man stellt daraus ein strapazierfähiges Leder her, das für Bucheinbände etc. benützt wird.
Der Grönlandhai wird jedoch vor allem wegen seiner Leber gefangen, aus der wertvoller Tran gewonnen wird, der besonders reich an Vitamin A ist und daher in der Herstellung von Vitaminpräparaten Verwendung findet. Früher wurde aus der Leber Lampenöl (»Dreikronentran«) hergestellt.

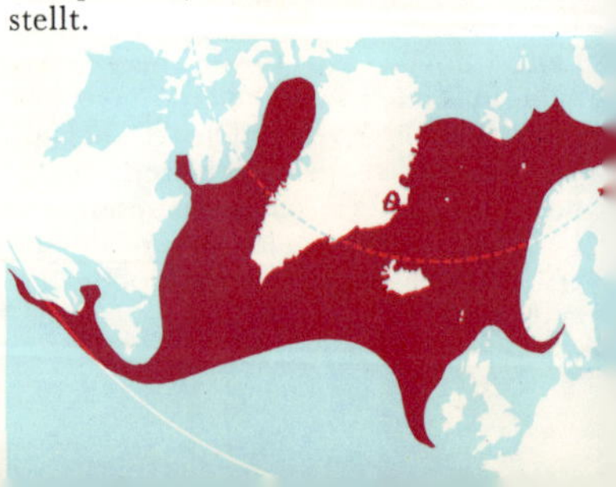

14. GRÖNLANDHAI

Somniosus microcephalus

a Weibchen ca. 5,50 m
b Verwendung
c Haiangelhaken, ½ Normalgröße

b

a

c

15. Meerengel
Squatina squatina (L.)

Haie von rochenähnlicher Gestalt, mit großen Brustflossen. Mittellänge 90–120 cm, max. 2,5 m (80 kg). Aus ihren Winterquatieren in tieferen Schichten ziehen sie im Sommer in flache, küstennahe Gewässer, wo die Weibchen 10–25, ca. 20 cm lange Junge zur Welt bringen. Hauptnahrung: kleine Grundfische, Weichtiere und Krebse. Selten bis N-England und Dänemark. Ohne wirtschaftliche Bedeutung. 11 Arten in allen Meeren der tropischen und gemäßigten Zonen, die europäische Form wird am größten.

ROCHEN
Hypotremata

Die mit den Kopf- und Rumpfseiten verwachsenen, stark vergrößerten Brustflossen bilden zusammen mit dem Körper eine Scheibe. Der Schwanzstiel ist lang und dünn, meist mit zwei kleinen Rückenflossen nahe seinem Hinterende. Das Maul und die Kiemenöffnungen befinden sich auf der Bauchseite, die Augen und dicht dahinter die Spritzlöcher auf der Rückenseite des Körpers. Die Rochen sind Bodenbewohner und ernähren sich von Fischen, Krebsen und Weichtieren, die sie mit ihren Pflasterzähnen zertrümmern (siehe S. 54). Die meisten Rochenarten legen Eier, die von großen, artlich verschiedenen Hornkapseln umhüllt sind.

Die Artbestimmung der Rochen ist nicht leicht; man unterscheidet sie nach der Schnauzenform und der vom Augenvorderrand ab gemessenen Schnauzenlänge. Auch die Anordnung der großen Hautdornen kann zur Bestimmung herangezogen werden. Sie ist aber, je nach dem Alter der Rochen, etwas variabel.

16. Zitterrochen
Torpedo marmorata (Risso)

Kenntlich an seiner marmorierten Oberseite. Sein naher Verwandter, *T. nobiliana,* kommt im Norden bis England vor; diese Art ist auf der Oberseite einfarbig rotbraun, dunkelgrün oder blauschwarz.
Die Zitterrochen besitzen eine fast kreisförmige Körperscheibe, einen kurzen Schwanz und eine glatte, unbedornte Haut. Max. Länge ca. 1,5 m. Sie sind lebendgebärend. Hauptnahrung: kleine Fische, Weichtiere und Krebse. Halten sich oft im flachen Wasser auf. Nördlich der Biskaya nicht häufig, in der Nordsee äußerst selten.
Die Zitterrochen besitzen auf jeder Seite des Kopfes ein großes, durch die Haut schimmerndes elektrisches Organ. Es besteht aus Muskel- und Nervengeweben, die zusammen eine Voltasche Säule bilden. Bei Berührung können die Rochen damit eine Kette kurzer Stromstöße (45–220 Volt) abgeben. Diese Entladungen schwächen die »Batterie«, die sich erst nach einiger Zeit wieder regeneriert.
Das Fleisch der Zitterrochen findet keine Verwendung.

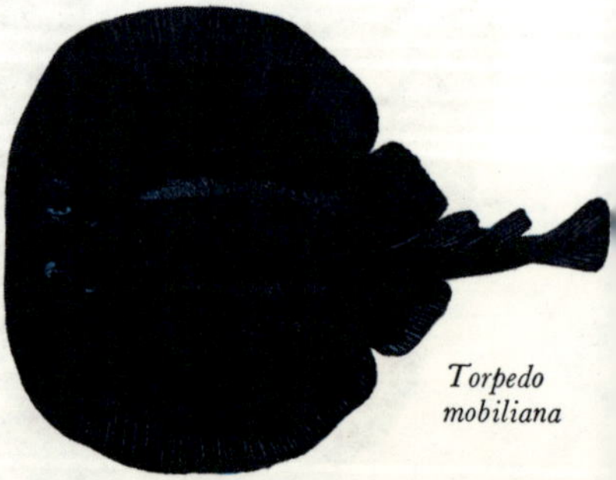

Torpedo mobiliana

Männchen 110 cm

15. MEERENGEL
Squatina squatina

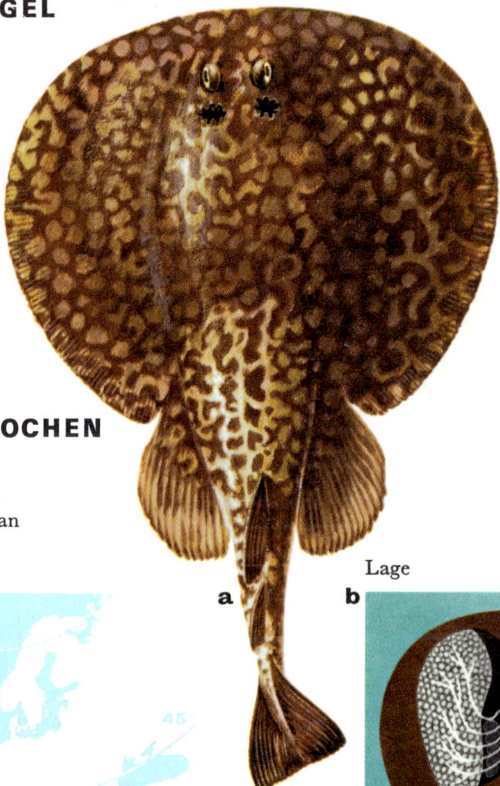

a

16. ZITTERROCHEN
Torpedo marmorata

a Weibchen 48 cm
b Elektrisches Organ

Lage

Zellen bilden eine »Voltasäule«

b

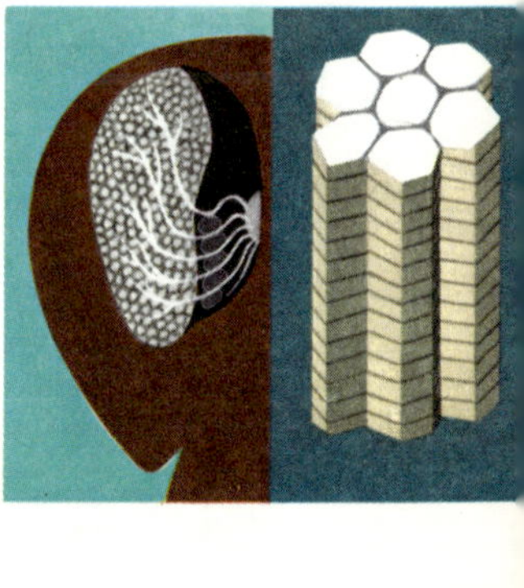

17. Nagelrochen

Raja clavata L.

Kennzeichen: Stumpfwinklige Schnauze, Oberseite der Körperscheibe mit zahlreichen, großen Dornen. Die Basalplatten dieser Dornen sind glatt wie Nagelköpfe, daher der Name »Nagelrochen«.
Die Männchen werden höchstens 70 cm, die Weibchen bis zu 120 cm lang. Sie leben in 20–100 m Tiefe, vorzugsweise auf Schlammgründen. Im Laufe des Sommers werden nach und nach etwa 20 Eier einzeln abgelegt. Die viereckigen, abgeflachten Eikapseln messen 6×4 cm. Die Ecken der Kapseln sind in kurze, hohle Spitzen ausgezogen. Durch kleine Schlitze in der

Kapselwand werden die Jungen mit frischem Atemwasser versorgt. Die Eientwicklung dauert ca. 4–5 Monate. Die Männchen, die mit 60 cm Länge geschlechtsreif werden, sind an den stabförmigen Begattungsorganen und den kleinen, beweglichen Klauendornen auf den Brustflossen und vor den Augen leicht zu unterscheiden.
Die Nagelrochen ernähren sich von Krabben, Garnelen, kleinen Plattfischen, Sandaalen u. a.
Sie werden als willkommener Beifang in Schleppnetzen und mit Langleinen gefangen, vor allem in der Nordsee und in den Gewässern um England. Das Fleisch und die Leber finden Verwendung.

18. Sternrochen

Raja radiata Donov.

Kennzeichen: Stumpfwinklige Schnauze; Oberseite mit großen Dornen, deren Basalplatten radiär geriffelt. Weit verbreitet in nordatlantischen Küstengewässern.
Durchschnittl. Länge 60 cm, max. 1 m. Leben auf Schlamm- oder Sandgründen in 30–200 m Tiefe, vorzugsweise bei Temperaturen unter 10° C. Ihre Eikapseln sind kleiner als die der Nagelrochen, ihre Anzahl und Entwicklungsdauer unbekannt. Die Jungen, bei der Geburt 9–10 cm lang, werden oft schon mit ca. 40 cm Länge geschlechtsreif. Die Männchen erkennt man an ihren Begattungsorganen und den Klauendornen auf den Brustflossen. Nahrung: kleine Fische (Dorsch, Lodde), Krabben, Garnelen. Häufiger Beifang in Drehwaden, Schleppnetzen und mit Langleinen. Ohne große wirtschaftliche Bedeutung.

19. Fyllarochen

Raja fyllae Lütk.

Kennzeichen: Stumpfwinklige Schnauze, gleichmässig abgerundete Brustflossen, bei erwachsenen Exemplaren Vorderrand der Scheibe eingebuchtet. Unregelmäßige Längsreihen von Dornen auf Rücken und Schwanz. Bauchseite fast glatt.
Selten über 55 cm. Leben in 400–1 000 m Tiefe, bei Bodentemperaturen von 3–6° C. Die Eikapseln messen, ohne die Fortsätze, 4×2,5 cm. Die Jungen sind bei der Geburt 7 cm lang. Nahrung: kleine Grundfische, Krebse. Ohne wirtschaftliche Bedeutung.

17. NAGELROCHEN

Raja clavata

a Männchen 64 cm
b Hautzahn
c Hauptnahrung

b

Glatt

a

c

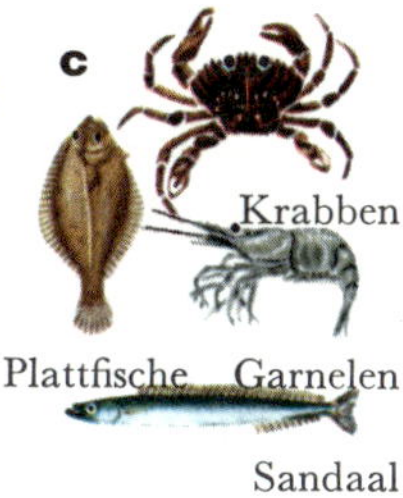

19. FYLLAROCHEN

Raja fyllae

Männchen 48 cm

18. STERNROCHEN

Raja radiata

a Männchen 42 cm
b Hautzahn
c Unterseite

b

Geriffelt

a

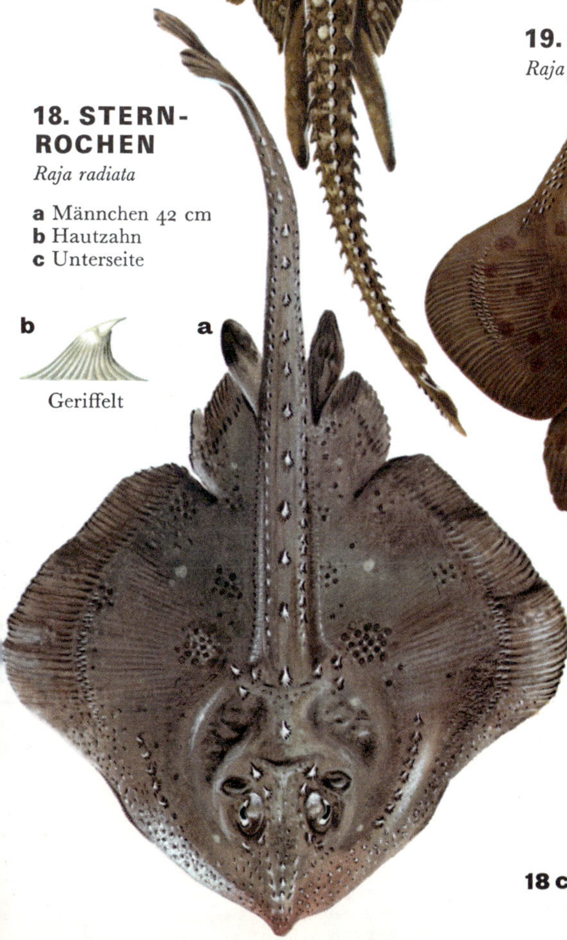

18 c

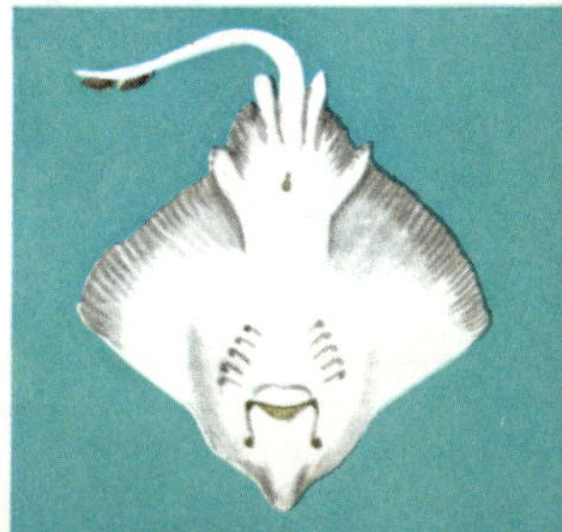

20. Glattrochen

Raja batis L.

Kennzeichen: Schnauze spitzwinklig, ihre Länge 2,5–3,5 mal so groß wie der Augenzwischenraum. Vorderrand der Körperscheibe leicht eingebuchtet. Die kleinen Rückenflossen nahe der Schwanzspitze stoßen fast aneinander. Junge Individuen mit großen Dornen in Augennähe und nur einer Längsreihe auf dem Schwanzrücken, ältere Tiere ohne Dornen nahe der Augen, dafür aber mit zwei seitlichen Längsreihen auf dem Schwanzrücken. Bisweilen findet man Exemplare, die alle drei Dornenreihen auf dem Schwanz aufweisen.

Die Bauchseite ist dunkelgrau, mit schwarzen Pünktchen oder Streifen, manchmal auch schwarz marmoriert. Oberseite grünlich braun, mit oder ohne kleine, weißliche Flecken.

Als größte einheimische Rochenart erreichen die Glattrochen eine durchschnittliche Länge von 1–1,5 m, maximal ca. 2,5 m und ein Gewicht bis zu 100 kg.

Erwachsene Glattrochen halten sich in 100–500 m Tiefe auf, die Jungen bevorzugen flachere Bezirke.

Eiablage: Spätherbst und Winter. Kurz nach der Ablage sind die Eikapseln noch grün, werden aber nach einiger Zeit dunkelbraun. Sie sind im Vergleich zu den Eikapseln anderer Rochenarten außergewöhnlich groß (13 × 24 cm). Die Jungen schlüpfen, je nach Wassertemperatur, angeblich nach 2–5 Monaten. Die Männchen sind mit 1,5 m Länge geschlechtsreif. Die Glattrochen führen ein räuberisches Leben und ernähren sich hauptsächlich von verschiedenen Grundfischen, Krebsen und Würmern.

Man fängt sie, vor allem im Spätherbst und Winter, mit Langleinen und als Beifang in Schleppnetzen. Für die Fischerei nehmen sie unter den Rochenarten NW-Europas die erste Stelle ein. Wichtigste Fangplätze: Nordsee, Norwegische Küste, Fär-Öer, SW-Küste Islands.

Ihr Fleisch kommt frisch oder geräuchert in den Handel. Nur die »Flügel« (siehe Abb. 20 d) und zuweilen auch ein Teil des Schwanzrückens finden Verwendung. Wie das Fleisch der Nagelrochen wird es in Deutschland geräuchert und mariniert als »Seeforelle« verkauft. Früher wurde es zusammen mit dem Fleisch der übrigen Rochenarten in Konser-

Kiefer des Weibchens, von innen her gesehen. ½ Normalgröße

a

20. GLATTROCHEN

Raja batis

a Junges Männchen 60 cm
b Ei, ⅓ Normalgröße
c Hauptnahrung
d Verwendung
e Hauptfangmethoden

b

c

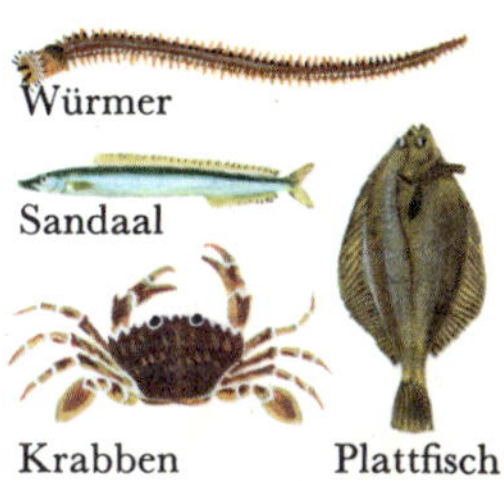

d

»Rochenflügel«

e

Grundschleppnetz

venfabriken verarbeitet, wo man aus den zurechtgeschnittenen, kleinen Stückchen »Krabben« oder »Dosenhummer« herstellte.
Die Leber dient zur Trangewinnung. Kleinere Glattrochen werden zu Fischmehl verarbeitet.

21. Chagrinrochen

Raja fullonica L.

Kennzeichen: Schnauze spitzwinklig, 3 mal so lang wie der Augenzwischenraum. Schwanzrücken mit zwei Längsreihen von Dornen. Bauchseite rein weiß.
Max. Länge 1,2 m. Leben in 100–400 m Tiefe. Die Fortpflanzung findet wahrscheinlich in größeren Tiefen statt. Nahrung: Seekatzen, Schwarze Dornhaie, Dorsche, Krebse, Weichtiere.
Wird als Beifang mit Langleinen gefangen und kommt zusammen mit den Glattrochen in den Handel.

22. Weißrochen

Raja lintea B. Fries

Kennzeichen: Schnauze spitzwinklig, 3,5 mal so lang wie der Augenzwischenraum. Rumpf- und Schwanzrücken mit einer mittleren Längsreihe großer Dornen. Auf dem Schwanzrücken außerdem noch zwei seitliche Dornenreihen. Unterseite rein weiß.
Selten über 1 m, max. Länge ca. 2 m.

Weißrochen

Leben in 150–500 m Tiefe. Geschlechtsreif mit ca. 1 m. Die Eikapseln messen, ohne Fortsätze, 11 × 8 cm. Hauptnahrung: Grundfische, Tintenfische, Krebse.
Weißrochen werden als Beifang der Langleinen-Fischerei angelandet. Ihre wirtschaftliche Bedeutung ist nur gering.

23. Spitzrochen

Raja oxyrinchus L.

Kennzeichen: lange, spitze Schnauze; Schnauzenlänge 5–6 mal so lang wie der Augenzwischenraum. Große Dornen nur auf dem Schwanzrücken. Unterseite weißlich, mit kleinen, schwarzen Flecken.
Max. Länge ca. 1,5 m. Leben in 100–300 m Tiefe und ernähren sich von Schwarzen Dornhaien, Rotbarschen, Garnelen u. a. Die dunkelbraunen Eikapseln messen, ohne Fortsätze, ca. 12 × 6 cm. Geschlechtsreif mit ca. 1,2 m Länge. Ohne wirtschaftliche Bedeutung.

21. CHAGRINROCHEN

Raja fullonica

a Weibchen 70 cm
b Hauptnahrung

22. WEISSROCHEN

Raja lintea

a Weibchen 98 cm
b Hauptnahrung

21a

b

Schwimmkrabben

Schwarzer Dornhai

Dorschartige

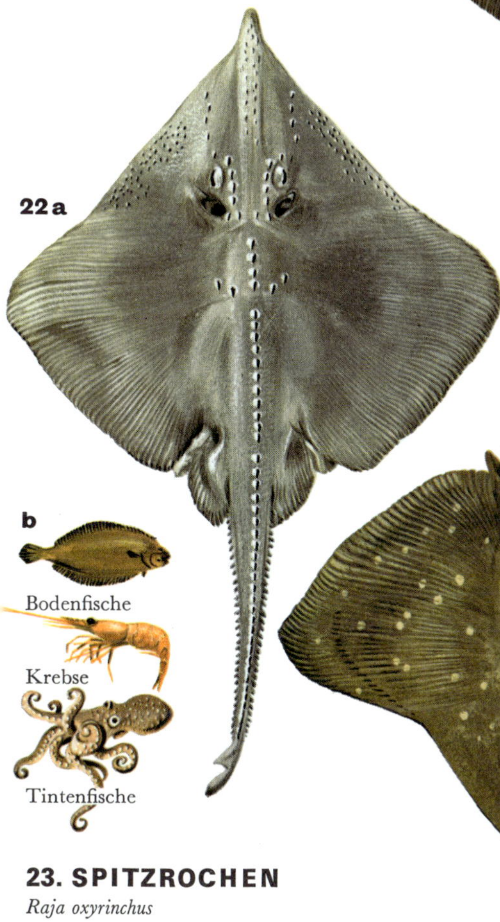

22a

b

Bodenfische

Krebse

Tintenfische

23a

b

Schwarzer Dornhai

Rotbarsch

Garnelen

23. SPITZROCHEN

Raja oxyrinchus

a Männchen 120 cm
b Hauptnahrung

24. Stechrochen

Dasyatis pastinaca (L.)

Kennzeichen: Dünner, langer Schwanz, ohne Rückenflossen. Ungefähr auf der Mitte des Schwanzrückens sitzt ein langer Giftstachel mit Widerhaken.
Durchschnittl. Länge 0,5–1 m, max. 2,5 m (ca. 10 kg). Vorwiegend in Flachwasser, tagsüber oft im Sand eingegraben. Nahrung: kleine Grundfische, Krebse, Weichtiere. Der Schwanzstachel (8–35 cm lang) wird von Zeit zu Zeit von einem neuen verdrängt und ersetzt. Daher findet man gelegentlich Exemplare mit zwei dicht hintereinander stehenden Stacheln. Als Verteidigungswaffe benützt, können sie dem Menschen äußerst schmerzhafte Verletzungen zufügen. Auf der Rückseite der Stacheln befinden sich Giftdrüsen!
Die Stechrochen sind lebendgebärend; ihre Jungen sind bei der Geburt schon sehr groß. Selten nördlich der Biskaya. Mehrere berüchtigte und gefürchtete Verwandte in den Tropen. Ohne wirtschaftliche Bedeutung.

Die Adlerrochen, *Myliobatis aquila*, sind pelagisch lebende Verwandte der Stechrochen. Kennzeichen: peitschenförmiger Schwanz, Giftstachel, große, flügelförmige Brustflossen, deutlich abgesetzter Kopf mit seitlich liegenden Augen. Nördlich der Biskaya selten.

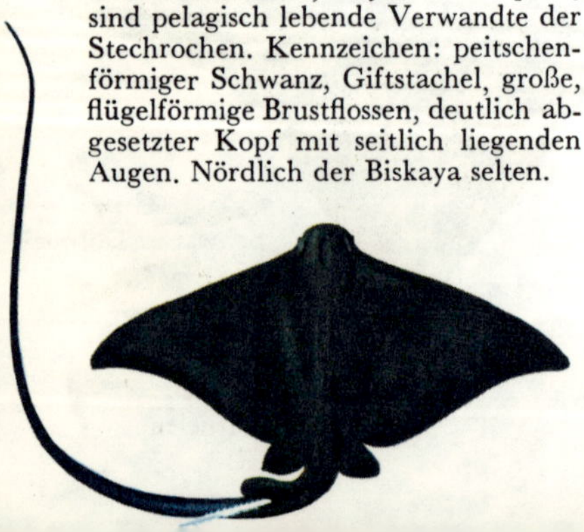

CHIMÄREN

Die Chimären oder Seekatzen bilden innerhalb der Knochenfische eine selbständige Gruppe. Wie die Haie und Rochen besitzen sie zwar ein knorpeliges Skelett, ihre 4 Kiemenspalten sind jedoch von einem Kiemendeckel bedeckt. Die einzelnen Arten der Seekatzen haben eine weltweite Verbreitung. Sie werden nur selten angelandet und sind als Speisefische wenig geschätzt.

25. Seekatze, Seeratte

Chimaera monstrosa L.

Haut nackt. Seitenlinien deutlich, mit auffallenden Verzweigungen auf dem Kopf. Am Vorderrand der 1. Rückenflosse ein langer Giftstachel mit Widerhaken.
Max. Länge 1,2 m (2,5 kg). Der langausgezogene Schwanzfaden ist bei gefangenen Exemplaren meist abgebrochen. Leben in Bodennähe in 200–500 m Tiefe, während des Winters in flacheren Bezirken. Die flaschenförmigen Eikapseln messen 17 × 3 cm, die ausschlüpfenden Jungen (11 cm lang) gleichen den Erwachsenen. Die Weibchen werden am größten und auch am häufigsten gefangen. Die Männchen haben auf der Stirn einen beweglichen, keulenförmigen Auswuchs, der wahrscheinlich während der Paarung zum Festhalten des Weibchens dient. Nahrung: Krebse, Weichtiere, Stachelhäuter, kleine Grundfische.
Ohne wirtschaftliche Bedeutung. Aus der Leber, die bis zu 1/3 des Gesamtgewichts ausmacht, wird hochwertiges Öl hergestellt.

24. STECHROCHEN

Dasyatis pastinaca

Männchen 68 cm

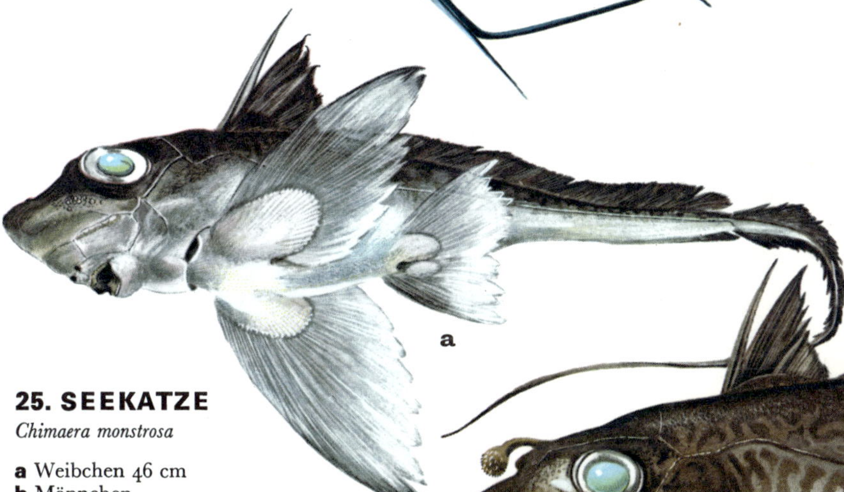

a

25. SEEKATZE

Chimaera monstrosa

a Weibchen 46 cm
b Männchen
c Ei, 17 cm

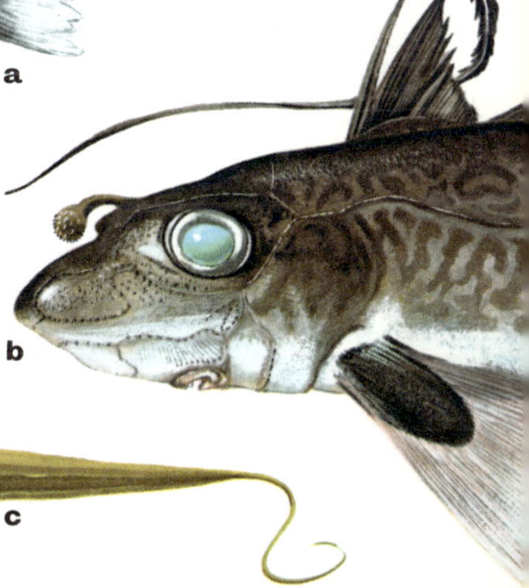

b

c

KNOCHENFISCHE

Osteichthyes

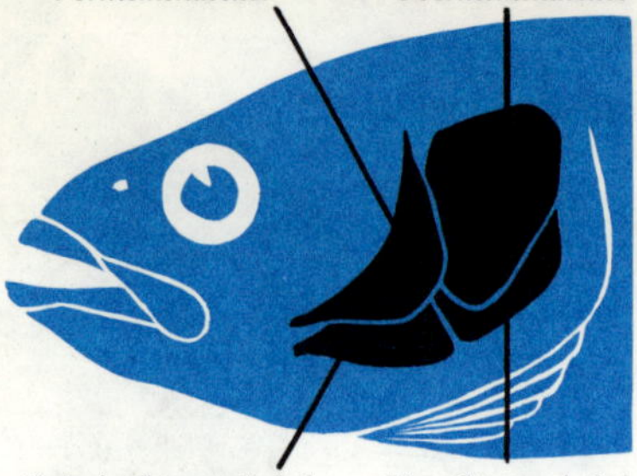

Zu dieser Fischgruppe gehören neben den Stören, den tropischen Lungenfischen und einigen kleineren Ordnungen mit primitivem Körperbau, die Teleostei oder »Echten Knochenfische«, die mit ungefähr 19 000 Arten den größten Teil der heute lebenden Fischwelt ausmachen.

Die echten Knochenfische haben sich

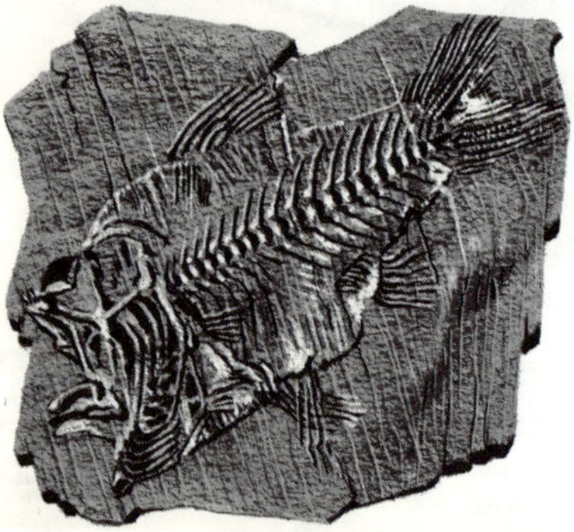

im Laufe der vergangenen 120–150 Millionen Jahren entwickelt. Hervorgegangen sind sie aus einer alten und primitiv ausgestatteten Gruppe, deren Ahnformen im Silur vor 400 Millionen Jahren auftauchen (siehe S. 30). Im Gegensatz zu den Haien und Rochen bedeckt bei den Knochenfischen ein Kiemendeckel die inneren Kiemenspalten, es bleibt nur eine Öffnung nach außen bestehen. Bei einigen Arten sind die äußeren Kiemenöffnungen zu einem kurzen Spalt oder einem kleinen Loch reduziert (Seenadeln, Aale). Dünne Knochenplatten stützen den Kiemendeckel, an dem man einen Vorkiemen-, Zwischenkiemen-, Unterkiemen- und Oberkiemendeckel unterscheiden kann. Auch der Kopf ist von flachen Hautknochen bedeckt.

Das Skelett der Knochenfische besteht zum überwiegenden Teil aus echtem Knochengewebe. Die Flossen werden durch Flossenstrahlen gestützt; diese sind entweder gegliedert, verzweigt oder unverzweigt (Gliederstrahlen) oder ungegliedert und steif (Stachelstrahlen). Zum Unterschied von Haien und Rochen können die Knochenfische ihre dünnhäutigen Flossen zusammenfalten und an den Körper anlegen. Diese Beweglichkeit wird durch Gelenke bewerkstelligt, durch die die Flossenstrahlen mit den verknöcherten Flossenträgern verbunden sind. Die Flossenträger der Rücken- und Afterflossen sind tief in der Körpermuskulatur verankert und liegen den Dornfortsätzen der Wirbelsäule eng an. Die Strahlen der Schwanzflosse dagegen werden ohne dazwischenliegende Flossenträger direkt von den Fortsätzen des letzten Schwanzwirbels gestützt.

In der Regel besitzen die Knochenfische ein Schuppenkleid, das ihren Körper mehr oder weniger vollständig bedeckt. Bei mehreren Thunfischartigen ist zum Beispiel nur die Brustregion mit großen Schuppen gepanzert, während der übrige Körper und der Schwanz nackt sind. Bei anderen Fischarten wiederum ist die Haut mit großen Knochendornen ausgerüstet

(Seehase) oder mit Knochenschildern gepanzert (Seenadeln, Stichlinge).
Auf sämtlichen Knochen der Mundhöhle und des Schlundes können Zähne vorhanden sein – nicht nur auf den Kiefern, wie dies bei den Haien und Rochen der Fall ist. Seenadeln und einige andere Fische sind zahnlos.
Viele Knochenfische besitzen eine Schwimmblase, die während der Embryonalentwicklung als eine Ausstülpung des Vorderdarmes entsteht. Bei einigen Fischfamilien bleibt die Verbindung zwischen Vorderdarm und Schwimmblase durch einen Luftgang erhalten (Heringe, Lachse, Karpfen, Aale), andere haben diesen Verbindungsgang abgeschafft (Dorsche), vielen Grundfischen endlich fehlt überhaupt eine Schwimmblase (Plattfische, viele Groppen). Die Funktion der Schwimmblase als hydrostatisches Organ wurde in der Einleitung Seite 7 erwähnt. Interessanterweise fehlt sie auch einer Anzahl von Hochseefischen, z. B. den Makrelen. Diese Arten können dadurch schnell tauchen oder zur Oberfläche aufsteigen, ohne daß sie den einige Zeit in Anspruch nehmenden Druckausgleich in der Schwimmblase durchführen müssen.
Das innere Ohr der Knochenfische ist zwar etwas komplizierter gebaut als das der Quermäuler, im Vergleich zu den Gehörorganen der Vögel und Säugetiere aber noch einfach konstruiert. Sein oberer Teil setzt sich aus drei, mit Endolymphe gefüllten Bogengängen mit drei Ampullen zusammen, die dem Fisch die Orientierung im Raum ermöglichen. Der untere Abschnitt weist drei Anschwellungen auf, von denen jede einen »Gehörstein« (Otolith) enthält. Diese Otolithen bestehen zum größten Teil aus Kalk; da sie ähnlich wie die Schuppen bei fortschreitendem Wachstum des Fisches Zuwachsringe ausbilden, kann man sie für Altersbestimmungen heranziehen (siehe S. 235). Die zwei unteren Otolithen reagieren auf Schallwellen, der obere dient der Erhaltung des Gleichgewichtes.
Die meisten Knochenfische laichen Rogen und Milch frei in das Wasser ab. Bei den lebendgebärenden Fischen

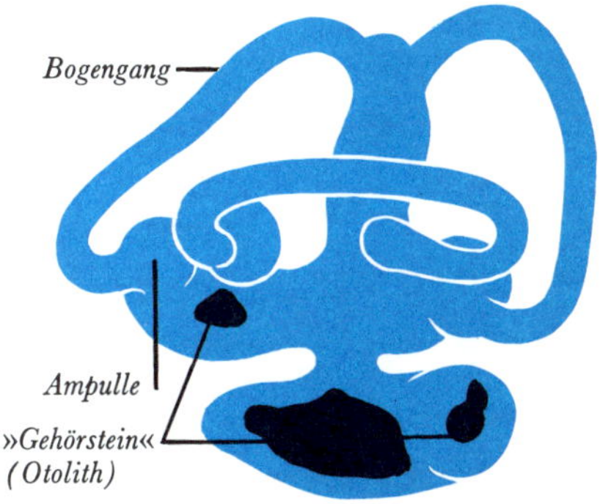

Labyrinthorgan

findet eine echte Paarung und innere Befruchtung statt (z. B. Zahnkarpfen).
Pelagische Eier sind klein, werden aber in großer Anzahl abgelaicht, da bei ihnen die Verlustraten besonders hoch sind. Demersale Eier, d. h. Eier die nach der Ablage zu Boden sinken oder an Steinen und Pflanzen ankleben, sind in der Regel größer und ihre Anzahl geringer. Viele Fische der küstennahen Algenzone weisen in irgend einer Form primitive Brutpflege auf, die die Eier und die Jungen vor den Gefahren der ersten Lebenszeit schützt. Die Larven der Knochenfische müssen erst eine mehr oder weniger tiefgreifende Umwandlung (Metamorphose) durchlaufen, ehe sie den Erwachsenen ähnlich werden.
Im Laufe ihrer Stammesgeschichte haben sich die Knochenfische praktisch alle irdischen Gewässer erobert – von den hochgelegenen Bergseen bis

zu den unterirdischen Wasserläufen und den größten Tiefen der Meere.
Zu den größten Knochenfischen gehören die Thunfische mit ca. 3 m Länge und einem Gewicht von 300 kg. Eine der kleinsten Arten ist eine Grundel von den Philippinen, die nur 12 mm lang ist und 0,065 g wiegt.
Unter den Knochenfischen befindet sich eine große Anzahl wichtiger Nutzfische, die entweder planmäßig gefischt oder als Beifang erbeutet werden. Von der jährlichen Weltanlandung von ungefähr 40 Millionen Tonnen entfallen auf Europa ca. 8 Millionen. Über die Hälfte dieses europäischen Ertrages setzt sich aus folgenden 10 Arten zusammen: Kabeljau, Schellfisch, Wittling, Köhler, Seehecht, Hering, Sardine, Anchovis, Makrele und Scholle.

STÖRE

Die Störe weisen eine Reihe ursprünglicher, primitiver Merkmale auf und werden daher als eine eigene Gruppe innerhalb der Knochenfische zusammengefaßt. Die meisten der insgesamt 26 Arten kommen in russischen oder asiatischen Gewässern vor und sind für die dortige Fischerei von größter Bedeutung. Der Jahresertrag der U.S. S.R. im Bereich des Schwarzen und Kaspischen Meeres beläuft sich auf 12 000–16 000 t.

26. Stör

Acipenser sturio L.

Körper haiförmig, mit 5 Längsreihen großer Knochenschilder bedeckt. Kopf mit Hautknochen gepanzert. Flossen durch Knorpelstrahlen gestützt, Schwanzflosse mit verlängertem Oberlappen. Die ersten Strahlen der Brustflossen sind zu einem kräftigen Stachel verwachsen. Das zahnlose, kleine Maul kann wie ein Rüssel vorgetreckt werden, davor stehen 4 Bartfäden in einer Querreihe.
Durchschnittliche Länge 1–2 m, max. 5–6 m (400 kg, Alter über 100 Jahre). Exemplare mit einer Länge von 2–3 m werden heutzutage nur noch äusserst selten gefangen.
Die Störe verbringen den größten Teil ihres Lebens im Meer. Die Männchen sind im Alter von 7–9 Jahren und einer Länge von 110–150 cm, die Weibchen mit 8–14 Jahren und 120–180 cm geschlechtsreif. In der Zeit von April bis Juni steigen sie in die europäischen Flüsse auf, um dort zu laichen. Einige wandern dazu weit flußaufwärts, z. B. im Rhein bis Speyer, andere bleiben dicht am Meer. In 2–10 m Tiefe legen sie über steinigem Grund 800 000–2 400 000 klebrige, dunkelgraue Eier ab, die an Steinen festhaften. Nach dem Laichen wandern die Elterntiere wieder ins Meer zurück. Aus den Eiern mit ca. 3 mm Durchmesser schlüpfen nach 3–6 Tagen die 9 mm langen Larven aus. Nach höchstens 1–2 Jahren wandern sie ebenfalls ins Meer ab, wo sie bis zur Geschlechtsreife verbleiben.

Ihre Nahrung sind in der Hauptsache Insektenlarven, Weichtiere und Würmer, die sie mit ihrer langen Schnauze aus dem weichen Untergrund wühlen und mit ihrem röhrenförmigen Maul einsaugen. Ältere Exemplare ernähren sich auch von Fischen.

Wegen der Verunreinigung der Flüsse und durch schonungsloses Wegfangen während der Laichzeit sind Störe heute in West- und Mitteleuropa sehr selten; sie werden in den Küstengewässern fast nur noch als Beifang in Schleppnetzen, Drehwaden und Treibnetzen gefangen.

Den Rogen laichreifer Weibchen verwendet man zu Herstellung von Kaviar. Die Eierstöcke werden vorsichtig aufgeschnitten und der Rogen mit Hilfe eines Siebes von Schleim befreit, hierauf mit Salz eingerieben (Malosol) oder mit Salzlake behandelt und leicht gepreßt (Preßkaviar) und in Dosen und Fäßchen aus Linden- oder Eichenholz zum Versand fertig gemacht. Der beste Kaviar stammt von einer südrussischen Störart, dem Hausen. Auch das Fleisch ist sehr schmackhaft; in Russland werden die gesalzenen und gedörrten Rückenteile (»balyk«) hochgeschätzt. Aus der Schwimmblase wird Fischleim gewonnen.

In Westeuropa nur noch von geringer fischereilicher Bedeutung.

26. STÖR

Acipenser sturio

a 105 cm
b Kopf mit vorgestrecktem Maul
c Larve
d Hauptnahrung
e Verwendung

a

b

c

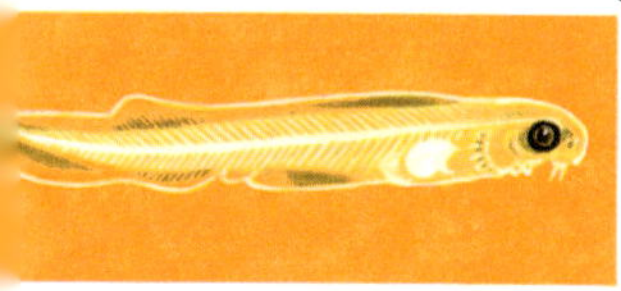

d

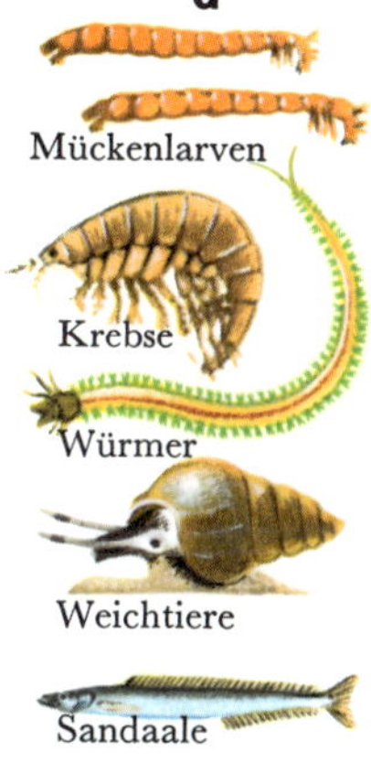

e

Kaviar

HERINGSFISCHE

Heringsfische sind schlanke, pelagische Fische, mit einer kurzen Rückenflosse und ohne Seitenlinie. Sie leben in Schwärmen, die oft riesige Ausmaße erreichen können. Ihre Nahrung besteht hauptsächlich aus Planktontieren, die sie mit Hilfe ihres Kiemenfilters aus dem durch den Mund aufgenommenen Wasser aussieben; bisweilen schnappen sie auch nach jedem größeren Nährtier einzeln. Von den Heringsfischen wiederum ernähren sich u. a. die Makrelen- und Schellfischartigen.

Das Muskelgewebe der Heringsfische ist sehr fetthaltig, daher eignen sich diese Arten vor allem gut zum Räuchern. Wichtig für ihre Verarbeitung ist auch, daß sie sehr weiche Knochen besitzen. Etwa ein Drittel oder 13 Millionen Tonnen der gesamten Weltausbeute sind Heringsfische. Die Fangerträge der einzelnen Länder schwanken jedoch sehr, da die Heringsschwärme ihre Zugrichtung unvermittelt ändern können. Ca. 6 Millionen Tonnen werden zu Herstellung von Fischmehl bzw. -öl verwendet.

Schlüssel

1 Oberkiefer vorragend ....  **Sardelle,** Seite 71
Unterkiefer vorstehend 2

2 Kiemendeckel glatt 3
Kiemendeckel radiär gestreift, evt. 1-6 schwarze Flecken auf jeder Körperseite 4

3 Basis der Bauchflossen hinter dem Vorderende der Rückenflosse .... **Hering,** Seite 65

Basis der Bauchflossen vor oder unter dem Vorderende der Rückenflosse .... **Sprotte,** Seite 69

4 Ca. 30 große Schuppen längs der Körpermitte .... **Sardine,** Seite 71
60-80 Schuppen längs der Körpermitte .... **Maifisch und Finte,** Seite 72

27. Hering

Clupea harengus L.

Die Bauchflossenbasis liegt hinter dem Vorderende der Rückenflosse. Die Kielschuppen sind nicht so scharf wie bei den Sprotten. Kiemendeckel glatt, ohne radiäre Streifung.
Heringe werden selten über 40 cm lang. Höchstalter 20–25 Jahre. Sie leben pelagisch (freischwimmend) und halten sich in Tiefen bis zu 250 m auf. Sie kommen besonders in jenem Bereich des Nordatlantiks vor, in welchem sich die aus dem Süden kommenden, warmen Wassermassen (Golfstrom) mit den kalten, arktischen Strömungen vermischen. Ihre Schwärme nehmen oft riesige Ausmaße an; die sogenannten »Heringsberge« enthalten viele tausend Tonnen Fische.

a

27. HERING

Clupea harengus

a 24 cm
b Larven
c Schuppe, 6-fach vergrößert
d Hauptnahrung

b

c 11 Jahresringe

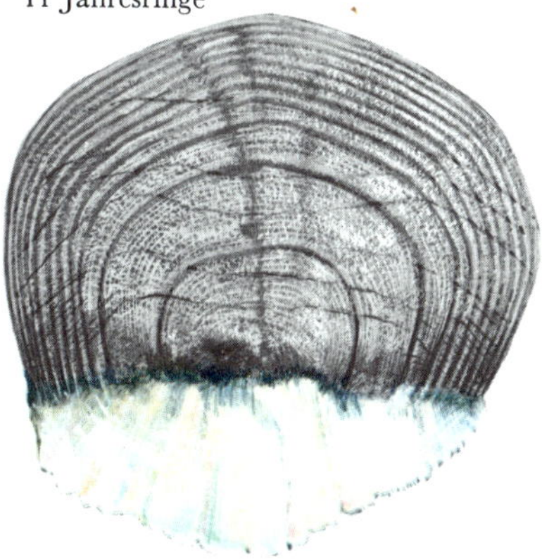

Sichtbarer Teil der Schuppe

d

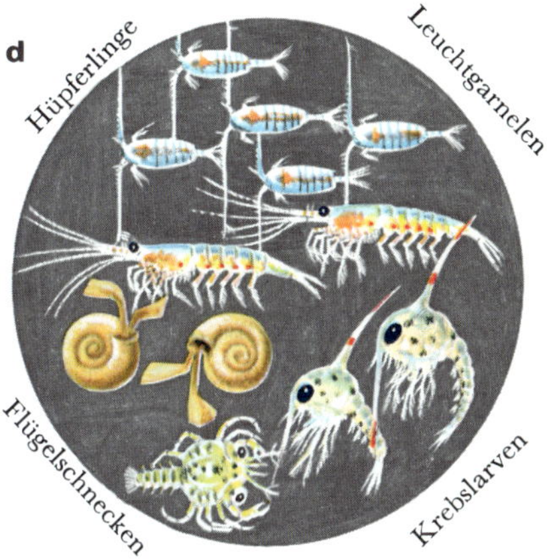

Tagsüber bleiben sie mehr in tieferen Schichten, nachts steigen sie zur Oberfläche empor.
Die Heringe werden in verschiedene Rassen eingeteilt, die sich hinsichtlich Größe, Wachstumsgeschwindigkeit, Laichzeiten und Wanderwege unterscheiden. Als Unterscheidungsmerkmale gelten, u.a. die Anzahl der Wirbelkörper, die Otolithen und die Schuppen, an denen der erfahrene Biologe den Wachstumsverlauf und die Laichzeiten ablesen kann. Die wichtigsten ostatlantischen Heringsrassen sind der Weißmeer-Hering, der Murman-Hering, der winterlaichende Norwegische Hering und der Baltische Hering oder Strömling. Daneben kommen noch zahlreiche Lokalrassen der Küstenheringe vor. Für die Fischerei ist vor allem der Norwegische Hering von größter Bedeutung, daher soll im

Folgenden sein Lebenszyklus kurz geschildert werden: während der Wintermonate kommen die Großheringe (»storsild«) aus dem Nordmeer an der norwegischen Westküste an. Unmittelbar nach ihrer Ankunft werden sie geschlechtsreif; ihre Geschlechtsprodukte, die während der Wanderung zur Küste noch fest waren, sind nun flüssig und laichreif. Das Ablaichen findet entlang der Norwegischen Küste in der Zeit vom Februar bis April statt, und zwar in der Übergangsschicht zwischen dem Küstenwasser und dem salzhaltigeren, wärmeren Tiefenwasser, vor allem im Bereich von 40–70 m bei Temperaturen um 5° C. Eizahl: 20–50 000. Rogen und Milch werden frei ins Wasser abgegeben. Die befruchteten, 1,2–1,5 mm großen Eier sinken zu Boden, wo sie an Steinen, Algen und Muschelschalen festkleben. Allein vor Norwegen werden jährlich schätzungsweise 1–3 Millionen Tonnen Eier abgelaicht. Die Eientwicklung dauert bei 9° C etwa 2 Wochen. Die frischgeschlüpften Larven (7–9 mm) steigen, vom Tageslicht angezogen, zur Oberfläche empor. Nach einer Woche haben sie ihren Dottervorrat aufgezehrt und beginnen nun, sich von mikroskopisch kleinen Planktonalgen und Krebslarven zu ernähren. Bei einer Länge von 4 cm werden die Schuppen ausgebildet. Im Laufe des ersten Jahres breitet sich die Brut entlang der gesamten Norwegischen Küste aus. Erst im Alter von 2–3 Jahren, bei einer Länge von ca. 20 cm, wandern die Heringe von der Küste ab. Die 20–30 cm langen, unreifen Exemplare haben im Muskelfleisch und zwischen den Eingeweiden reichlich Fett gespeichert (Fettheringe). Im Alter von 3–7 Jahren sind sie geschlechtsreif und nehmen von da an an den jährlichen Laichwanderungen teil. Sobald die Frühjahrsheringe abgelaicht haben, ziehen sie nach Nordwesten auf der Suche nach Futter. Während ihrer Wanderung werden sie bei den Färöer und Nordisland gefischt. Erst an der Grenze der kalten ostisländischen Strömung im Bereich zwischen Jan Mayen und Island beenden sie ihren Zug und ernähren sich hier von dem reichlich vorhandenem Plankton. Im Spätjahr kehren sie zur Norwegischen Küste zurück. Die Murman-Heringe laichen an den Küsten der Barents-See von April biz März und wandern hierauf in den östlichen und nördlichen Bereich dieses Meeresteiles.
In der Nordsee sind die einzelnen Bestände besonders schwierig auseinanderzuhalten: es kommen hier mehrere lokale Rassen von Frühjahrs-, Sommer- und Herbstlaichern vor. Weitaus die wichtigsten sind die Herbstheringe, die in eine nördliche Form, Bankheringe, und eine südliche, Downheringe, eingeteilt werden.
Beide Formen werden von Mai bis Juli in der nördlichen Nordsee (Fladen Grund) angetroffen, wo sie sich fett fressen und reif werden. Die Bankheringe beginnen ihr Laichgeschäft im Juli vor der schottischen Nordseeküste; von dort ziehen sie dann im Sept.–Okt. quer über den mittleren Bereich der Nordsee zum Skagerrak, wo sie sich die Wintermonate über aufhalten. Im April kehren sie zu ihren »Weidegründen« im Fladen Grund zurück. Die Downheringe dagegen sind späte Herbstheringe, die vom Fladen Grund zur südlichen Nordsee ziehen, um dort Okt.–Jan. zu laichen. In den Wintermonaten halten sie sich in der Straße von Dover auf und im März wandern sie wiederum zum Fladen Grund zurück.
Der Baltische Hering ist ebenfalls mit zwei Formen vertreten, einem Frühjahrs- und einem Herbstlaicher. Er wird im Alter von 2–3 Jahren und bei einer Länge von 10–12 cm geschlechtsreif und höchstens 20 cm lang. Den Russen gelang es mit gutem Erfolg, den Baltischen Hering in den brackigen Aralsee östlich des Kaspischen Meeres einzusetzen.
Der erwachsene Hering ernährt sich von tierischem Plankton, vor allem von Hüpferlingen (Copepoden), Leuchtgarnelen und Flügelschnecken, in der Nordsee daneben auch von den Larven der Sandaale. Da die Heringe Augentiere sind, fressen sie vorwiegend nur tagsüber. Ebenso wird die Nahrungsaufnahme während der Wintermonate (und damit auch das weitere Wachstum) stark herabgesetzt.

27. HERING

e Verwendung
f Wichtigste Fangmethoden

kaltgeräuchert warmgeräuchert

Fischräucherei in Bornholm

e

Salzhering Öl Mehl Konserviert

Fischverarbeitende Industrie

Eiche Bevorzugte Holzart Schwarzerle

f

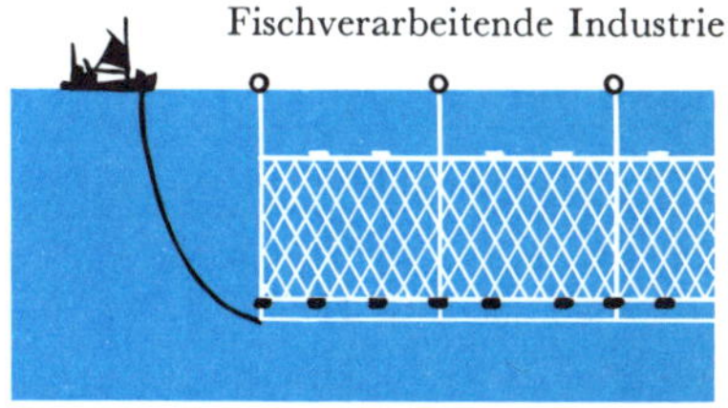

Treibnetz

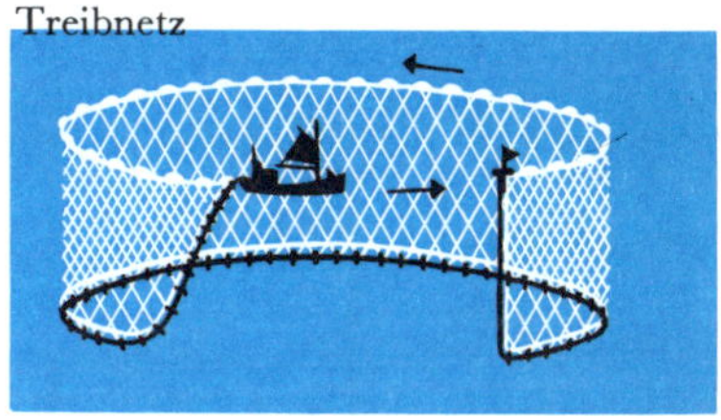

Ringwade

Engl. Fischkutter

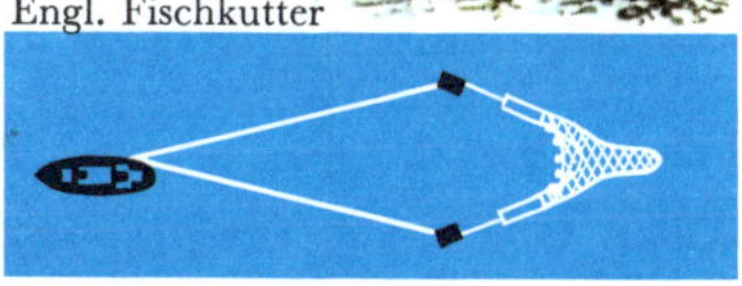

Schleppnetz

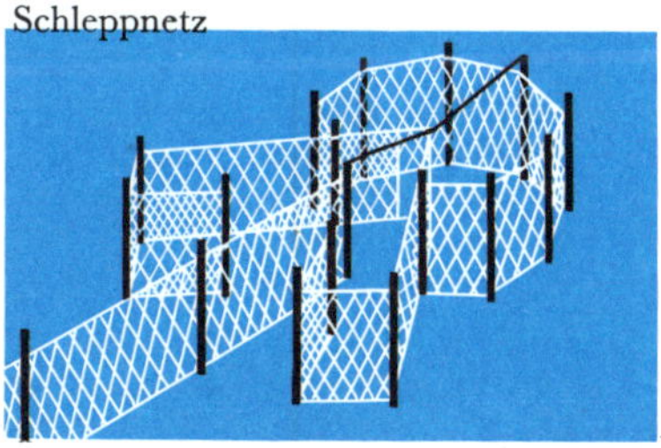

Grundnetz (Bundgarn)

Die Heringsschwärme werden mit Hilfe echometrischer Geräte lokalisiert; auf Grund von Echolotungen kann man daraufhin die Tiefenverteilung, die Zugrichtung und das Ausmaß des Schwarmes berechnen. Zuweilen sieht man einen Schwarm auch schon mit bloßem Auge als violett gefärbten Fleck durch das Wasser scheinen oder die Tausenden von Seevögeln, die den Schwarm begleiten, verraten ihn. Wenn die Heringe zur Oberfläche emporsteigen, verringert sich der sie umgebende Wasserdruck; durch einen besonderen Kanal, der am After nach außen mündet, sind die Heringe befähigt, rasch Gas aus der Schwimmblase auszustossen: durch Millionen kleiner Luftblasen beginnt das Meer zu »kochen« – für die Fischer ein Zeichen, daß der Schwarm dabei ist aufzusteigen.
Der Fang des Norwegischen Herings (»storsild« und »vårsild«) wird hauptsächlich mit Treibnetzen (während der Nacht) und Beutelnetzen betrieben. In Küstennähe fängt man die Frühjahrsheringe auch mit Hilfe von Stellnetzen. In der Nordsee werden für den Fang tagsüber Schleppnetze, während der Nacht Treibnetze verwendet. Küstenheringe fängt man auch mit Uferwaden und im Heringsbundgarn.
Ein weiterer wichtiger Zweig der Heringsfischerei stellt der Fang von 1–2 jährigen Jungheringen (norwegisch: bladsild) dar, die zur Herstellung von Fischmehl und Heringsöl dienen; ein Teil von ihnen wird auch zu Konserven verarbeitet. Die großen Heringe werden in der Hauptsache als Frisch- oder Salzfische und als Konserven dem Verbraucher zugeführt.
Gesamtfang im Atlantik und der angrenzenden Gewässer: 2–3 Millionen Tonnen jährlich. Davon entfallen auf Norwegen 550 000–1 000 000 t. Sowjetunion 410–580 000 t, Dänemark 200–297 000 t, Deutschland 120–250 000 t, Island 100–325 000 t, Schweden 96–150 000 t, Großbritannien 90–140 000 t, Holland 114 000 t, Polen 60–96 000 t, Frankreich 35–40 000 t, Finnland 34 000 t, Irland 12–21 000 t, Färöer 10–15 000 t, Belgien 4 000 t.

28. Sprotte

Sprattus sprattus (L.)

Die Basis der Bauchflossen liegt vor oder unter dem Vorderende der Rükkenflosse. Die Kielschuppen zwischen Bauch- und Afterflosse scharf geknickt, mit nach rückwärts gerichteten Spitzen.
Geschlechtsreif im Alter von 2 Jahren bei einer Länge von 12–13 cm; max. Länge 16,5 cm, Alter 5–6 Jahre. Pelagische Schwarmfische in Fjorden und küstennahen Gewässern, im Sommer in 10–50 m Tiefe, im Winter bis zu 150 m. Tagsüber hält sich der Schwarm in Bodennähe auf, nachts steigt er zur Oberfläche auf, wobei sich die Schwarmformation mehr oder weniger auflöst. Innerhalb ihres Verbreitungsgebietes ist die Art mit mehreren Rassen oder Unterarten vertreten.
Laicht im Jan.–Juli (Hauptlaichzeit: Mai–Juni) 6–10 000 pelagische Eier, vorwiegend in 10–20 m Tiefe. Wichtigste Laichplätze: südöstliche Nordsee und Skagerrak. Lokale Bestände kommen in größeren Fjorden, im Bereich der Belts und der Ostsee vor. Die Eier messen 0,8–1,5 mm, am größten sind sie im Brackwasser. Die Brutdauer beträgt ca. 7 Tage. Die frischgeschlüpften, 4 mm langen Larven ähneln denen der Heringe. Sie werden durch die Meeresströmungen weit von den Laichplätzen vertrieben, vom Skagerrak z. B. nach Norden entlang der norwegischen Westküste. Als einjährige Jungfische sind sie dann ca. 10 cm lang. Nahrung: tierisches Plankton, vor allem Hüpferlinge (Copepoden). Sie selbst wiederum sind ein wichtiges Futter für zahlreiche Raubfische.
Fang mit Scherschleppnetzen, mit Beutelnetzen (Ringwaden) oder Uferwaden. In der Ostsee auch mit dem Bundgarn. Die Fangerträge schwanken sehr. Die Fänge setzen sich zum größten Teil aus 1 bis 2 jährigen Exemplaren zusammen, daher wirkt sich eine schlechte Laichsaison rasch auf die Erträge aus. Bei kaltem, windigem Wetter während der Laichzeit geht ein großer Teil der Eier zugrunde.
Dänemark 9–26 000 t, Norwegen 6-

11 000 t, Polen 4–15 000 t, Deutschland, Großbritannien, Schweden je 2–10 000 t, Holland 1–6 000 t, Frankreich ca. 2 000 t.

In Norwegen muß man die einjährige »Sardinen-Sprotte« erst 3 Tage hältern, damit sie ihren Darm entleert, bevor sie in den Konservenfabriken geräuchert, gekocht oder in Öl (»Norwegische Sardinen«) Verwendung findet. Die 2–4 jährigen Sprotten kommen mariniert als »Anchovis« in den Handel. Ähnliche Konservierungsmethoden auch in Schweden, Dänemark und Deutschland. In Deutschland geräuchert besonders geschätzt (»Kieler Sprotten«). Ein Teil der Fänge wird zur Herstellung von Fischmehl verwendet.

a

b

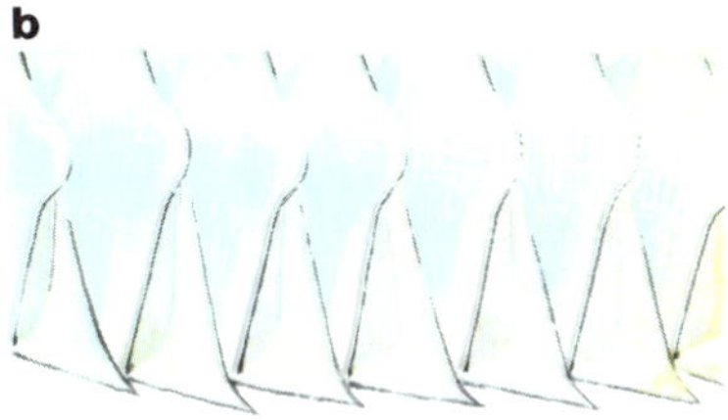

Scharfe Kielschuppen

28. SPROTTE

Sprattus sprattus

a 10 cm
b Kielschuppen, 8-fach vergrößert
c Hauptnahrung
d Verwendung
e Wichtigste Fangmethoden

c

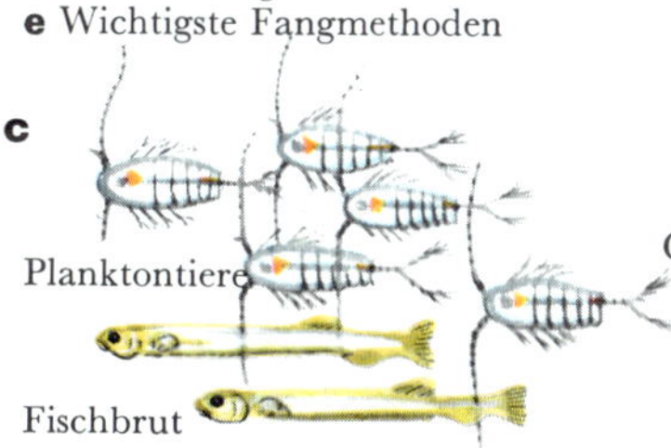

d

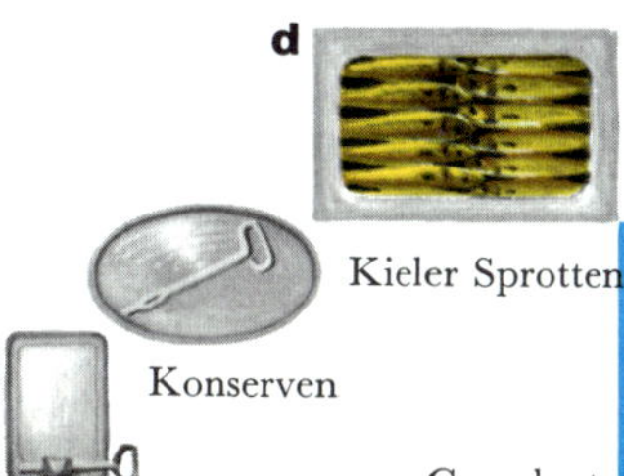

e

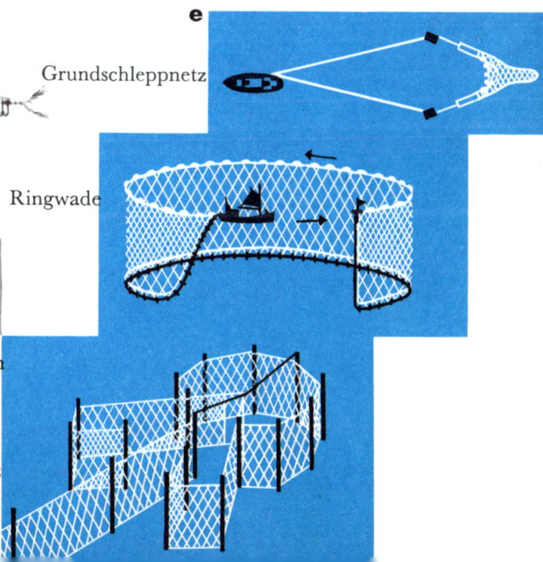

29. Sardine

Sardina pilchardus (Walb.)

Kennzeichen: Kiemendeckel strahlenförmig gefurcht. Bauchflossen liegen unter dem Hinterende der Rückenflosse. 30 Schuppen entlang der Körpermitte.
Geschlechtsreif im Alter von 3 Jahren und einer Länge von 19–20 cm. Max. Länge ca. 26 cm (ca. 15 Jahre). Pelagischer Schwarmfisch, der sich von planktonischen Krebstieren, Fischeiern u. dergl. ernährt. Laicht im offenen Meer 50–60 000 pelagische Eier, vor Südengland im April–Nov., in der Biskaya Dez.–Febr., vor Portugal Febr. –April, im Mittelmeer das ganze Jahr über. Die Larven (4 mm) schlüpfen nach 2–4 Tagen.
Nach dem Laichgeschäft ziehen die Sardinen auf ihren Nahrungswanderungen in die Nähe der Küsten, im Sommer nach Norden, im Winter südwärts. In der Nordsee wahrscheinlich nur sporadisch.
Fang mit Treibnetzen und Ringwaden. Im Mittelmeer häufig durch Lichtfang; als Köder wird eingesalzener Kabeljaurogen, zuweilen vermischt mit Sand und Fleischstückchen, verwendet.
Der europäische Jahresertrag schwankt zwischen 250 000 und 350 000 Tonnen. 25–35 Prozent davon werden eingesalzen und in Öl zu Konserven verarbeitet.
Fangerträge der einzelnen Länder: Frankreich 25–30 000 t, Griechenland ca. 12 000 t, Italien 30–35 000 t, Portugal 120–140 000 t, Spanien 100–140 000 t, Großbritannien 3–4 000 t, Jugoslawien 6–11 000 t.
Die verschiedenen Sardinen-Arten sind auf der ganzen Welt wichtige Nutzfische. Die Erträge schwanken jedoch überall sehr.

30. Sardelle, Anchovis

Engraulis encrasicolus L.

Kennzeichen: Maul deutlich unterständig; charakteristische Körperfärbung. Die Bauchflossen liegen vor der Rückenflosse.
Selten über 16 cm. Geschlechtsreif mit 2 Jahren (9–12 cm). Kommt in 5 geographischen Rassen vor, wovon die eine im Asowschen Meer nur 10 cm, die im Mittelmeer 12,5 cm lang wird. Pelagische Schwarmfische, die sich von tierischem Plankton ernähren. Laichen 13–20 000 ovale, pelagische Eier, aus denen nach 2–4 Tagen die 3 mm Larven schlüpfen. Laichzeit: in der südlichen Nordsee Juni–Aug., im Mittelmeer April–Sept., im Asowschen Meer Mai–Aug. Der Rogen wird portionsweise über eine längere Periode hin abgegeben.
Wandern im Sommer in die Nähe der Küsten. Zuweilen im Brackwasser. Suchen im Winter größere Tiefen auf.
Fang mit Treibnetzen, Reusen und Waden. Der europäische Jahresertrag schwankt zwischen 120 000 und 180 000 Tonnen. Hinzu kommen noch die Fänge in der Straße von Kertsch am Asowschen Meer von ca. 18 000 t.
Fangerträge der einzelnen Länder: Frankreich ca. 4 000 t, Griechenland ca. 8 000 t, Italien 20–33 000 t, Portugal 3–10 000 t, Spanien 90–125 000 t, Jugoslawien 1–3 000 t.
Das Fleisch der Anchovis hat einen bitteren Geschmack. Kopf und Eingeweide werden vielfach entfernt. Eingesalzen als »Sardellen« oder in Gewürztunken als »Anchovis« im Handel. Bedürfen einer Lager- und Reifezeit von 4–18 Monaten. Ein Teil der Fänge wird filetiert und in Öl gelegt. Mit mehreren wirtschaftlich wichtigen Arten auch in anderen Meeresteilen vertreten.

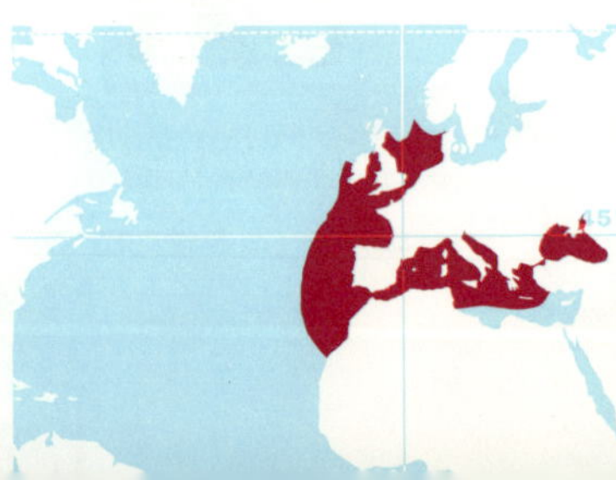

29. SARDINE

Sardina pilchardus

a 18 cm
b Hauptnahrung
c Verwendung
d Wichtigste Fangmethoden

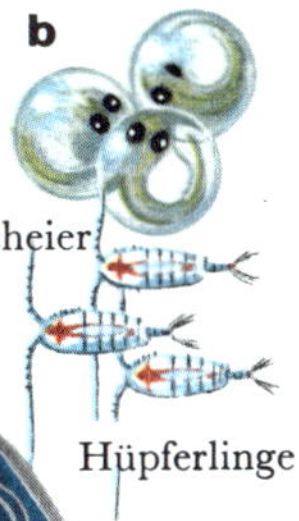

29 c

Frischfische, auf Eis

29 c
30 c

Konserven

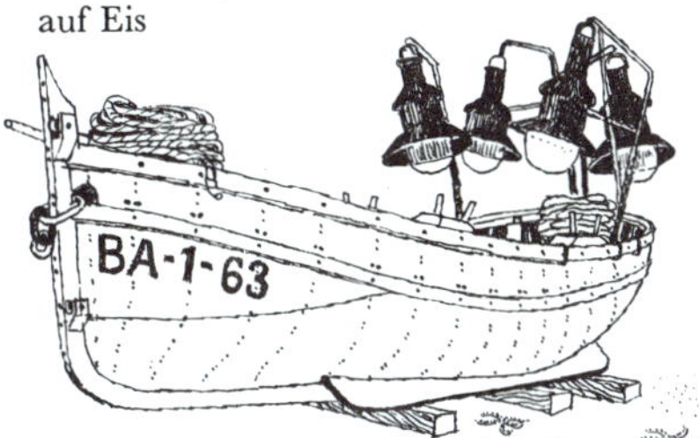

Spanisches Sardinenfangboot, *lampara*, mit Lampen für den Lichtfang

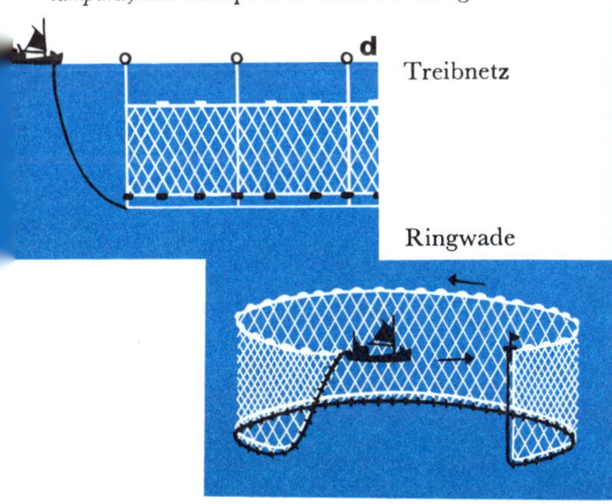

30. ANCHOVIS

Engraulis encrasicolus

a 16 cm
b Hauptnahrung
c Verwendung
d Wichtigste Fangmethoden

MAIFISCHE

Wandern aus dem Meer in die Flüsse ein, um dort zu laichen. Die Eier entwickeln sich in 2–8 Tagen, während sie in der Strömung treiben. Die Jungfische ziehen im Spätjahr ins Meer zurück. Fang während des Laichaufstieges in den Flußmündungen; die Bestände sind aber stark zurückgegangen, u. a. wegen der immer mehr zunehmenden Verunreinigung der europäischen Flüsse. Sie ernähren sich von pflanzlichem und tierischem Plankton.

31. Finte

Alosa fallax (Lacep.)

Kennzeichen: 60–65 Schuppen in einer Längsreihe. 6–10 schwarze Flekken auf den Körperseiten. Erster Kiemenbogen mit 40–60 Reusendornen (Abb. 31 b). Wirtschaftlich bedeutungslose Fänge in Norddeutschland. Wird als Räucherfisch verkauft.

32. Alse, Maifisch

Alosa alosa (L.)

Kennzeichen: 70–80 Schuppen in einer Längsreihe. 1–6 mehr oder weniger deutliche Flecken auf den Körperseiten. Erster Kiemenbogen mit 90–120 Reusendornen (Abb. 32). Die Fangerträge in der Biskaya und im Mittelmeer wirtschaftlich bedeutungslos.

Die Alse ist in ihrem äußeren Erscheinungsbild der Finte sehr ähnlich (siehe Abb. 31 a), kann aber an ihren wohlentwickelten, dichten Kiemenreusen erkannt werden.

33. Silberbeil

Argyropelecus olfersi (Cuv.)

Mit zahlreichen Leuchtorganen auf dem Kopf und der Bauchseite. Rücken mit einem verknöchertem Kamm, einer Rücken- und einer niedrigen Fettflosse.

Max. Länge ca. 12 cm. Ozeanischer Tiefseefisch, der in 300 m Tiefe pelagisch lebt und in dieser Tiefenregion ziemlich häufig vorkommt.

Mit einigen wenigen nahverwandten Arten im NO-Atlantik vertreten.

34. Lachshering

Maurolicus muelleri (Gmel.)

Mit Leuchtorganen entlang der Bauchseite. Hinter der ersten Rückenflosse eine niedrige Fettflosse. Länge 7 cm. Ozeanisch und pelagisch in 150 m Tiefe. Steigen nachts zur Wasseroberfläche empor und werden dann zwischen Kleinheringen und Sprotten angetroffen. Während der Wintermonate findet man sie öfters an den Küsten des NO-Atlantiks angespült.

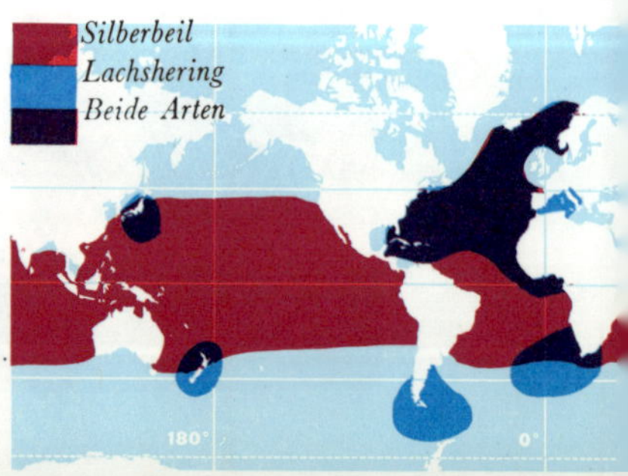

a

b

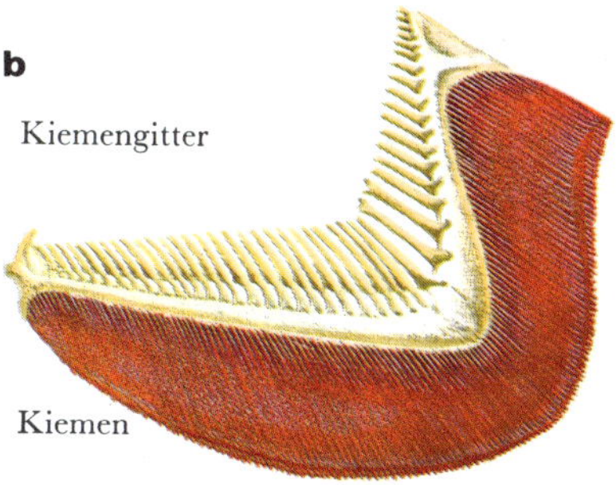

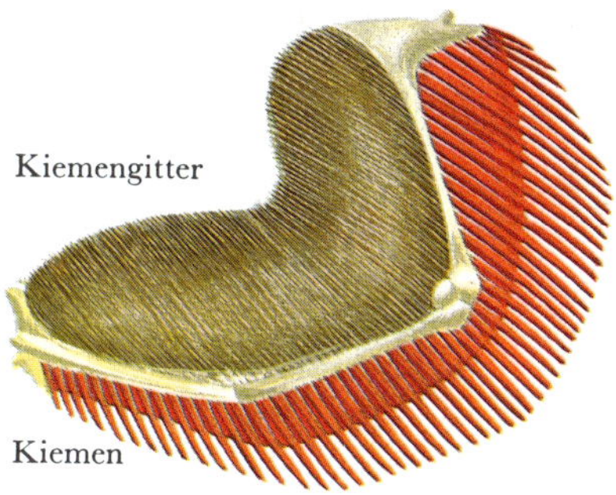

31. FINTE

Alosa fallax

a 41 cm
b Kiemenbogen in nat. Größe

32. ALSE

Alosa alosa

33. SILBERBEIL

Argyropelecus olfersi

7 cm

34. LACHSHERING

Maurolicus muelleri

6 cm

35. Lachs

Salmo salar L.

Die Lachse sind nur schwer von den Meerforellen zu unterscheiden. Ihr Körper ist schlanker, der Schwanzstiel dünner. Zwischen Fettflosse und Seitenlinie befinden sich (inklusive der Seitenlinienschuppe) 11–15, am häufigsten 12–14 Schuppen. Die Reusendornen des ersten Kiemenbogens sind alle stabförmig (S. 79).

Männchen maximal ca. 1,5 m (36 kg), Weibchen selten über 120 cm (20 kg). Alter gewöhnlich 4–6, selten 10 Jahre. Die großen Lachse ziehen auf ihrer Laichwanderung im Mai aus dem Meer an die Küsten, die kleineren folgen etwas später nach, beide mit großen Fettreserven ausgerüstet. Von diesem Zeitpunkt an bis nach der Laichperiode nehmen sie keine Nahrung mehr zu sich.

Von Juni bis November dauert der Laichaufstieg im Süßwasser. Ihre großen Fettreserven werden dabei in Energie umgesetzt und zum Aufbau der Geschlechtsprodukte verbraucht. Gleichzeitig findet auch der Übergang vom Blanklachs zum »farbigen Lachs« statt. Bei den Männchen bildet sich am Unterkiefer ein Haken aus; heftige Rivalenkämpfe finden statt. Im Herbst wird in kühlen, klaren Bächen (0,5–3 m Tiefe) abgelaicht. Das Weibchen wählt hierzu eine geeignete Stelle mit sandigem oder kiesigem Untergrund aus und gräbt durch seitliche Rumpfschläge eine Laichgrube. In diese Grube wird eine Portion erbsengroßer, gelber Eier abgelegt, die vom Männchen befruchtet und mit Kies bedeckt werden, während das Weibchen bereits einen anderen Teil der Grube für die nächste Eiablage vorbereitet. Die Laichzeit kann sich über zwei Wochen hin erstrecken, öfters werden mehrere Laichgruben angelegt. Eizahl: 8 000–26 000. Die Eier sind schwerer als Wasser, leicht klebrig und liegen den Winter über zwischen den Steinen eingebettet.

Nach den Anstrengungen der Laichwanderungen und des Laichgeschäftes sind die Lachse stark abgemagert. Sie haben 30–40 % ihres ursprünglichen Gewichtes vor Beginn des Laichaufstieges verloren. Viele, besonders die Männchen, sterben nach dem Laichen, andere überwintern in tiefen Stellen der Flüsse oder kehren sofort ins Meer zurück. Nur 4–6 % laichen ein zweites und vielleicht 1 Promille ein drittes Mal. Im Meer angekommen erholen sich die Lachse schnell wieder, nach 1–2 Jahren nehmen sie erneut am Laichaufstieg teil.

Die Larven schlüpfen im April–Mai.

a

35. LACHS

Salmo salar

a Blanklachs 68 cm
b Schuppe eines 5-jährigen Lachses
c Larve mit Dottersack 25 mm
d Hauptnahrung im Salzwasser

c

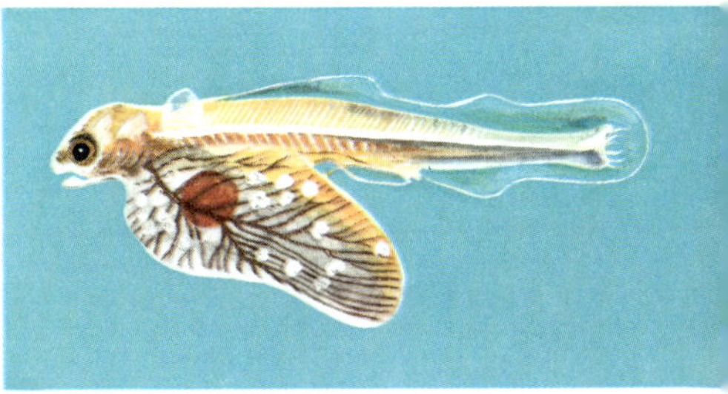

b

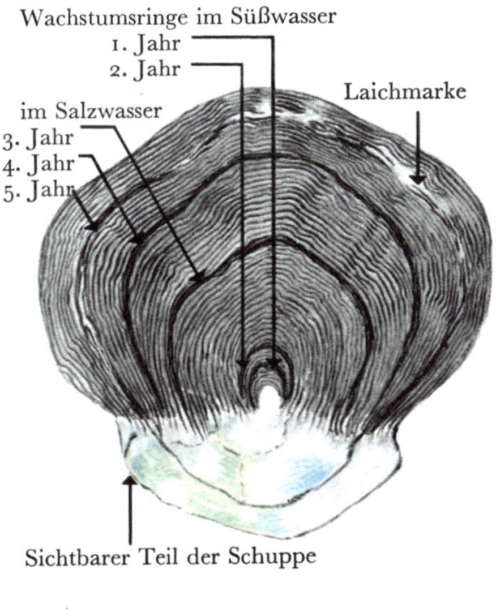

d

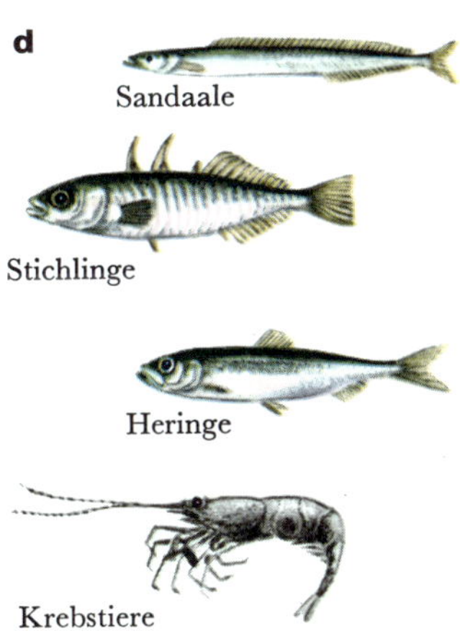

Sie sind 20 mm lang und besitzen einen großen Dottersack, von dessen Vorräten sie sich 1½ Monate lang ernähren. Nach dieser Zeit beginnen sie auf Insektenlarven oder kleine Würmer Jagd zu machen. Die jungen Lachse verbleiben, je nach Laichplatz, 1–5 Jahre im Süßwasser, am längsten im nördlichen Norwegen, im Rhein dagegen nur ein Jahr. Ein Teil der Männchen hält sich sogar bis zur Geschlechtsreife in den Flüssen auf. Die meisten Jungfische jedoch wandern bei einer Länge von 10–19 cm ins Meer ab. Während des Abstiegs ändert sich ihre Färbung: die graublauen Flecken auf den Seiten verschwinden, ihr Rücken wird dunkel, die Körperseiten silberglänzend – sie wandeln sich in Blanklachse um.

Einige Zeit verbringen sie noch in den Flußmündungen, um sich an den Salzgehalt des Meerwassers und an die Kostveränderung zu gewöhnen. Ihre Hauptnahrung sind nun Hüpferlinge und andere Krebstiere, später auch kleine Fische.

Im Süßwasser nehmen die Junglachse nur langsam an Gewicht zu, im Meer dagegen sehr schnell: nach einem Jahr sind sie bereits 50–65 cm (1½–3½ kg), nach 2 Jahren 70–90 cm (»Zwischenlachs« 4–8 kg) und nach 3 Jahren 90–105 cm (8–13 kg) lang (bzw. schwer). Auch streifen sie im Meer als freischwimmende (pelagische) Raubfische nahe der Wasseroberfläche weit umher, und ernähren sich von Kleinfischen und Krebstieren. Nach einem Aufenthalt von 2–3 Jahren im Salzwasser wandern die Lachse in ihre Heimatgewässer zurück, um dort zu laichen. Ein höchst erstaunlicher Instinkt führt sie in diejenigen Gewässer zurück, in denen sie aufwuchsen. Man nimmt an, daß sie dabei von ihrem Geruchssinn geleitet werden. Durch Markierungsversuche wurden Wanderwege von mehreren tausend Kilometern nachgewiesen, mit Durchschnittsgeschwindigkeiten von 50–100 km pro Tag.

In einigen großen Seen, die keinen Zugang mehr zum offenen Meer besitzen, kommen stationäre Lachsstämme (»Binnenlachse«) vor, die oft zu Zwergformen verkümmert sind.

Die Lebensgeschichte der Lachse kann man an den Wachstumszonen der Schuppen ablesen: die »mageren« Jahre im Süßwasser, der schnelle Zuwachs im Meer ebenso wie die Laichzeiten und das Alter.

Der Lachsfang im Süßwasser liegt außerhalb des Rahmens dieses Buches. Im Meer werden die Lachse hauptsächlich während ihrer Wanderungen entlang den Küsten, in der Ostsee auch in ihrer Weidegründen gefischt. Fang mit Treibnetzen, Ankerreusen, außerdem mit kilometerlangen, schwimmenden Langleinen (Lachsketten), die mit Heringen beködert sind. In Norwegen und Schweden kommt auch ein besonderer, mit Schwimmern versehener Reusentyp (»Kilenot«) zur Anwendung. Ein Teil der Erträge wird als Beifang im Bundgarn erbeutet.

Norwegen 1 200–1 600 t, Dänemark 1 000–1 400 t, Großbritannien ca. 1 000 t, Schweden 3–500 t, Deutschland 2–400 t, Island 400 t, Polen 1–300 t. Über die Fangerträge der Sowjetunion im Weißmeergebiet liegen keine Angaben vor. Hinzu kommt Kanada mit 1 500–1 800 t.

Als Frisch- oder Räucherfisch im Handel, der größte Teil wird jedoch zu Konserven verarbeitet. Aus dem Lachsrogen stellt man Kaviar her.

Alle am Lachsfang beteiligten Länder haben bestimmte Schonzeiten eingeführt. Die größten Feinde der Lachse sind jedoch die Flußregulierungen, Stauwehre und die immer mehr zunehmende Verunreinigung unserer Flüsse.

e

35. Lachs

e Hakenlachs
f Verwendung
g Wichtigste Fangmethoden

f

Konserven

Frischfische, auf Eis

Geräuchert

g

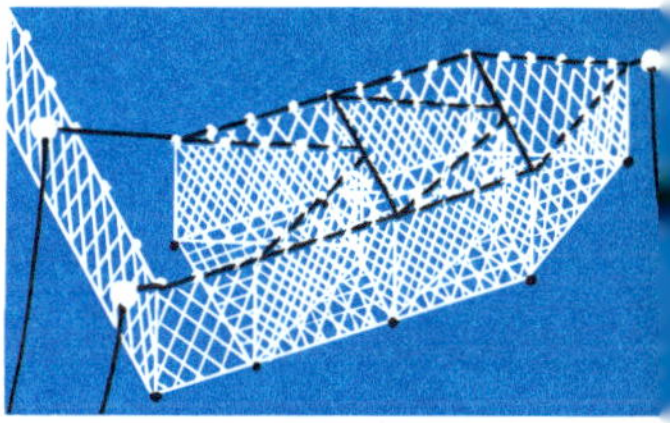

Keilfangnetz (»Kilenot«)

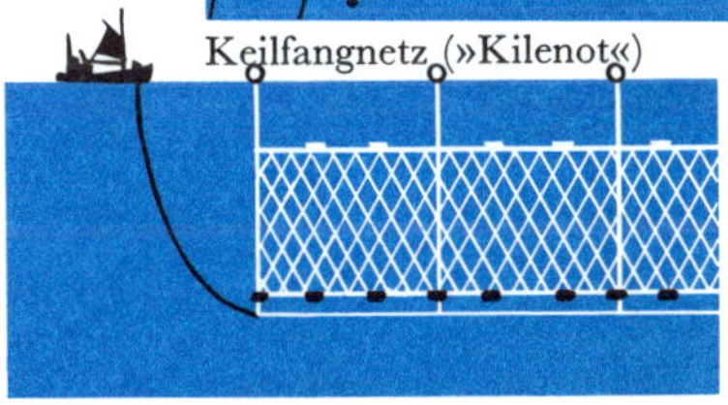

Treibnetz

Angelhaken der Lachsketten

36. Forelle

Salmo trutta L.

Unterscheidet sich vom Lachs durch die plumpere Körperform und den höheren Schwanzstiel. Zwischen Fettflosse und Seitenlinie befinden sich (inklusive der Seitenlinienschuppe) 14–19, am häufigsten 16 Schuppen. Von den Reusendornen des ersten Kiemenbogens sind die 2–5 oberen und unteren knopfförmig, die mittleren stabförmig (Fig. 36 b).

Selten über 80–100 cm (10–15 kg). Alter 4–6 Jahre.

Sind in ihrer Lebensgeschichte den Lachsen sehr ähnlich, unternehmen aber im Meer keine so großen Wanderungen, und bilden im Süßwasser Formen aus, die nicht mehr ins Meer ziehen: die Bachforellen leben ständig in der Gebirgsregion der Flüsse, die Seeforellen laichen in den Fließgewässern, wachsen aber in den Seen auf. Meerforellen nennt man diejenige Form, die einen Teil ihres Lebens im Salzwasser zubringt; ihre Wanderungen, Laichgewohnheiten und Entwicklung vollziehen sich ähnlich wie beim Lachs. Während ihres Aufenthaltes im Süßwasser (1–5 Jahre) ernähren sie sich von Wasserinsekten und – in höherem Maße als die Lachse – auch von fliegenden Insekten. 15–25 cm lang wandern sie ins Meer ab, wo sie ½–5 Jahre in Küstennähe umherstreifen; hier dienen ihnen kleine Fische und Krebse als Nahrung. Nach 1 Jahr im Meer sind sie bereits 30–40 cm (0,4 kg), nach 2 Jahren 40–50 cm (1–1,5 kg), nach 3 Jahren 50–60 cm (1,5–3,5 kg) lang (bzw. schwer). Während ihres Laichaufstieges im Juli–Nov. legen sie sich, ähnlich wie die Lachse, ein prächtiges Hochzeitskleid zu. Es werden bis zu ca. 10 000 Eier abgelaicht. Die meisten Elterntiere überleben und laichen wiederum im nächsten Jahr.

Meerforellen sind sehr beliebte Sportfische (Spinner und Kunstfliege). Wirtschaftlich wichtiger Fang mit Treibnetzen und als Beifang im Bundgarn. Sie werden oft mit den Lachsen verwechselt und auch unter dieser Bezeichnung verkauft.

37. Regenbogenforelle

Salmo gairdneri Rich.

Kenntlich an dem breiten, rötlich schimmernden Band entlang den Körperseiten.

Seit ca. 1890 aus Kalifornien in Europa eingeführt. Sie stellen geringere Ansprüche an die Wassertemperatur und -beschaffenheit als die Lachse und Bachforellen. Da sie sehr raschwüchsig sind, werden sie vielerorts in Teichwirtschaften gezogen. In großem Ausmaß als Portionsfisch im Handel. In freien Gewässern können sie ins Meer abwandern, wo sie gelegentlich gefangen werden. Sie laichen zeitig im Frühjahr. Max. Länge ca. 70 cm (7 kg).

a

36. FORELLE

Salmo trutta

a Männchen 47 cm, September
b Erster Kiemenbogen
c Hauptnahrung im Meer

37. REGENBOGENFORELLE

Salmo irideus

38. Glasauge

Argentina sphyraena L.

Kennzeichen: Schnauze länger oder ebenso lang wie der Augendurchmesser. 52–53 Seitenlinienschuppen. Gurkenartiger Geruch.
Max. Länge 27 cm. Lebt in Bodennähe oder pelagisch in 30–100 m Tiefe. Eier und Junge sind pelagisch. Ernähren sich von Krebstieren und Würmern. Die Schuppen dieser Fische werden zusammen mit Herings- und Sardinenschuppen zur Herstellung von Perlessenz (Essence d'Orient) für künstliche Perlen und für Nagellack verwendet.

39. Goldlachs

Argentina silus Asc.

Kennzeichen: Schnauze kürzer als der Augendurchmesser. 66–70 Seitenlinienschuppen. Gurkenartiger Geruch.
Max. Länge 50 cm. Lebt als pelagischer Schwarmfisch in 150–1 000 m Tiefe. Eier und Junge sind pelagisch, in tiefen Wasserschichten. Nahrung: kleine Fische, Leuchtgarnelen und andere pelagische Krebstiere.
Beifang an Angeln und in Garnelen-Schleppnetzen. Verwendung in der Fischmehl-Industrie.

40. Stint

Osmerus eperlanus L.

Lachsartiger Fisch mit höchstens 80 Schuppen in einer Längsreihe. Gurkenartiger Geruch.
Im Meer werden sie im Alter von 3–4 Jahren und bei einer Länge von 15–18 cm geschlechtsreif. Selten über 20 cm (ca. 6 Jahre). Eine nordsibirisch-nordamerikanische Unterart wird größer. Die europäische Hauptform lebt als pelagischer Schwarm- und Wanderfisch, der im April–Mai in den Unterlauf der Flüsse eindringt, um dort zu laichen. Eizahl: 9–40 000. Die Eier (0,6–0,9 mm Durchmesser) kleben an Wasserpflanzen und Sandkörnern fest. Die Jungen schlüpfen nach 3–5 Wochen. In den tiefen Binnenseen des baltischen Bereiches kommen isolierte Standformen vor (Binnenstinte), die wahrscheinlich aus dem Meer stammen, das nach der letzten Eiszeit weite Teile von Skandinavien bedeckte. Nahrung: Insektenlarven, kleine Krebstiere.
Findet Verwendung als Viehfutter, bei der Trangewinnung und in unbedeutendem Maße als Speisefisch.

41. Lodde

Mallotus villosus (Müll.)

Lachsartiger Fisch mit mindestens 150 Schuppen in einer Längsreihe. Erwachsene Männchen mit zottigen Auswüchsen auf den großen Schuppen der Seitenlinie.
Werden im Alter von 2–4 Jahren und bei einer Länge von 15–20 cm (Männchen) und 13–17 cm (Weibchen) geschlechtsreif. Die pazifische Unterart wird größer. Leben als pelagische Schwarmfische, tagsüber bis in 150 m Tiefe, nachts nahe der Wasseroberfläche. Im Dez. schließen sie sich zu großen Schwärmen zusammen, die von der nördlichen Barents-See bis Murmansk und Finnmarken ziehen. Laichen bei 2–4° C. Die Paarung dauert 5 Sekunden. 8–12 000 klebrige Eier (Durchmesser 0,6–1,2 mm) werden in 5–100 m Tiefe in eine Sandfurche abgelegt. Nach der Laichzeit verenden die Männchen. Ein Teil der Weibchen überlebt und laicht wiederum in den folgenden 2–3 Jahren. Nach ca. 4 Wochen schlüpfen die 4–5 mm langen Jungen. Nahrung: tierisches Plankton.
Wichtige Nahrung für Kabeljau, Köhler und Wale, die den Laichzügen der Lodden folgen. Fang mit Ringwaden bei Finnmarken. Wichtiger Industriefisch. Norwegen 100–200 000 t.

18 cm

38. GLASAUGE *Argentina sphyraena*

39. GOLDLACHS *Argentina silus*

48 cm

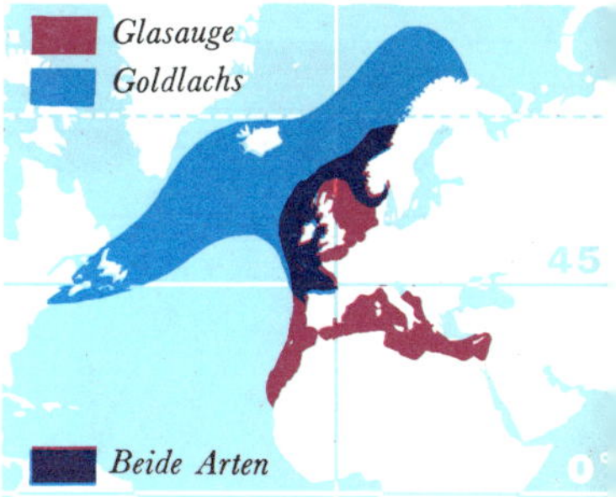

17 cm

40. STINT
Osmerus eperlanus

a

b

41. LODDE
Mallotus villosus

a Männchen 16 cm
b Weibchen 14 cm
c Verwendung
d Wichtigste Fangmethode

c Industriefisch

d Ringwade

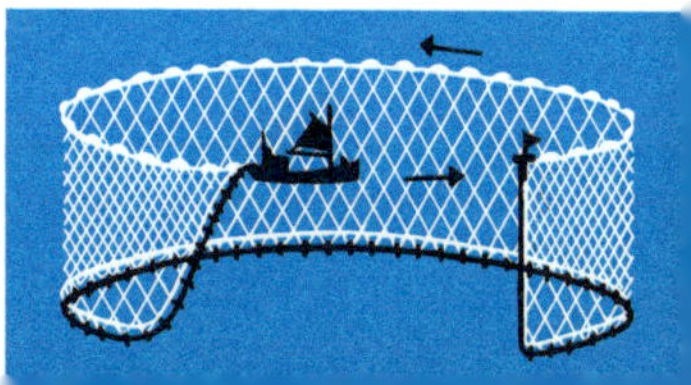

42. Flußaal

Anguilla anguilla (L.)

Die eigenartige Lebensgeschichte des Europäischen Aales beginnt in der Sargasso-See, etwa 4 000 km von Europa entfernt. Hier trifft man im März–April die jüngsten Aallarven (ca. 5 mm) an, und zwar im Bereich von 100–300 m Tiefe über 6 000 m tiefen Stellen. Diese Larven *(Leptocephali)* besitzen einen bandförmigen, durchsichtigen Körper. Sie leben pelagisch in den oberflächennahen Schichten und gelangen mit dem Golfstrom quer über den Atlantik nach Europa. Ihre Reise dauert fast drei Jahre. Kurz vor Ankunft an den europäischen Küsten wandeln sie sich in die 65 mm langen, noch farblosen Glasaale um, die etwas kürzer als die Leptocephalus-Larven sind. Die Glasaale wandern in die Brackwassergebiete ein und beginnen dann in die Flüsse aufzusteigen (Aalmontée: bei Spanien und Irland im Nov.–Dez., an den Nordseeküsten und im Kattegat im März–April). Besonders zahlreich sind sie im Kanal von Bristol, der wie

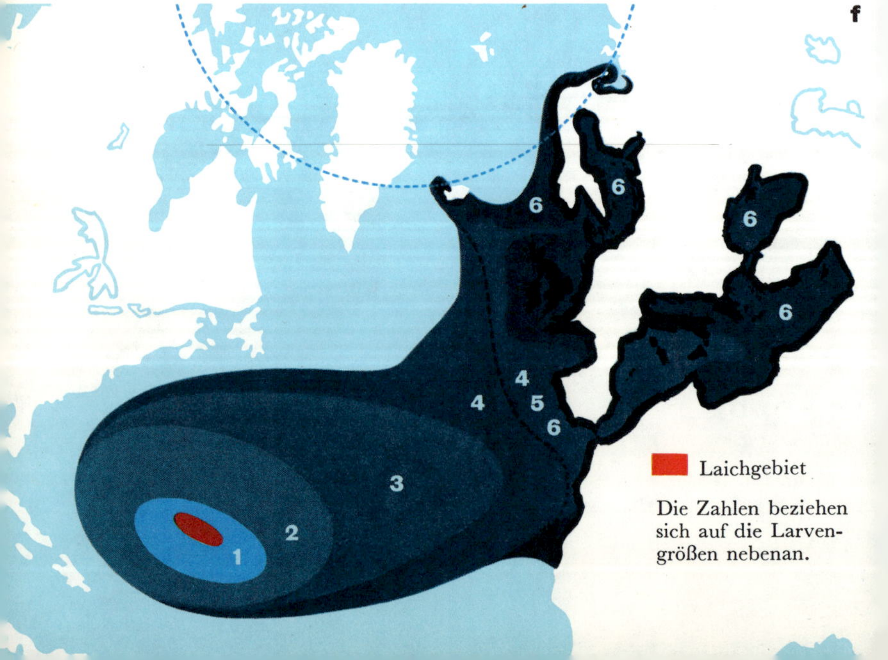

a

b

42. FLUSSAAL

Anguilla anguilla

a Gelbaal 40 cm
b Blankaal 38 cm
c Gelbaal, von oben
d Blankaal, von oben
e Wachstum und Umwandlung der Larven
f Schema der Verteilung der Larven

c

d

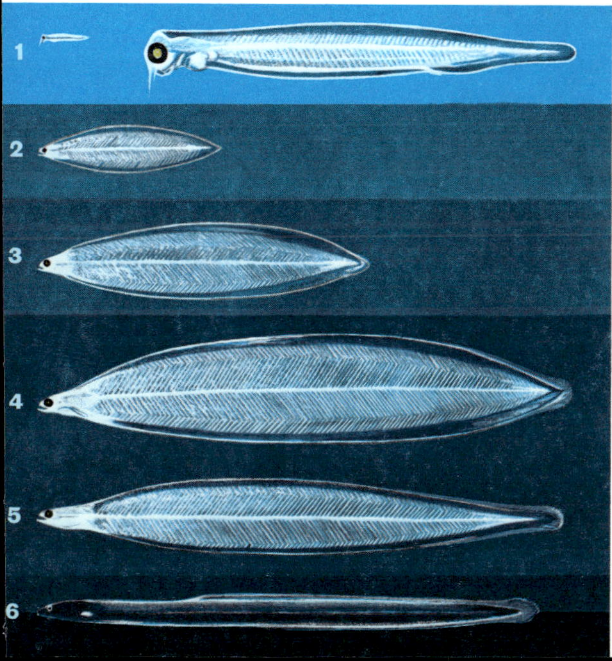

e

1 — 7 mm, eben geschlüpft, 10-fach vergrößert

2 — 25 mm, ca. 2 Monate

3 — 45 mm, ca. 8 Monate

4 — 75 mm, ca. 1 ½ Jahre

5 — 70 mm, ca. 2 ½ Jahre

6 — 65 mm, ca. 3 Jahre alt

ein riesiger Trichter einen großen Teil der ankommenden Glasaale auffängt. Im Laufe des Sommers, nach reichlicher Nahrungsaufnahme, werden die Aallarven dunkel pigmentiert (Steigaale). Ein Teil von ihnen verbleibt im Brackwasser der Mündungsgebiete und in den Unterläufen der Flüsse, während die anderen weiterziehen und die folgenden Jahre im Süßwasser zubringen. Erst nach ca. 3 Jahren beginnt die Ausbildung der winzigen, ovalen Schuppen, die tief in der Haut eingebettet liegen.

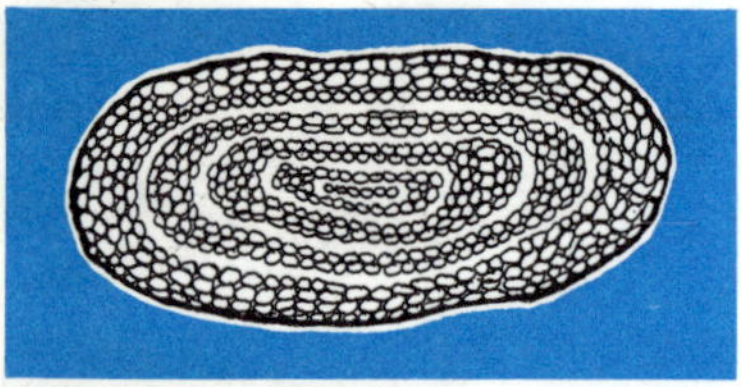

Schuppe mit Zuwachszonen

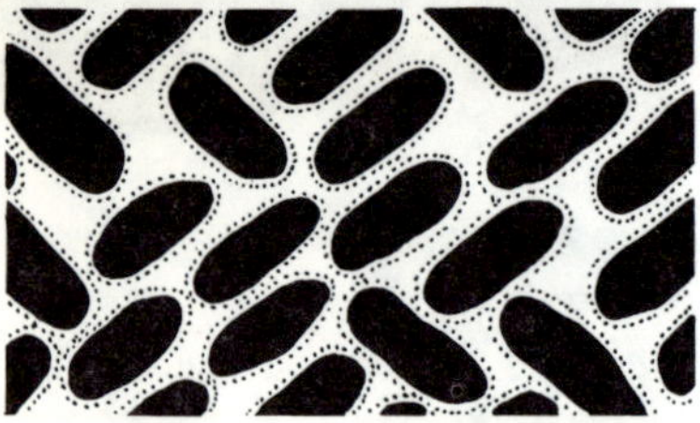

Schuppenmuster

Das Wachstum der Jungaale hängt vom Nahrungsangebot und den Wassertemperaturen ab. Im 1. Winter nach ihrer Ankunft an den Küsten sind sie ca. 8 cm, im 2. Winter 17–19 cm lang. Während der Freß- und Aufwachsperiode werden sie Gelbaale genannt: ihre Augen sind klein, die Schnauze breit, der Rücken färbt sich graubraun, die Seiten und der Bauch gelblich.
Aale sind Dämmerungstiere; ihre Nahrung besteht aus Würmern, Weichtieren, Hüpferlingen, Insektenlarven, Garnelen, Krabben, Krebsen, Stichlingen und Grundeln. Diejenigen Aale, die sich hauptsächlich von größeren Tieren ernähren, sind ziemlich breitschnauzig (»Breitköpfe«), jene dagegen, die von Kleintieren leben, weisen eine spitze Schnauze auf (»Spitzköpfe«). Beide Aalformen gehören jedoch zur selben Art, man findet alle Übergänge zwischen den beiden Formen. Während der kalten Jahreszeit suchen die Aale tiefere, frostfreie Stellen auf und vergraben sich im Schlamm zur Winterruhe.
Im Alter von 6–7 Jahren beginnt bei vielen Aalen bereits eine merkwürdige Umwandlung: ihre Augen vergrößern sich, der Kopf wird spitz, die Haut auf dem Rücken dunkler, auf dem Bauch dagegen silberglänzend. Nach und nach stellen sie die Nahrungsaufnahme ein, ihr Darmkanal bildet sich zurück, ihr Körper aber bleibt fest und muskulös – die Gelbaale wandeln sich in Blankaale um. Man nimmt an, daß die im Brackwasser zurückgebliebenen Aale zu Männchen, die aus den Binnenseen und Flüssen zu Weibchen werden. Die Männchen verwandeln sich frühzeitiger in Blankaale um, die Weibchen später, ungefähr erst nach 8–10 Jahren. Die männlichen Blankaale werden 29–51 cm, die weiblichen 42–100 cm lang. Max. Gewicht ca. 3,5 kg. Die Geschlechtsorgane sind noch klein und unentwickelt. Durch Hormonbehandlung gelang es, bei Männchen künstlich Geschlechtsreife zu erzeugen (Abb. 42 h).
Im Sept.–Okt. wandern die Blankaale ins Meer ab und verschwinden in den Tiefen des Atlantischen Ozeans. Man nimmt an, daß die Geschlechtsorgane erst in der Sargasso-See reif werden; nur drei Mal wurden geschlechtsreife Männchen vor der europäischen Küste gefunden.
Wie die Aale die Sargasso-See erreichen, ist immer noch ein Rätsel. Außer einem einzigen Exemplar, das man im Magen eines Pottwales fand, wurden sie außerhalb der europäischen Küstenregion niemals entdeckt. Selbst in der Nordsee werden nur sehr selten Aale gefangen. Man muß annehmen, daß sie in einer bestimmten Tiefe freischwimmend ihren Weg in die Laichgründe zurücklegen. Ihre großen Fettreserven dienen ihnen als Reiseproviant und zum Aufbau der Geschlechtsprodukte. In Aquarien kön-

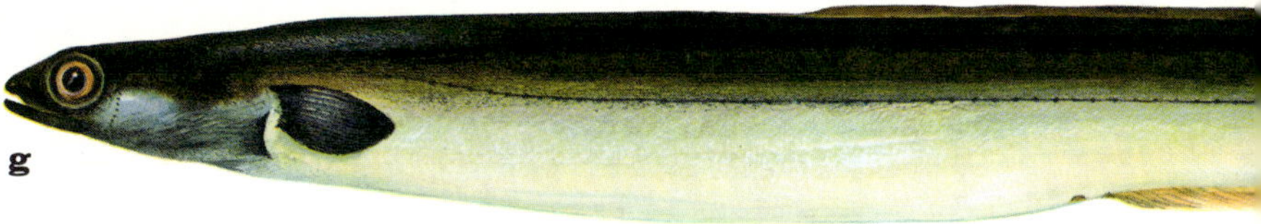

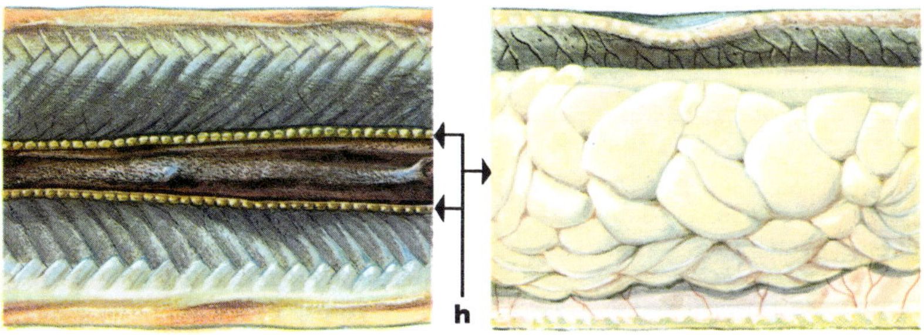

Unreif Darmkanal entfernt

Geschlechtsreife nach Hormonbehandlung

42. Aal

g Reifer Blankaal, 37 cm
h Hoden eines Blankaals, nat. Größe
i Hauptnahrung im Brackwasser
k Verwendung
l Wichtigste Fangmethoden

Geräuchert

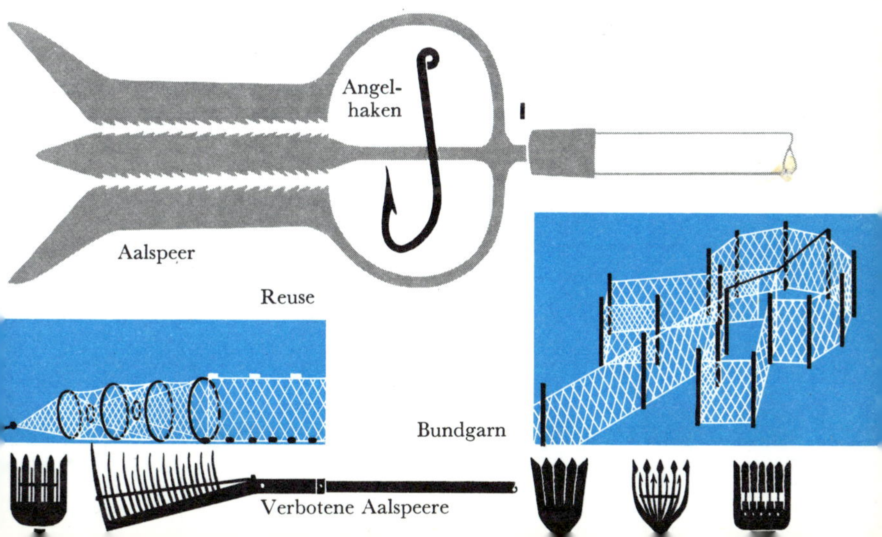

nen Blankaale bis zu 4 Jahren ohne Nahrungsaufnahme existieren! Falls sie, wie angenommen wird, schon zeitig im nächsten Frühjahr in der Sargasso-See laichen, müssen sie auf ihrer Reise täglich ca. 30 km zurücklegen; man weiß jedoch nicht, ob sie nicht doch ein Jahr länger unterwegs sind. Als sicher gilt, daß sie nach dem Laichen verenden.
Hindert man die Aale daran, ins Meer abzuwandern, so können sie 25–50 Jahre alt werden. Die äußeren Unterschiede zwischen Gelb- und Blankaalen sind so auffällig, daß man sie früher für zwei getrennte Arten hielt, eine Auffassung, auf die man sogar heute noch hin und wieder stößt.
Den Gelbaal fängt man in Waden, Reusen, Angeln, Kescher und mit Aalspeeren, den Blankaal in Reusen und

Aal-Kescher

Aalbundgarn während seiner Wanderung zum Meer. Da die Ostsee-Aale durch die engen dänischen Küstengewässer ziehen müssen, um in den Atlantik zu gelangen, ist der Fang dort besonders lohnend. Aale können leicht in Fischkästen gehalten und lebend versandt werden. Sie sind sehr zählebig. Da ihre äußeren Kiemenöffnungen sehr klein sind und dadurch die empfindlichen Kiemen nicht so leicht austrocknen, können sie sich auch einige Zeit außerhalb des Wassers aufhalten. Ebenso schützt sie auch die dicke, schleimige Haut vor dem Vertrocknen.
Frisch, geräuchert oder eingesalzen im Handel. In England und Südeuropa verarbeitet man die Glasaale zu Konserven. Sowohl Glasaale als auch die 1–2 jährigen Gelbaale werden als Satzfische in Süß-oder Brackwasserteichen verwendet (Satzaale).
Europäischer Jahresertrag ca. 18 000 t. Davon entfallen auf Dänemark 4–5 000 t, Holland 3 000 t, Italien 2–3 000 t, Schweden 2 000 t, Frankreich 1 000 t, Polen 1 000 t, Großbritannien 6–800 t, Norwegen, Spanien und Deutschland je ca. 500 t.
In mehreren Ländern wurden Mindestmaße eingeführt.

43. Meeraal

Conger conger (L.)

Die Meeraale unterscheiden sich von den Flußaalen u.a. durch die Ausdehnung der Rückenflosse, die bei ihnen bereits über den Spitzen der Brustflossen beginnt. Die Schnauzenspitze überragt den Unterkiefer, die Haut ist schuppenlos.
Die Männchen werden ca. 1 m, die Weibchen 1,5–2 m lang. Max. Länge 3 m (65 kg). Vorwiegend Bewohner der Felsenküste in 0–100 m Tiefe. Gefräßige Raubfische, die sich von Heringen, Dorschen, Hummern, Langusten und Tintenfischen ernähren.
Sie werden im Alter von 5–15 Jahren geschlechtsreif. Während der Reifzeit degeneriert der Darmkanal und andere Organe, die Zähne lockern sich, das Skelett wird brüchig. Gleichzeitig schwellen die Geschlechtsorgane unter der großen Masse der Laichprodukte, die kurz vor der Abgabe etwa ein Drittel des Körpergewichtes ausmachen,

a

43. MEERAAL

Conger conger

a 122 cm
b Larve, 14 cm
c Hauptnahrung
d Wichtigste Fangmethode

b

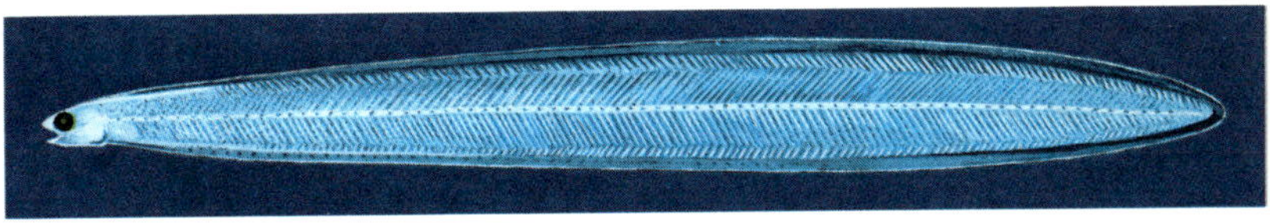

c

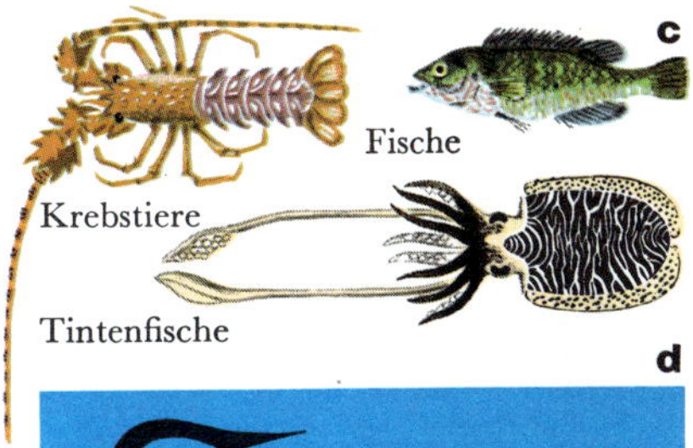

d

Angelhaken

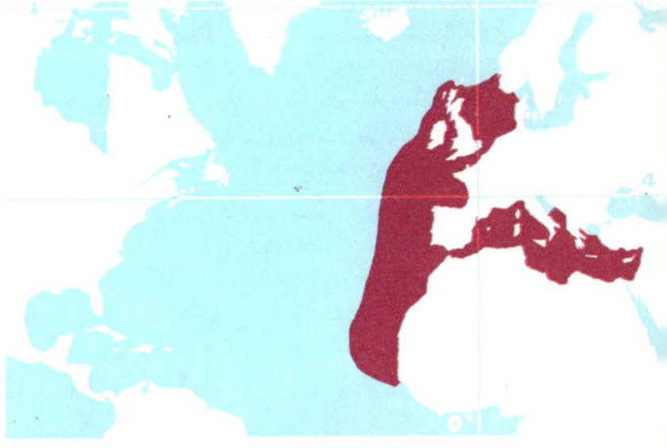

mächtig an. Die Meeraale laichen im Sommer in einem Bereich, der sich von der Sargasso-See bis in das östliche Mittelmeer erstreckt und Tiefen von 2–3 000 m aufweist. In welcher Tiefenzone abgelaicht wird, ist noch unbekannt. Eizahl: 3–8 Millionen. Nach der Laichablage verenden die Elterntiere.

Die Larven leben 1–2 Jahre in 100–200 m Tiefe pelagisch, bilden sich bei einer Länge von 14–16 cm in die typische Aalform um, wobei sie etwas an Totallänge verlieren, und gehen zum Grundleben in Küstennähe über. Im Gegensatz zum Flußaal werden sie niemals im Süßwasser angetroffen.

Die jungen Meeraale wachsen sehr rasch heran. Im Aquarium wurde innerhalb von 5 Jahren ein Zuwachs von 40 kg beobachtet.

Fang mit Langleinen. Außerdem als Beifang. Fügen dem Fischereigewerbe hin und wieder beträchtlichen Schaden zu, da sie gefangene Fische aus den Netzen stehlen und in Hummerkästen eindringen. Ihr Fleisch ist derb. Meist als Räucherfisch im Handel.

Frankreich 6 000 t, Spanien 4 000 t, Portugal ?, Großbritannien 1 300 t.

44. Hornhecht

Belone belone (L.)

Im Alter von 3–4 Jahren ca. 70 cm lang (1 kg). Max. Länge 90 cm. Pelagisch lebende Schwarmfische, die sich meist nahe der Oberfläche aufhalten. In ihren Wanderzügen ähneln sie den Makrelen.

Ihre Laichzüge treffen aus dem östlichen Atlantik an der Britischen Küste im März–April, in der Nordsee, dem Kattegat und dem Bereich der Belte im April–Mai ein. Hauptlaichzeit: Mai bis Juni. Das Laichgeschäft kann sich jedoch bis September hinziehen. Die Zahl der Eier schwankt je nach Größe der Weibchen von 1 000 bis 35 000; sie werden wahrscheinlich ratenweise abgelaicht. Durchmesser: 3–3,5 mm. Mit 60–80 langen, klebrigen Haftfäden werden sie an Pflanzen und Steinen befestigt. Nach 5 Wochen schlüpfen die 13 mm langen Jungen, denen der lange Schnabel noch fehlt. Im Laufe ihrer weiteren Entwicklung wächst zuerst der Unterkiefer schneller als der Oberkiefer.

Die Jungfische halten sich in Küstennähe auf und ernähren sich von verschiedenen Kleintieren z. B. Hüpferlingen. Im ersten Jahr werden sie ca. 25 cm lang. Nach einem weiteren Jahr, bei einer Länge von 45 cm, sind sie geschlechtsreif. Im Schwarzen Meer ist ihr Wachstum wesentlich langsamer. Höchstalter: 18 Jahre.

Nach dem Ablaichen streifen die erwachsenen Hornhechte weit umher und machen Jagd auf Kleinheringe, Sprotten, Sandaale, Stichlinge und Krebstiere. Hornhechte sind Augentiere, die sich hauptsächlich bei Tag ihr Futter suchen.

Im Spätjahr ziehen die Hornhechte in die Gewässer westlich und südlich der Britischen Inseln zurück. Ähnliche Laich- und Nahrungswanderungen sind aus dem Mittel- und Schwarzen Meer bekannt.

Hornhechte sind ausgezeichnete Schwimmer, die auf der Flucht vor Thunfischen und Delphinen oft weit über die Wasseroberfläche springen. Fang hauptsächlich im Bundgarn und mit Treibangeln, die mit Schwimmern an der Wasseroberfläche hängen. Ihr Fleisch ist ziemlich trocken, am fettesten im Herbst. Wegen ihrer grün gefärbten Gräten sind sie als Speisefisch nicht sehr beliebt. Diese Färbung beruht jedoch auf einem vollständig unschädlichen Farbstoff, dem Vivianit. Europäischer Jahresertrag 5–7 000 t. Davon entfallen auf Dänemark ca. 2 200 t, auf Spanien 1 500 t und auf Italien 1 000 t.

a

44. HORNHECHT

Belone belone

a 70 cm
b Eier, ca. 6-fach vergrößert
c Larven, ca. 4-fach vergrößert
d Längsschnitt
e Hauptnahrung
f Wichtigste Fangmethoden

d

Grün gefärbte Gräten

b

An Seegras klebende Eier, kurz vor dem Ausschlüpfen der Larven, 3-3 ½ mm

c

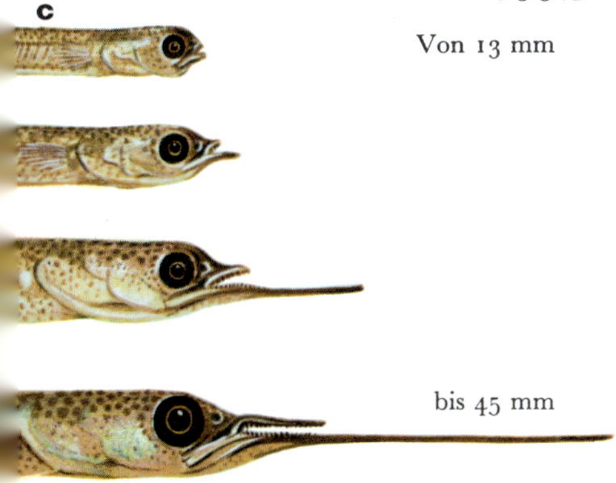

Von 13 mm

bis 45 mm

e

Sandaal

Kleinheringe

f

Angelhaken

Bundgarn

a

45. MAKRELENHECHT

Scomberesox saurus (Walb.)

a 40 cm
b Hauptnahrung
c Wichtigste Fangmethoden

Körper höher und seitlich mehr zusammengedrückt als beim Hornhecht. Leicht kenntlich an einer Reihe von Flösselchen hinter der Rücken- und Afterflosse. Im Gegensatz zu den Hornhechten sind ihre Gräten nicht grün gefärbt.

b

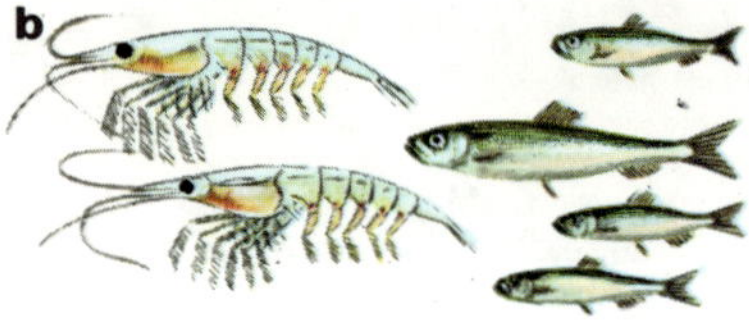

Pelagische Krebse Kleine Heringsfische

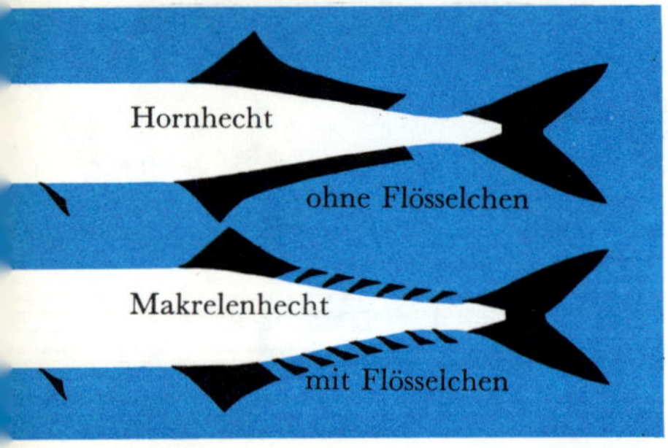

Max. Länge ca. 50 cm. Makrelenhechte sind in der Hochsee lebende, pelagische Schwarmfische, die sich nahe der Oberfläche aufhalten. Ihre Eier sind pelagisch (Durchmesser 2 mm) und besitzen kürzere Haftfäden als die der Hornhechte. Sie laichen in der offenen See. Den Larven fehlt noch der lange »Schnabel«, der sich erst, ähnlich wie bei den Hornhechten, im Laufe des späteren Wachstums voll ausbildet. Die Entwicklung des Ober- und Unterkiefers geht jedoch mehr gleichzeitig vor sich.

Ihre Nahrung besteht aus Leuchtgarnelen und anderen pelagischen Krebstieren, daneben auch aus kleinen Fischen. Die Makrelenhechte springen oft hoch über die Wasseroberfläche hinaus, vor allem wenn sie von Thunfischen und anderen Feinden verfolgt werden. In den Sommermonaten ziehen die Schwärme weit nach Norden, hin und wieder trifft man sie sogar in der Barents-See an. Makrelenhechte werden mit Treibnetzen und Angelgeräten gefangen. Wirtschaftlich nur von geringer Bedeutung. Europäischer Jahresertrag sehr unterschiedlich, jedoch kaum über 4 000 t.

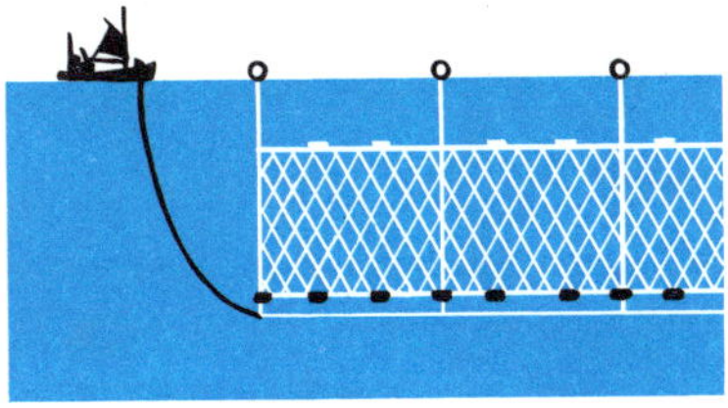

c

Treibnetz

Angelhaken

33 cm

FLIEGENDE FISCHE

Die fliegenden Fische sind tropische und subtropische Verwandte der Hornhechte und Makrelenhechte. Durch kräftige, schnelle Schwanzschläge können sie aus dem Wasser herausschnellen und mit Hilfe ihrer großen, breiten Brustflossen einen Gleitflug ausführen (ca. 10 Sekunden und bis zu 100 m weit). Eine einzige Art, *Cheilopogon heterurus*, hat sich ein paarmal bis in den Oslofjord verirrt.

SEENADELN

Dünne, langgestreckte Fische, deren Körper mit mehreren Reihen von Hautschildern gepanzert ist. Schnauze röhrenförmig verlängert, wirkt beim Fang von Kleintieren wie eine Pipette. Die Männchen tragen die Eier bis zum Ausschlüpfen der Jungen. Leben vorwiegend in der Algenregion.

Schlüssel

1 { Mit Brustflossen und Schwanzflosse .... **Seenadeln** **2**
Ohne Brustflossen und Schwanzflosse .... **Schlangennadeln** **4**

2 { Schnauze mehr als halb so hoch wie der Kopf .... **Grasnadel,** Seite 93

Schnauze nicht halb so hoch wie der Kopf **3**

3 { 18-19 Hautschilder zwischen Kopf und Rückenflosse ... **Große Seenadel,** Seite 93
13-15 Hautschilder zwischen Kopf und Rückenflosse ... **Kleine Seenadel,** Seite 93

4 { Afteröffnung unter dem Hinterende der Rückenflosse .... **Große Schlangennadel,** Seite 94

Afteröffnung unter dem Vorderende der Rückenflosse **5**

5 { Schnauze nach oben gekrümmt .. **Krummschnauzige Schlangennadel,** Seite 95
Schnauze gerade .... **Kleine Schlangennadel,** Seite 94

46. Grasnadel

Siphonostoma typhle (L.)

Max. Länge 30 cm. Standfisch der Tangregion, im Flachwasser. Laichzeit: Sommermonate. Die Weibchen erzeugen 100–250 Eier, die sie mit ihrer verlängerten Genitalpapille ratenweise in die Bruttasche der Männchen übertragen, wo diese befruchtet werden. Die Bruttasche der Männchen ist ein längliches Organ auf der Schwanzunterseite, das aus zwei Hautlappen gebildet wird. Sie kann 50–100 Eier aufnehmen und wird nicht selten von mehreren Weibchen belegt.

Die Eier haben einen Durchmesser von ca. 1,7 mm. Die Schleimhäute der Bruttasche hüllen die Eier ein und versorgen die Embryonen mit Nährstoffen. Die 25 mm langen, voll entwickelten Jungen schlüpfen nach 4 Wochen. Geschlechtsreif nach einem Jahr. Lebensdauer 2–3 Jahre. Sie ernähren sich hauptsächlich von kleinen Krebstieren und Fischbrut.

47. Kleine Seenadel

Syngnathus rostellatus Nilss.

Max. Länge 17 cm. Bewohner der Tangregion, in flachem Küstenwasser. Ähnliche Lebensweise wie die Grasnadeln. Die Eier haben einen Durchmesser von 1 mm; die neugeborenen Jungen sind 13–14 mm lang. Laichzeit im Sommer.

Männchen 18 cm

46. GRASNADEL *Siphonostoma typhle*

Weibchen 14 cm

47. KLEINE SEENADEL *Syngnathus rostellatus*

Grasnadel

Kleine Seenadel

Große Seenadel

Hauptnahrung der Seenadeln

Hüpferlinge Fischbrut

48. GROSSE SEENADEL

Syngnathus acus (L.)

Männchen 37 cm mit Bruttasche und Jungen

Max. Länge 46 cm. Männchen größer als die Weibchen. Bewohner der Tangregion, mit gleicher Lebensweise wie die anderen Seenadeln. Laichzeit im Frühjahr oder Sommer. Die Weibchen übertragen 200–400 Eier (Durchmesser 2,4 mm) in die Bruttasche der Männchen. Die 30 mm langen Jungen schlüpfen nach 5 Wochen.

49. GROSSE SCHLANGENNADEL

Entelurus aequoreus (L.)

Die Weibchen werden 45–60 cm, die Männchen 32–40 cm lang. Leben in 5–100 m Tiefe. Ein Weibchen erzeugt 400–1 000 Eier (Durchmesser: 1,2 mm). Die Eier werden im Juni–Juli vom Weibchen auf die Bauchseite mehrerer Männchen übertragen. Die 11–12 mm langen, neugeborenen Jungen besitzen Brustflossen, die aber im Lauf der späteren Entwicklung rückgebildet werden. Nahrung: kleine Krebstiere, Fischbrut.

Die Seepferdchen gehören zur gleichen Familie wie die Seenadeln

50. KLEINE SCHLANGENNADEL

Nerophis ophidion (L.)

Die Weibchen werden 30 cm, die Männchen 25 cm lang. Bewohner der Tangregion in 2–15 m Tiefe. Laichzeit im Mai-August. Die Weibchen erzeugen 2–300 Eier mit einem Durchmesser von 1 mm; die Männchen tragen 50–200 Eier bis zum Ausschlüpfen der Jungen (9 mm) auf ihrer Bauchseite. Nahrung: kleine Krebstiere, Fischbrut. Lebensdauer ca. 3 Jahre.

51. Krummschnauzige Schlangennadel

Nerophis lumbriciformis Yarr.

Die Weibchen werden 17 cm, die Männchen 14 cm lang. Bewohner der flachen Küstenregion, im Kattegat jedoch auch bis zu 10–30 m Tiefe. Laichzeit in den Sommermonaten. Die Männchen tragen auf ihrer Bauchseite 60–90 Eier (Durchmesser 1–1,2 mm) bis zum Ausschlüpfen der Jungen (9 mm). Nahrung: kleine Krebstiere, Fischbrut.

Weibchen 46 cm
Kopf, ca. 3-fach vergrößert
Weibchen 26 cm
Männchen 12 cm

51. KRUMMSCHNAUZIGE SCHLANGENNADEL

Nerophis lumbriciformis

74 cm

52. GRENADIERFISCH

Coryphaenoides rupestris (Gunn.)

Gesamtansicht

Ähneln in der Körperform den Seekatzen. Große, stachlige Schuppen. Plumper Kopf, mit kurzer, breiter Schnauze.
Max. Länge 1 m. Grundfische in Tiefen von 100–800 m. Sie laichen im Herbst (Aug.–Okt.) 12–16 000 pelagische Eier (Durchmesser 1,8 mm) ab. Nahrung: hauptsächlich Tiefseegarnelen. Wertloser Beifang an Legangeln und im Garnelen-Schleppnetz.
Die Grenadierfische gehören zur Ordnung der Langschwänze, die mit etwa 120 Arten im Atlantischen und Stillen Ozean in Tiefen von 100–5 000 m vertreten ist. 4–5 Arten davon im NO-Atlantik. Verwandt mit den Dorschartigen.

DORSCHFISCHE

Portugiesische Doryfischerei, Neufundland

Die Angehörigen dieser Ordnung besitzen weiche Flossenstrahlen und drei, zwei oder eine Rückenflosse(n). Die kehlständigen Bauchflossen liegen vor den Brustflossen. Die meisten Arten weisen am Kinn einen Bartfaden auf, der bei der Futtersuche als Sinnesorgan funktioniert. Diese Kinnbarteln sind, ebenso wie die Bartfäden auf der Schnauzenspitze der Seequappen, reich mit Sinneszellen ausgerüstet.

Die Dorschfische bewohnen kalte und gemäßigte Meeresteile, nur eine einzige Art lebt im Süßwasser. Sie bevorzugen Gewässer mit hohem Salzgehalt und dringen, mit Ausnahme des Kabeljau, nur als Gäste in das Brackwasser der Ostsee ein.

Die meisten Arten bewohnen grundnahe Wasserschichten, oft unmittelbar über dem Boden. Wittlinge, Blaue Wittlinge, Köhler und Stintdorsche leben jedoch auch in hohem Maße pelagisch.

Die Weibchen der Dorschfische laichen pelagische Eier ab, deren Anzahl oft sehr hoch ist – bis zu mehreren Millionen. Die junge Brut ernährt sich hauptsächlich von Plankton, ehe sie zum Leben in Grundnähe übergeht. Die Nahrung der erwachsenen Fische besteht vorwiegend aus Krebstieren, Würmern, Weichtieren und Stachelhäutern. Im Alter ernähren sich die großen Arten (Kabeljau, Leng) fast ausschließlich von anderen Fischarten.

Neben den typischen Arten mit drei Rückenflossen (siehe Bestimmungsschlüssel gegenüber) gehören noch folgende Fische zur Gruppe der Dorsche: Froschdorsch und Gabeldorsch (S. 112), Lengfische (S. 115), Seehecht und Lumb (S. 116) und die Seequappen (S. 118).

Die Dorschfänge machen 13 % oder 5 Millionen Tonnen des gesamten Fischereiertrages der Welt aus. Nur die Heringsfische werden in noch größeren Mengen angelandet, sind aber von bedeutend niedrigerem Marktwert. Die wichtigsten Länder, die an der Dorschfischerei teilnehmen, sind USSR, Großbritannien, Norwegen, Japan und Kanada, aufgezählt in der Reihenfolge ihrer Erträge. Insgesamt werden von diesen Ländern jährlich etwa 2,5 Millionen Tonnen angelandet. Die Fänge werden hauptsächlich mit Schleppnetzen und Langleinen durchgeführt. Die verschiedenen Dorscharten werden als Frischfische, eventuell filetiert, oder geräuchert auf den Markt gebracht; von alters her spielt jedoch auch die Zubereitung von Klipp- und Stockfisch, besonders in den nordischen Ländern, eine bedeutende Rolle (siehe S. 230). Aus der Leber wird medizinischer Lebertran hergestellt. Auch der Rogen wird in der Fischindustrie verwendet (»Norwegischer Kaviar«) oder dient als Lockmittel für den Sardinenfang.

Bestimmungsschlüssel für Dorschfische mit 3 Rückenflossen

Unterkiefer vorstehend 2
Oberkiefer vorstehend 6

Kopfoberseite mit 7 offenen Schleimgruben . . . **Silberdorsch,** Seite 113
Kopfoberseite ohne Schleimgruben 3

Die Rückenflossen stehen mit großem Zwischenraum hintereinander 4

Die Rückenflossen stehen dicht hintereinander 5

Afteröffnung vor der 1. Rückenflosse . . . . **Blauer Wittling,** Seite 109

Afteröffnung hinter der 1. Rückenflosse . . . . **Polardorsch,** Seite 103

Bartfaden klein; unpaare Flossen mit eingebuchtetem Hinterrand; Schnauze kürzer als Augendurchmesser . . . . **Stintdorsch,** Seite 109

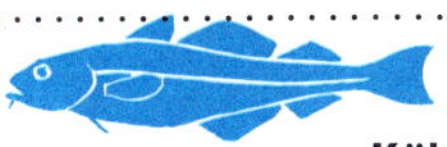

Mit oder ohne kleinem Bartfaden; Seitenlinie hell, fast gerade; Schnauze länger als Augendurchmesser . . . . **Köhler,** Seite 111

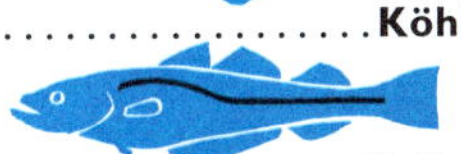

Ohne Bartfaden; Seitenlinie hell, gebogen; Schnauze länger als Augendurchmesser; Unterkiefer weit vorstehend . . . . **Pollack,** Seite 110

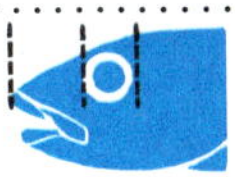

Augendurchmesser kleiner als die Schnauzenlänge 7

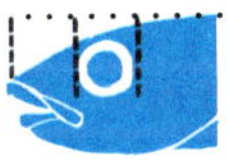

Augendurchmesser etwa so lang wie die Schnauzenlänge 8

Mit schwarzem Fleck unter der 1. Rückenflosse . . . . **Schellfisch,** Seite 105

Mit schwarzem Fleck auf der Brustflossenbasis . . . . **Wittling,** Seite 107

Ohne schwarzen Fleck auf der Brustflossenbasis; mit kräftigem Bartfaden . . . . **Kabeljau,** Seite 99

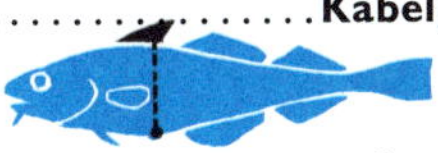

Afteröffnung unter dem Hinterende der 1. Rückenflosse . . . . **Zwergdorsch,** Seite 107

Afteröffnung unter der Mitte der 1. Rückenflosse; mit schwarzem Fleck auf der Brustflossenbasis . . . . **Franzosendorsch,** S. 105

53. Dorsch, Kabeljau

Gadus morhua (L.)

Unreif: Dorsch. Geschlechtsreif: Kabeljau. Mit vorstehendem Oberkiefer, kräftigem Bartfaden am Kinn und heller Seitenlinie. Ihre Grundfarbe wechselt je nach dem bevorzugten Aufenthaltsgebiet: rötlich oder bräunlich in der Algenzone (»Rotdorsch«), grünlich in der Seegrasregion (»Grasdorsch«) und hellgrau auf sandigem Grund oder tieferen Schichten (»Sanddorsch«). In isländischen Gewässern und bei den Lofoten werden häufig Exemplare von 110 cm Länge und 15 kg Gewicht (Alter: ca. 20 Jahre) gefangen. Sehr selten über 150 cm und bis zu 40 kg. Sie kommen von Küstennähe bis in Tiefen von 5–600 m, hauptsächlich bei Temperaturen von 2°–10° C, vor, meistens in Grundnähe, jedoch auch pelagisch (freischwimmend). Einige der großen, 15–25 jährigen Dorsche ziehen anscheinend weit hinaus in die offene See, um dort Heringe und andere Schwarmfische zu jagen.

Ähnlich wie die Heringe bilden auch die Dorsche einzelne Rassen mit verschiedenen Laichgewohnheiten, Zuwachsraten und bevorzugten Aufenthaltsgebieten. Die wichtigsten Stämme sind ozeanische Zugfische, die weite Laich- und Nahrungswanderungen unternehmen. Davon sind für die Fischerei von größter wirtschaftlicher Bedeutung die norwegisch-arktischen Dorschstämme, die in der Barents-See beheimatet sind, die isländischen Dorschstämme und die Bestände vor Grönland und Neufundland. Die einzelnen Formen der Nord- und Ostsee machen nur 10 % oder weniger des gesamten Dorschbestandes aus. Neben den großen, weit umherziehenden Dorschstämmen kommen auch lokale, stationäre Küsten- oder Fjordrassen vor, die sich ständig in der Küstenzone aufhalten.

Die meisten Stämme laichen im Frühjahr und suchen dazu Gewässer mit Temperaturen von 4°–6° C auf. Die Zahl der Eier schwankt, je nach der Größe der Weibchen, zwischen 500000 und 5 Millionen Stück. Eier und Samen werden frei ins Wasser abgelaicht, wobei Männchen und Weibchen sich dicht aneinander schmiegen. Die glasklaren, 1,5 mm großen Eier sind pelagisch und steigen innerhalb kurzer Zeit zur Oberfläche empor. Die Brutdauer beträgt, je nach Temperatur, 2–4 Wochen. Die frischgeschlüpften Jungen sind ca. 5 mm lang; sie ernähren sich, solange sie pelagisch leben, von Hüpferlingen (Copepoden) und anderen kleinen Planktontieren. Nach 3–5 Monaten gehen die 3–6 cm langen Jungfische zum Leben nahe dem Grunde über. Die Jungfische der ozeanischen Dorschstämme lassen sich in relativ tiefem Wasser nieder, die Brut der Küstendorsche dagegen im Flachwasser. Solange die Eier und Larven noch pelagisch leben, werden sie von den Meeresströmungen erfaßt und oft weit von den Laichplätzen ihrer Eltern vertrieben.

Die Zuwachsraten der Jungfische in den darauffolgen Jahren sind von den Wassertemperaturen, der Dichte des Schwarmes (Nahrungskonkurrenz) und der zur Verfügung stehenden Futter-

a

53. DORSCH, KABELJAU

Gadus morhua

a 65 cm
b Rogen
c Ei und Larven
d Rotdorsch 33 cm

b

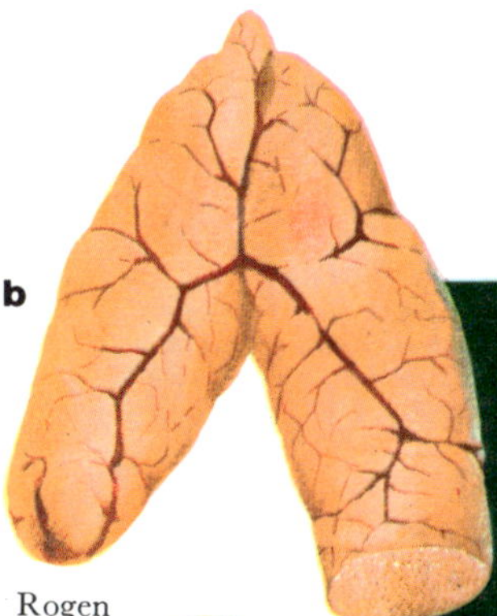

Rogen

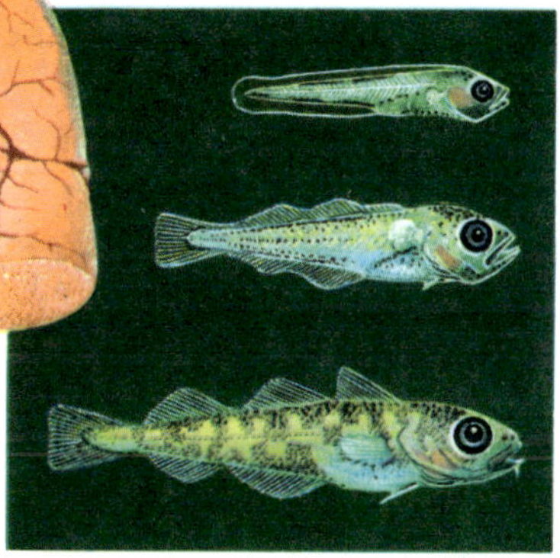

Pelagische Larven

4,5 mm

16 mm

Übergang zum Grundleben
42 mm

c

Ei
1,4 mm

d

qualität und -menge abhängig. Dorsche sind Allesfresser, die sich von allen möglichen Arten von Krebsen, Würmern und Weichtieren, mit zunehmendem Alter auch von anderen Fischen, ernähren. Die Zugfische unter ihnen folgen über weite Strecken hin den Laichwanderungen der Heringe und Lodden. Daneben stellen die Sandaale eine wichtige Futterquelle für sie dar. Während der Laichzeit der Heringe werden häufig Dorsche gefangen, deren Mägen prall mit Heringsrogen vollgestopft sind. In den Wintermonaten dagegen wird die Nahrungsaufnahme stark herabgesetzt und auch während ihrer Laichzeit fressen die Dorsche nur wenig.

Die großen, wandernden Dorschstämme bei Neufundland, Grönland, Island und Norwegen werden erst im Alter von 6–15 Jahren geschlechtsreif, die Hauptmasse im 8.–12. Lebensjahr bei einer Länge von 70–100 cm (3–8 kg). Die Küstendorsche wachsen schneller heran und werden in den dänischen Gewässern schon mit 2 Jahren, vor Westnorwegen mit 4–6 Jahren fortpflanzungsfähig.

Die unreifen, norwegisch-arktischen Dorsche der Barents-See werden auch »Loddendorsche« genannt: sie verfolgen die Laichzüge der Lodden und kommen im April–Juni in großen Schwärmen an die Finnmarken-Küste, wo sie als »Frühjahrsdorsche« wichtige Fischereiobjekte sind. Nach Eintritt der Geschlechtsreife führen sie in Norwegen die Bezeichnung »skrei« (wahrscheinlich von »skride« = wandern). Sie ziehen im Laufe des Herbstes von der Barents-See zu den Lofoten; Jan.–Febr. kommen sie an ihren Laichplätzen an. Das Hauptlaichgeschäft findet in der Übergangszone zwischen dem kalten Küstenwasser und der darunterliegenden, wärmeren atlantischen Schicht, gewöhnlich in ca. 80 m Tiefe, statt. Im April kehren sie mit den nach Norden ziehenden Meeresströmungen in die Barents-See zurück. Die geschlechtsreifen Tiere nehmen von nun an jedes Jahr an den Laichwanderungen teil. Der isländische Dorschstamm laicht vor der SW-Küste Islands; in seiner Lebensweise gleicht er dem norwegisch-arktischen Stamm. Markierungsversuche haben gezeigt, daß sie weit umherziehen und bis in die Barents-See und nach W-Grönland vordringen. Der grönländische Dorsch stammt von dem isländischen ab; in Zeitabständen findet zwischen den beiden Beständen ein bedeutender Austausch statt. Er laicht in 200–450 m Tiefe bei 4° C an den Steilabfällen der Bänke in der Davis-Straße. Außer diesem »Skrei-Typ« kommt noch eine Küstenrasse vor, die in den Fjorden ablaicht.

Die Dorsche werden mit Schleppnetzen und Drehwaden (bei ebenem Meeresboden), mit Stellnetzen, Treibnetzen, Ringwaden und Angelgeräten (wenn die Fische nahe der Oberfläche stehen oder der Boden uneben ist) gefangen, Küstendorsche auch mit Reusen und dem Bundgarn. Beim »Skrei«-Fang müssen die Köder besonders sorgfältig ausgewählt werden, da diese während der Laichzeit nur sehr wenig fressen; am häufigsten werden dazu leicht gesalzene Muscheln *(Modiola)* verwendet, die in Fässern mitgeführt werden.

Wirtschaftlich am wichtigsten sind die Skreifischerei bei den Lofoten und die Frühjahrsdorschfischerei vor Finnmarken.

In den isländischen Gewässern werden die Dorsche mit Grundangeln im März–April in ihren Laichgründen bei den Westmanner-Inseln, im Sommer vor der Ost- und Nordküste gefangen.

Seit 1920 haben sich die Dorsche, infolge der Erwärmung der Arktis, bis in grönländische Gewässer ausgebreitet. Die Fangerträge an den Küstenbänken der Davis-Straße sind im Steigen begriffen.

Im Vergleich mit der großen Dorschfischerei im Nordmeere, sind die Fangerträge aus der Nord- und Ostsee recht bescheiden. Durch die Nordsee-Konvention wurde das Mindestmaß auf 30 cm festgelegt.

Der Name »Dorsch« bedeutet »Dörrfisch«. Seit den Tagen der Wikinger sind die getrockneten Dorsche wichtigste Lebensgrundlage und Handelsprodukte der nordischen Völker, sowohl als Stockfische (getrocknet) wie

54. Dorsch, Kabeljau

e Gehörstein, 2-fach vergrößert
f Hauptnahrung
g Verwendung
h Wichtigste Fangmethoden

h

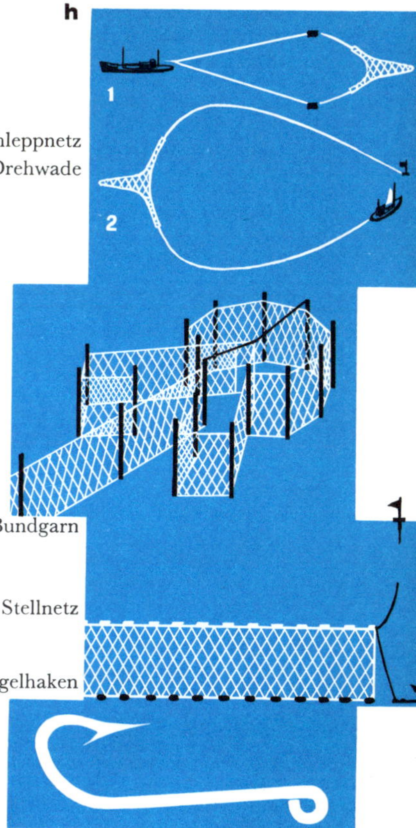

e

f

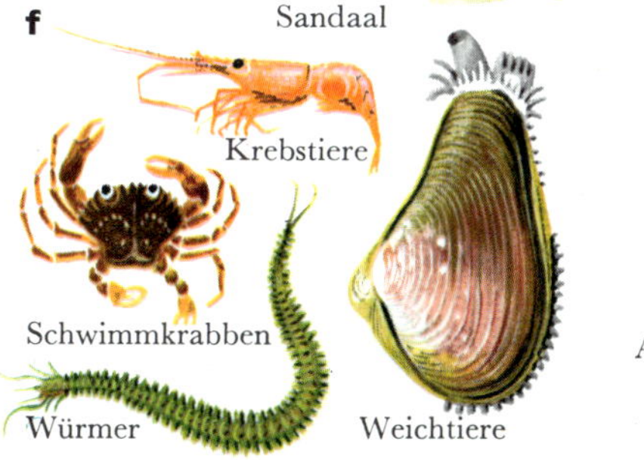

g

als Klippfische (aufgeschnitten, gesalzen und getrocknet). Küstendorsche kommen auch lebend oder als Frischfische vereist auf den Markt. Ein großer Teil wird in Form von Filets tiefgefroren zum Verkauf gebracht. Die Abfälle verarbeitet man zu Fischmehl. Mindestens 60 000 t Lebertran werden jährlich produziert. Der Rogen wird frisch oder geräuchert verkauft; große Mengen benötigt man außerdem als Köder für die Sardinenfischerei.

Die Gesamtfänge im Nordatlantik belaufen sich auf ca. 1,5 Millionen Tonnen jährlich. Davon entfallen auf Großbritannien 290–390 000 t, USSR schätzungsweise 200–400 000 t, Norwegen 200–282 000 t, Island 190–240 000 t, Deutschland 76–116 000 t, Portugal 53–88 000 t, Frankreich 57–65 000 t, Dänemark 55–58 000 t, Färöer 40–84 000 t, Polen ca. 40 000 t, Spanien 34–66 000 t, Schweden 30 000 t, Belgien 10–12 000 t, Holland 5–7 000 t, Irland 1 200 t. Bei Neufundland fängt Kanada 235–297 000 t, die U.S.A. 16–20 000 t. Der grönländische Fang beträgt 25 000 t. Ein naher Verwandter des Atlantischen Dorsches lebt im nördlichen Teil des Stillen Ozeans.

Der **Ogac** oder **Grönland-Kabeljau,** *Gadus ogac,* ist ebenfalls ein naher Verwandter, vielleicht sogar nur eine besondere Küstenform, des Atlantischen Dorsches.

Er unterscheidet sich von diesem durch seine marmorierte Körperfärbung, dem breiten Kopf und dem etwas plumper gebauten Körper. Die Seitenlinie ist dunkler, und mit groben Schuppen und Poren besetzt.

Im 5.–6. Lebensjahr ca. 50 cm lang. Selten über 9 Jahre und 60 cm. Der Ogac lebt in den grönländischen Fjorden und Küstengewässern in 0–200 m Tiefe. Er laicht von Febr. bis Mai im Flachwasser. Der Rogen der Weibchen ist von einem kohlschwarzen, dünnen Häutchen umgeben. Die Eier sinken zu Boden. Der Ogac ist wie der Dorsch ein Allesfresser. Er war früher in den grönländischen Küstengewässern sehr zahlreich vertreten, seine Bestände sind aber in den letzten Jahrzehnten stark zurückgegangen; man nimmt an, daß er vom Atlantischen Dorsch verdrängt wird.

Ohne wirtschaftliche Bedeutung, da der Ogac für die Herstellung von gutem Salzfisch zu mager ist.

54. Polardorsch

Boreogadus saida (Lepech.)

Mit vorstehendem Unterkiefer und kleinem Bartfaden. Körper sehr schlank. Afteröffnung unter dem Vorderende der 2. Rückenflosse.

Geschlechtsreif im Alter von 4 Jahren und einer Länge von ca. 20 cm. Selten über 7 Jahre alt und ca. 25 cm lang. Max. Länge 40 cm.

Leben pelagisch nahe der Oberfläche bei Temperaturen unter 5° C. Halten sich oft in der Treibeiszone und am Rande des Packeises auf. Da sie Brackwasser offenbar gut vertragen, trifft man sie auch in Flußmündungen an. Im Winter ziehen sie weiter südwärts und laichen in Küstennähe bei einer Wassertemperatur von ÷ 1°–0° C. Eizahl: 9–18 000. Die Eier sind pelagisch. Die Jungen schlüpfen April–Mai. Sowohl die Larven als auch die erwachsenen Fische ernähren sich von Planktonorganismen. Die Polardorsche selbst wiederum sind ein wichtiges Futter für Dorsche, Robben, arktische Zahnwale und Seevögel.

Wegen der seit einiger Zeit eingetretenen Erwärmung der Arktis, konnten sich die Polardorsche, wie viele andere arktische Tiere, weiter nach Norden ausbreiten. Früher waren sie vor allem in den südgrönländischen Küstengewässern sehr häufig.

Man fängt sie auf ihren Laichwanderungen, hauptsächlich die USSR. Fleisch und Leber finden Verwendung. Bei Grönland ohne Bedeutung für die Fischwirtschaft.

a

b

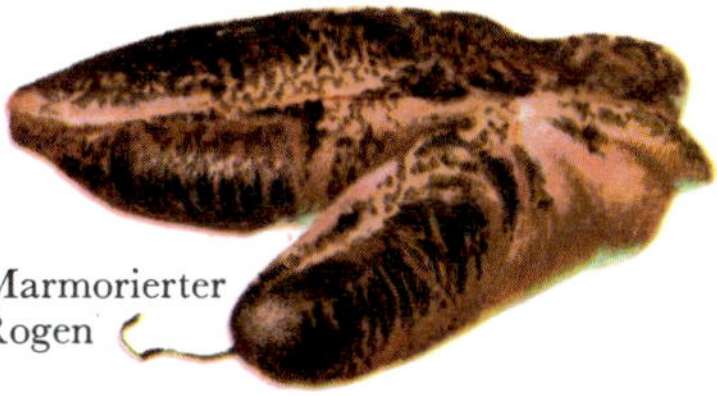

Marmorierter
Rogen

OGAC

Gadus ogac

a 46 cm
b Rogen

28 cm

54. POLARDORSCH

Boreogadus saida

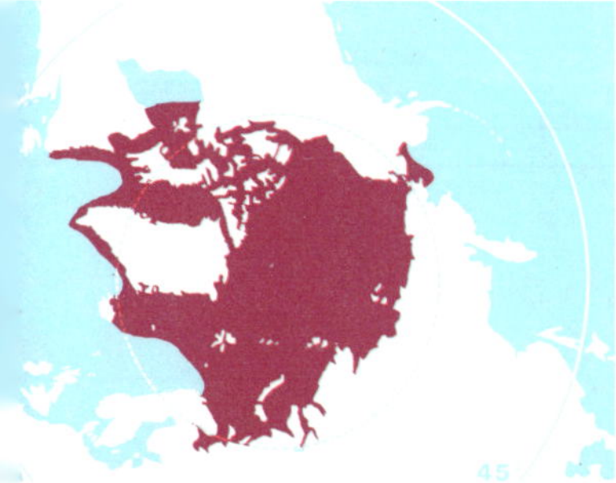

55. Schellfisch

Melanogrammus aeglefinus (L.)

Leicht kenntlich an dem großen, schwarzen Fleck über der Brustflosse. Seitenlinie schwarz.
In der Nordsee geschlechtsreif im 3.–4. Lebensjahr bei einer Länge von 30–40 cm, vor Nordnorwegen im 4.–8. Lebensjahr und 40–65 cm Länge. Max. Länge 1 m (Gewicht 12 kg). Lebensdauer ca. 20 Jahre.
Halten sich in 10–200 m Tiefe bei 4°–10° C dicht über dem Grund auf. Während der Wintermonate ziehen die geschlechtsreifen Schellfische zu ihren Laichplätzen: Nördliche Nordsee, bei Norwegen vor Trondhjem und Möre, bei SW-Island und den Färöer. Sie laichen im März–Juni an Stellen mit hohem Salzgehalt und 5°–7° C in 50–150 m Tiefe. Eizahl: 100 000–1 Million Stück. Die glasklaren, pelagischen Eier steigen zur Oberfläche empor. Nach 1–3 Wochen (abhängig von der Wassertemperatur) schlüpfen die ca. 5 mm langen Larven, die durch Strömungen weit verschleppt werden; bei einer Länge von 5–10 cm gehen sie zum Leben in Bodennähe über, meist in ziemlich tiefen Schichten. Im 1. Lebensjahr werden sie 15–18 cm lang.
Nahrung: Schlangensterne, Weichtiere, Würmer, Herings- und Loddenlaich, Jungfische. Das Wachstumstempo ist innerhalb des Verbreitungsgebietes sehr unterschiedlich.
Man fängt sie mit Schleppnetzen, Drehwaden und Angelgeräten in 40–150 m Tiefe. Die wichtigsten Fanggründe liegen in der Nordsee, Barents-See, bei Island und vor der nordamerikanischen Ostküste. Die Bestände in der Nordsee weisen alle Zeichen der Überfischung auf. Mindestmaß der Nordsee-Konvention: 27 cm. In der Barents-See werden die Schellfische (meist 3–9 jährige, 35–75 cm lang) im Mai–Nov. gefangen.
Schellfische können nicht lebend angelandet werden. Die Hauptmasse der Fänge wird als Frischfisch auf Eis oder in Form von tiefgefrorenen Filets auf den Markt gebracht. Auch geräuchert, vor allem in England, oder mariniert.

Europäische Gesamtfänge: 200 000–300 000 t. Davon entfallen auf Großbritannien 120–135 000 t, Norwegen 38–46 000 t, Island 19–41 000 t, Färöer, Frankreich und Deutschland je 7–11 000 t, Holland 7 000 t, Belgien 3–7 000 t, Schweden 4–5 000 t, Spanien 3 000 t und Dänemark 1–2 000 t jährlich.
Nordamerikanische Schellfischanlandungen: Kanada 43–54 000 t, U.S.A. 50–60 000 t.

56. Franzosendorsch

Trisopterus luscus (L.)

Kennzeichen: Oberkiefer etwas vorstehend; langer, kräftiger Bartfaden; große Augen (ihr Durchmesser so lang wie die Schnauzenlänge). Die Afteröffnung liegt unterhalb der Mitte der 1. Rückenflosse.
Franzosendorsche werden ca. 30 cm lang. Sie leben in mäßigen Tiefen der Küstenregion, oft über felsigem Grund, und ernähren sich von Krebstieren und Kleinfischen. Laichzeit im Frühjahr. Im südlichen und nördlichen Bereich ihres Verbreitungsgebietes nur vereinzelt auftretend. Als Speisefisch von geringer Bedeutung. Spanien ca. 3–6 000 t jährlich.

55. SCHELLFISCH

Melanogrammus aeglefinus

a 30 cm
b Hauptnahrung
c Verwendung
d Wichtigste Fangmethoden

b

d

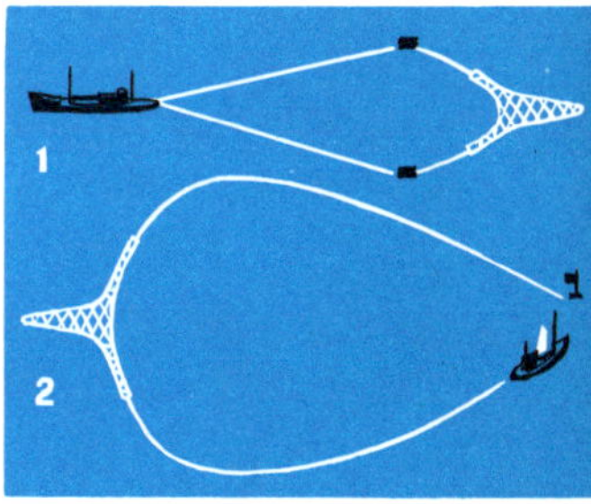

1 Grundschleppnetz
2 Drehwade

c

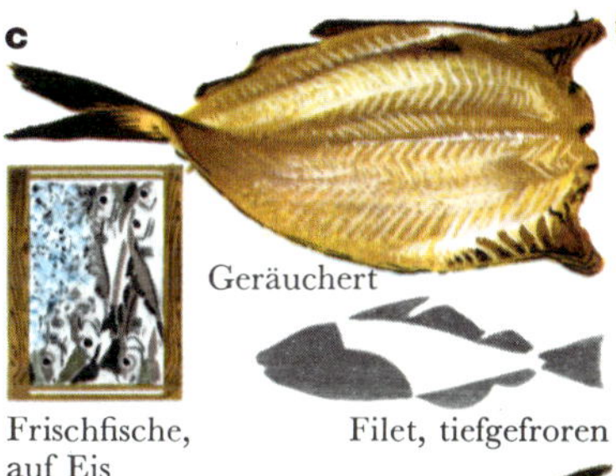

56. FRANZOSENDORSCH

Trisopterus luscus

57. Zwergdorsch

Trisopterus minutus (L.)

Kennzeichen: Oberkiefer etwas vorstehend, langer Bartfaden, große Augen (ihr Durchmesser größer als die Schnauzenlänge). Die Afteröffnung liegt unter dem Hinterende der 1. Rückenflosse.
Zwergdorsche werden 19–23 cm lang. Sie ernähren sich von Krebstieren und Kleinfischen in 25–300 m Tiefe. Laichzeit Febr.–Juni.
Die Zwergdorsche sind zu klein, um als Speisefische eine größere Rolle zu spielen. Beifang in Schleppnetzen. Gelegentlich zur Herstellung von Fischmehl verwendet.

58. Wittling, Merlan

Merlangius merlangus (L.)

Kennzeichen: Oberkiefer vorragend, kein Bartfaden am Unterkiefer; mit einem schwarzem Fleck an der Wurzel der Brustflossen.
Im 2. Lebensjahr sind die Wittlinge ca. 20 cm lang; sie werden in der Nordsee selten über 40 cm, bei Island jedoch 40–50 cm, max. sogar 70 cm lang. Sie kommen in Küstennähe von der Seegrasregion bis in 200 m Tiefe vor.
Nach 3–4 Jahren sind Wittlinge geschlechtsreif. Ihre Laichzeit erstreckt sich von Jan. bis Sept. Den Höhepunkt erreicht das Laichgeschäft im zeitigen Frühjahr, in den meisten Teilen des Verbreitungsgebietes in 30–100 m Tiefe. Im Kattegat und der Beltsee laichen sie anscheinend nur wenig ab.
Die Larven und Jungtiere halten sich oft unter den Glocken der Nesselquallen auf, vielleicht um dort Schutz zu suchen, zum Teil ernähren sie sich auch von den Ovarialeiern der Quallen. Während ihres pelagischen Lebensabschnittes werden sie von den Meeresströmungen weit verschleppt. Erst sehr spät, bei einer Länge von 5–10 cm, gehen die Jungfische zum Leben nahe dem Grund über.
Die erwachsenen Wittlinge ernähren sich von Garnelen, Schwimmkrabben und vorwiegend von Fischen: Kleinheringe, Sandaale und Stintdorsche. Als beliebte Sportfische werden sie häufig an Molen und in der Nähe von Felsriffen geangelt; ihr weiches, zartes Fleisch ist sehr schmackhaft. In den letzen Jahren haben die Wittlingfänge eine bedeutende Rolle in der Fischwirtschaft erlangt, mit einer Gesamtanlandung von jährlich 150 000 t. Allein vor Irland werden ca. 12 000 t, im Kattegat-Skagerrak 10–15 000 t gefangen und meist als Industriefische verwertet. Der Hauptteil der Fänge aus der Nordsee und den schottischen Küstengewässern dagegen kommt als Speisefische auf den Markt.
Wittlinge fängt man mit Grundschleppnetzen; auch als Beifang im Herings- oder Garnelenschleppnetz. Auf Grund von internationalen Konventionen wurde für den Bereich der Nordsee ein Mindestmaß von 23 cm festgelegt.

57. ZWERGDORSCH
Trisopterus minutus

a

58. WITTLING
Merlangius merlangus

a 25 cm
b Jungfische
c Larve 11 mm
d Hauptnahrung
e Verwendung
f Wichtigste Fangmethode

d

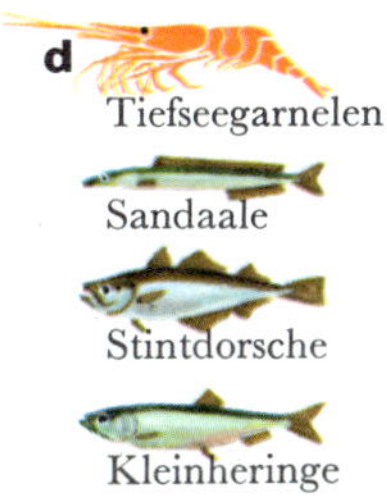

e

b

c

f

Grundschleppnetz

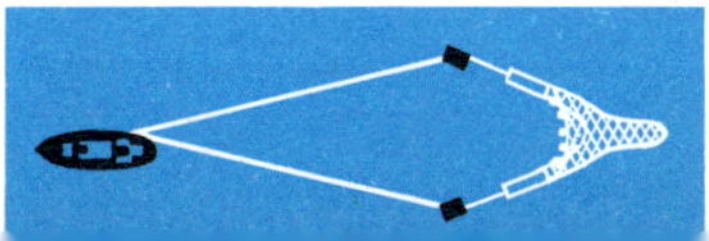

59. Blauer Wittling

Micromesistius poutassou (Risso)

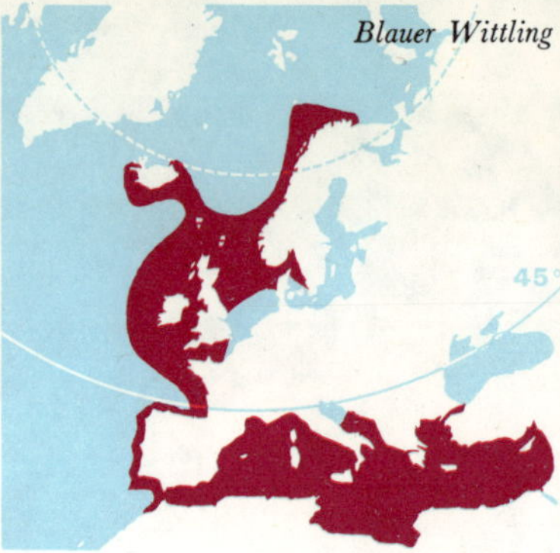

Kennzeichen: Mundhöhle und Innenseite der Kiemendeckel schwarz. Die zwei vordersten Rückenflossen sind sehr kurz und liegen weit auseinander. Unterkiefer etwas vorstehend, ohne Bartfaden.

Der Blaue Wittling wird höchstens 50 cm lang. Er lebt in Tiefen von 80–300 m und ernährt sich von Krebstieren und kleinen Fischen. Laicht im zeitigen Frühjahr. Die Jungen leben bis zu einer Länge von 15 cm pelagisch; auch die erwachsenen Fische halten sich meist in der offenen See auf.

Sie werden hauptsächlich als Beifang der Garnelenfischerei mit Schleppnetzen gefangen und als Industriefische verwertet.

60. Stintdorsch

Trisopterus esmarki (Nilss.)

Kennzeichen: vorstehender Unterkiefer, kleiner Bartfaden, große Augen (ihr Durchmesser größer als die Schnauzenlänge). Die Afteröffnung liegt unterhalb des Zwischenraumes zwischen 1. und 2. Rückenflosse. An der Wurzel der Brustflossen ein schwarzer Fleck. Alle unpaaren Flossen mit leicht konkavem Hinterrand.

Stintdorsche werden im ersten Lebensjahr 9–13 cm, im zweiten 14–19 cm lang. Max. Länge ca. 25 cm. In den meisten Standorten seines Verbreitungsgebietes halten sie sich in 80–300 m Tiefe auf; im Skagerrak und im östlichen Kattegat trifft man sie jedoch auch in Tiefen von weniger als 40 m an, in der südlichen Nordsee dagegen in diesen Tiefenbereichen nur sehr selten.

Das Laichen erfolgt im Jan.–März in der nördlichen Nordsee, nördlich von Schottland, bei den Orkney- und Shetland-Inseln, den Färöer, nördlich von Irland und im Skagerrak-Kattegat. Die Art scheint keine großen Wanderungen zu unternehmen. Die Bestände bei den Färöer und im nördlichen Kattegat leben offenbar isoliert und haben ihre eigenen Laichplätze. Gewöhnlich werden die Stintdorsche erst im Alter von 2 Jahren geschlechtsreif. Bei den Shetland-Inseln und dem nördlichen Schottland (Moray Firth) jedoch ist ein Teil der einjährigen Weibchen bereits laichreif. Die Stintdorsche sind die am zahlreichsten vorkommende Art aus der Gruppe der kleinen Dorschartigen. Obwohl sie wegen ihrer geringen Größe als Speisefische ungeeignet sind, sind sie indirekt für die Fischerei von großer Bedeutung, da sich von ihnen der Schellfisch, Wittling, Kabeljau und Hechtdorsch ernähren. Sie selbst leben von Leuchtgarnelen und Kleinfischen.

Sie werden hauptsächlich von der Dänischen Fischerei mit Schleppnetzen gefangen, außerdem als Beifang. Verwendung als Industriefisch.

60. STINTDORSCH

Trisopterus esmarki

a 17 cm
b Hauptnahrung
c Verwendung
d Wichtigste Fangmethode

60 b

Leuchtgarnelen

Jungfische

60 a

59 a

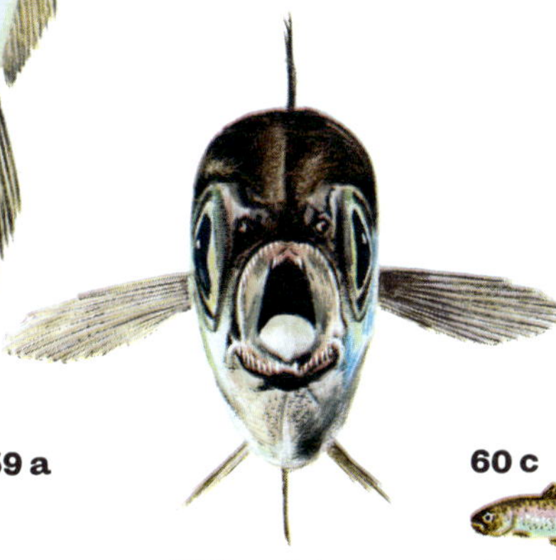

59 b Schwarze Mundhöhle

60 c

Futtermittel

60 d Grundschleppnetz

59. BLAUER WITTLING

Micromesistius poutassou

a 27 cm
b Ansicht von vorne

61. POLLACK

Pollachius pollachius (L.)

Kennzeichen: weit vorragender Unterkiefer, ohne Bartfaden. Seitenlinie über den Brustflossen gegen den Rücken hin gebogen. Die Afteröffnung liegt unter der vorderen Hälfte der 1. Rückenflosse.
Wird bis ca. 1 m lang und lebt nahe dem Boden oder pelagisch, von Küstennähe bis in 200 m Tiefe. Nahrung: Tiefseegarnelen, Sandaale, Heringe, Sprotten.
Laichplätze: Östlich und südlich der Britischen Inseln, nördliche Nordsee, Südnorwegen.
Fleisch trocken, aber schmackhaft. Beifang der Dorschfischerei mit Angelgeräten, Reusen und Netzen. Die größten Fangmengen werden von Norwegen angelandet: 2 000 t. Europäischer Gesamtfang jährlich ca. 5 000 t.

62. Köhler

Pollachius virens (L.)

Kennzeichen: Vorstehender Unterkiefer, Bartfaden klein oder fehlend. Seitenlinie hell, fast gerade. Die Afteröffnung liegt unter dem Hinterende der 1. Rückenflosse.
Im 5. Lebensjahr ist der Köhler 60–70 cm lang. Max. Länge 130 cm (ca. 27 Jahre).
Lebt fast ausschließlich pelagisch, sowohl in größeren Tiefen als auch in Oberflächennähe.
Die Köhler laichen in 100–200 m Tiefe, an Stellen mit hohem Salzgehalt und einer gleichmäßigen Temperatur von 6°–8° C.
Nach dem pelagischen Stadium halten sich die Jungfische die ersten 2–3 Jahre im Flachwasser auf. Als 5–10 jährige werden sie dann geschlechtsreif.

Die Jungfische ernähren sich von Hüpferlingen, Leuchtgarnelen und Fischbrut – wobei sie auch ihre eigenen Artgenossen nicht verschonen. Erwachsene Köhler sind sehr gefräßige Raubfische, die Heringe, Sprotten und verschiedene Jungfische verfolgen. Sie finden sich besonders zahlreich auf den Fanggründen der Heringe ein. Köhler sind typische Schwarmfische. Markierungsversuche zeigten, daß die Köhler große Wanderungen unternehmen und den Laichzügen der Heringe oft über weite Strecken hin folgen. Nach den Nahrungswanderungen während der Sommermonate ziehen sie bei Einbruch der kalten Jahreszeit zu ihren Laichplätzen. Der europäische Gesamtfang beträgt jährlich ca. 185 000 t. Davon entfallen auf Norwegen ca. 70 000 t, Deutschland ca. 55 000, England 35 000 t, Island 12 000 t. An der amerikanischen Küste fängt Kanada 25 000 t. Die höchsten Erträge kommen im Sommer aus Finnmarken, im Winter aus den Gewässern um die Lofoten-

Inseln, Helgoland und Möre, wo die Köhler auf ihren Laichwanderungen gefangen werden.
Fang mit Ringwaden und Grundschleppnetzen, zum Teil auch mit Stellnetzen und Angelgeräten.
Köhler kommen als Frischfische auf Eis, als Salz- oder Trockenfische, oder in Form von tiefgefrorenen Filets auf den Markt. In Deutschland wird das Fleisch auch geräuchert, gefärbt und zur Herstellung von »Seelachs in Öl« verwendet. In Norwegen hauptsächlich als Stockfisch im Handel.

62. KÖHLER

Pollachius virens

a 60 cm – **b** Larve 11 mm – **c** Hauptnahrung – **d** Verwendung – **e** Wichtigste Fangmethoden.

a

c

Hüpferlinge

Leuchtgarnelen

Kleindorsche

Heringe

b

d

»Seelachs«

Frischfische, auf Eis

Filet, tiefgefroren

e

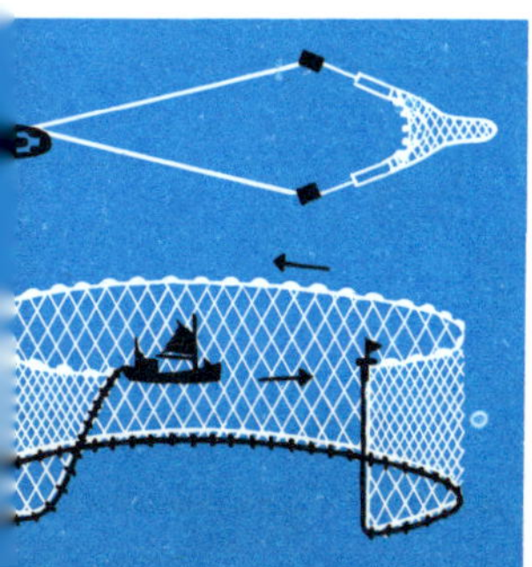

Grundschleppnetz

Ringwade

Angelhaken

Stockfisch

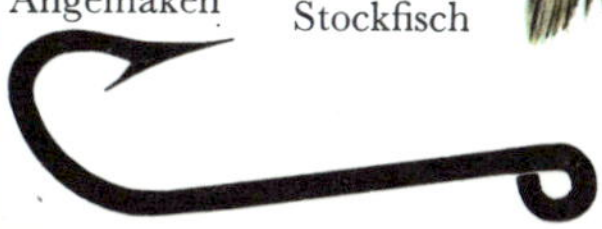

63. Silberdorsch

Gadiculus argenteus thori J. Schm.

Kennzeichen: Mundspalte steil nach oben gerichtet. Kein Bartfaden am Unterkiefer. Große Augen. Die Verzweigungen der Seitenlinie enden auf dem Kopf in 7 Schleimgruben. Schuppen groß, silberglänzend, fallen leicht ab.
Die kleinste Dorschart des NO-Atlantiks. Länge: 10–15 cm. Lebt in 60–1 000 m Tiefe, vorwiegend jedoch im Bereich von 100–300 m auf Schlammgründen. Häufiger Beifang im Garnelenschleppnetz. Laicht im Frühjahr in größeren Tiefen. Nahrung: Würmer und kleine Krebstiere. Die Stammform, *G. a. argenteus*, kommt an der spanischen Westküste und im Mittelmeer vor. Ohne wirtschaftliche Bedeutung.

64. Froschdorsch

Raniceps raninus (L.)

Kennzeichen: 1. Rückenflosse zu 3 kurzen Strahlen reduziert. 2. Rückenflosse und Afterflosse lang. Kopf breit und flach. Mit kleinem Bartfaden am Unterkiefer. Kaulquappenähnlicher, tiefschwarzer Körper, der von einer dicken, glänzenden Schleimschicht bedeckt ist.
Länge ca. 20 cm. Lebt als Grundfisch, vorwiegend auf felsigem oder steinigem Grund, in der Algenregion. Dringt selten in größere Tiefen über 100 m vor. Laichzeit Mai–Sept. Die Jungfische gehen mit ca. 2 cm Länge zum Bodenleben in Küstennähe über. Der Froschdorsch schließt sich nicht zu Schwärmen zusammen, sondern lebt vereinzelt und nirgends sehr zahlreich. Nahrung: Seesterne, Krebstiere, Würmer, Grundeln.
Ohne wirtschaftliche Bedeutung.

65. Gabeldorsch

Phycis blennoides (Brünn.)

Kennzeichen: Die langgestreckten, fadenförmigen Bauchflossen reichen bis zum Vorderrand der Afterflosse. 1. Rückenflosse spitz zulaufend, 2. Rückenflosse und Afterflosse lang. Mit Bartfaden am Unterkiefer.
Länge: selten über 60 cm, max. 110 cm. Die Gabeldorsche leben in Schwärmen dicht über dem Grund, in 150–300 m Tiefe. Sie ernähren sich von Krebstieren und kleine Grundfischen. Ihre Lebensweise ist noch sehr wenig erforscht; man weiß nicht, ob sie auch im nördlichen Bereich ihres Verbreitungsgebietes ablaichen.
Beifang der Langleinen- und Schleppnetzfischerei. Wird zur Herstellung von Fischmehl verwendet.
Im Mittelmeergebiet zusammen mit dem Felsen-Gabeldorsch, *Phycis phycis*, von größerer wirtschaftlicher Bedeutung und in erheblichen Mengen angelandet.

14 cm

63. SILBERDORSCH
Gadiculus argenteus thori

15 cm

64. FROSCHDORSCH
Raniceps raninus

33 cm

65. GABELDORSCH
Phycis blennoides

Lengfische

Kennzeichen: 1. Rückenflosse kurz; 2. Rückenflosse und Afterflosse lang, aber nicht mit der Schwanzflosse verwachsen. Bartfaden am Unterkiefer. 2 Arten in Europa.

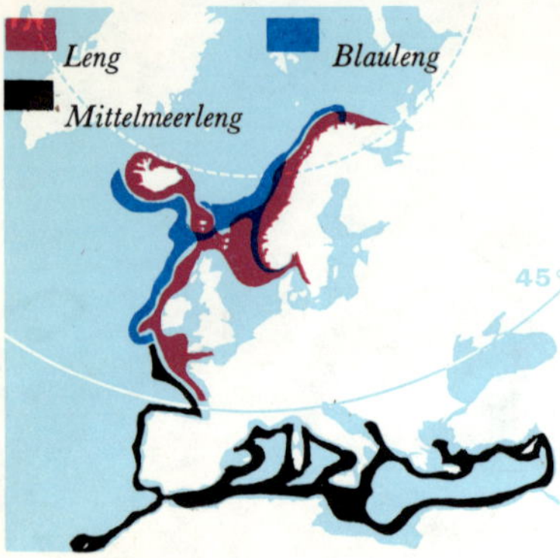

66. Blauleng

Molva dipterygia dipterygia (Penn.)

Mit kürzerem Bartfaden und größeren Augen als der gewöhnliche Leng. Max. Länge 1,5 m. Lebt in 200–1 500 m Tiefe. Seine Laichplätze liegen an den Steilabfällen der europäischen Schelfkante südlich von Island und westlich der Färöer und der Britischen Inseln in ca. 1 000 m Tiefe. Die Bestände vor Norwegen werden wahrscheinlich durch Zuwanderung aus diesen Gebiten immer wieder aufgefüllt. Laichzeit April–Mai.

Fang mit verschiedenen Angelgeräten. Sein Fleisch wird noch höher geschätzt als das des gewöhnlichen Leng. Schätzungsweise 5–10 % der europäischen Gesamtfangmenge an Lengfischen sind Blaulenge (= 2–4 000 t jährlich).

67. Leng

Molva molva (L.)

Bartfaden länger als der Augendurchmesser. Der Leng wird bis zu 1,8 m lang und ist damit die größte Art aus der Familie der Dorschfische. Max. Gewicht ca. 30 kg. Lebt in 100–600 m Tiefe. Laicht im April–Juni 20–60 Millionen, 1 mm große pelagische Eier in 100–300 m Tiefe bei Südisland und in einer schmalen Zone, entlang der 200 m-Tiefenkurve zwischen Mittelnorwegen und der Biskaya. Nahrung: Blaue Wittlinge, Stintdorsche, Knurrhähne u. a. Fische, Kronenhummer, Kraken.

Fang mit Langleinen und Schleppnetzen. Norwegen ca. 14 000 t. England und Deutschland je ca. 7 000 t, Schweden und Island je ca. 3 200 t, Belgien 1 000 t. Europäische Gesamtfangmenge ca. 36 000 t, schätzungsweise 5–10 % davon jedoch Blauleng. In Norwegen, Schottland, Island und den Färöer wird der Leng eingesalzen und getrocknet zu Klippfisch verarbeitet, der nach Südeuropa exportiert wird. In Schweden werden die Fische zwischen Holzstäben ausgespannt, getrocknet und als »Spillånga« auf den Markt gebracht. Häufig auch in Form von Filets, die sich vorzüglich zum Räuchern und Braten eignen.

68. Mittelmeerleng

Molva dipterygia macrophthalma (Raf.)

Kennzeichen: Bauchflossen lang, reichen über den Hinterrand der Brustflossen hinaus.

Max. Länge ca. 90 cm. Er ist die kleinste Art der Gattung Molva und noch schlanker gebaut als Leng und Blauleng. Lebt in 200–1 500 m Tiefe. Laichplätze: östliches Mittelmeer und eine schmale Zone von Gibraltar bis vor Südirland.

Im Mittelmeer von geringer wirtschaftlicher Bedeutung.

67. LENG
Molva molva

a 68 cm
b Hauptnahrung
c Verwendung
d Wichtigste Fangmethode

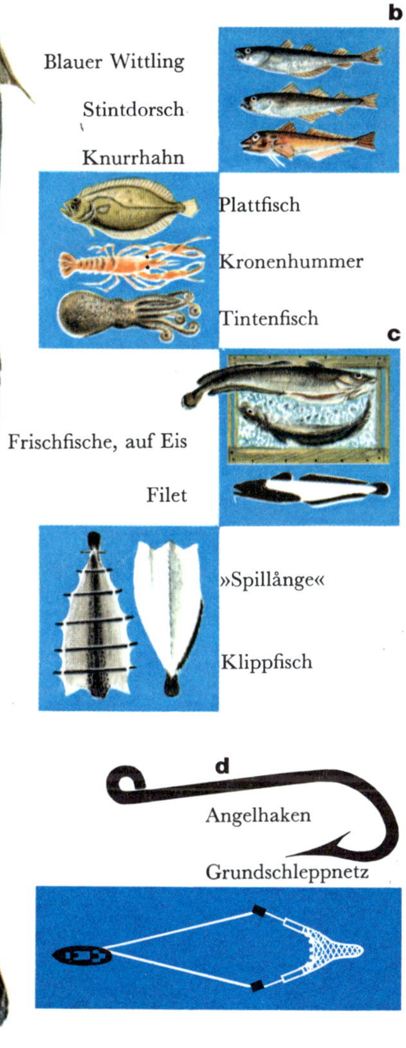

64 cm

66. BLAULENG
Molva dipterygia dipterygia

69. Seehecht, Hechtdorsch

Merluccius merluccius (L.)

Kennzeichen: 1. Rückenflosse kurz, 2. Rückenflosse und Afterflosse lang. Unterkiefer etwas vorstehend. Ohne Bartfaden. Mund- und Kiemenhöhle schwarz.

Als 4-jährige Fische sind die Seehechte bei Frankreich und den Britischen Inseln ca. 33 cm lang; im Mittelmeer ist das Wachstumstempo bedeutend geringer. Selten über 1 m lang (10 kg). Lebt in 100–300 m Tiefe. Laicht im März–Juni am europäischen Schelfrand südlich von Island und in den Gewässern vor Frankreich und der Iberischen Halbinsel. Hält sich tagsüber in Bodennähe auf, nachts dagegen mehr im freien Wasser in Oberflächennähe auf der Jagd nach Heringen, Sprotten, Anchovis, Sardinen und Makrelen.

Fang mit Schleppnetzen und Langleinen. Europäische Gesamtfangmenge 100–140 000 t. Davon enfallen auf Spanien 65–100 000 t; jedoch 40–80 % der Anlandung sind Jungfische, »Pescadilla«. England, Frankreich, Italien und Portugal fischen je 8–15 000 t jährlich. Auf dem Markt in Form von Filets oder eingesalzen und getrocknet. Ein Teil wird als Farce für Pasteten etc. verwendet. Besonders die kleineren Exemplare werden als Frischfische verkauft. In Spanien wird auch der Rogen der Seehechte, frisch, getrocknet oder gebraten, gegessen.

Durch die Nordsee-Konvention wurde das Mindestmaß auf 30 cm festgelegt. In südafrikanischen, süd- und nordamerikanischen Gewässern kommen Verwandte des Seehechtes vor, die dort ebenfalls als wichtige Nutzfische in großen Mengen gefangen werden.

70. Lumb

Brosme brosme (L.)

Kennzeichen: nur 1 lange Rückenflosse und 1 lange Afterflosse, die beide mit der Schwanzflosse verbunden sind. Mit kräftigem Bartfaden. Haut dick, mit kleinen Schuppen.

40–90 cm lang (2–10 kg). Grundfisch in 70–1 000 m Tiefe, vorwiegend an den Steilabfällen der Bänke in Tiefen von 200–500 m, über felsigem Grund. Wird im 8.–10. Lebensjahr, mit einer Länge von 40–50 cm, geschlechtsreif. Laicht Apr.–Juni in 200–500 m Tiefe bei einer Wassertemperatur von 6–9° C. Eizahl: ca. 2 Mill. Die Eier (Durchmesser 1,3–1,5 mm) sind pelagisch. Nach etwa 10 Tagen schlüpfen die ca. 4 mm langen Larven. Wichtigste Laichplätze: südwestlich von Island, bei den Färöer, nördlich und westlich von Schottland. Nahrung: Grundfische, Kronenhummer und andere größere Krebse.

Fang hauptsächlich mit Langleinen und mit Schleppnetzen. Europäische Gesamtfangmenge: 25–30 000 t. Allein in Norwegen werden jährlich ca. 20 000 t angelandet, vor allem aus den Fangplätzen vor Westeralen und nördlich von Schottland. Island 4–5 000 t, England ca. 2 500 t, Färöer und Deutschland je ca. 1 500 t. Hinzu kommen noch die Fänge von kanadischer Seite. In grönländischen Gewässern ist der Lumb selten. Während er in nordischen Ländern in großem Umfange auch zu Stockfisch verarbeitet wird, kommt er in Deutschland hauptsächlich in Form von Filets auf den Markt. Sein festes, weißes Fleisch schmeckt ähnlich wie Hummer, Aus der Leber wird der an Vitaminen A und D reiche Lebertran gewonnen.

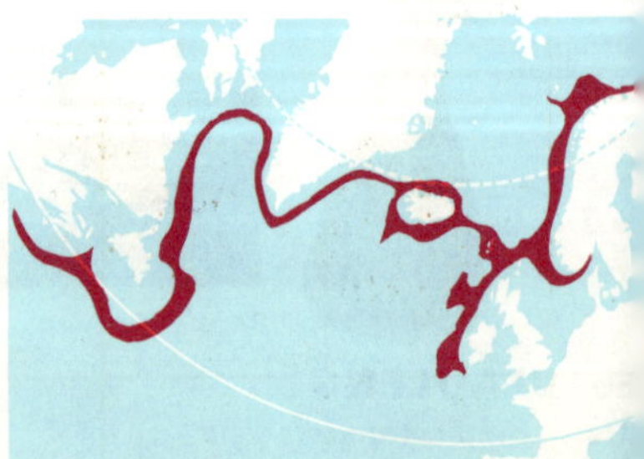

a

69. SEEHECHT

Merluccius merluccius

a 35 cm
b Ansicht von vorne
c Hauptnahrung
d Verwendung
e Wichtigste Fangmethoden

b

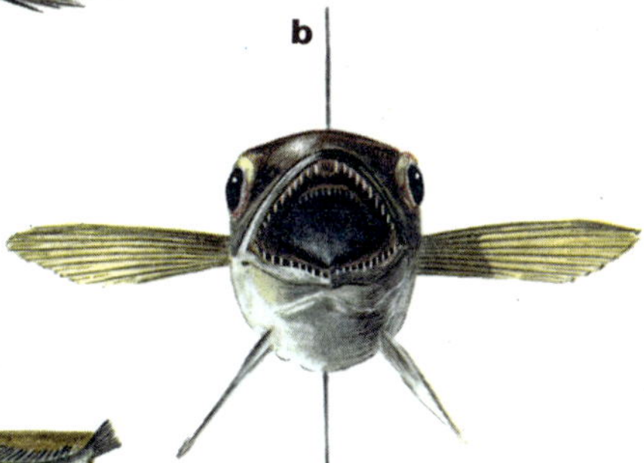

Schwarze Mundhöhle und Zunge

c

Hering

Anchovis

Makrele

d

Frischfische, auf Eis

69 e

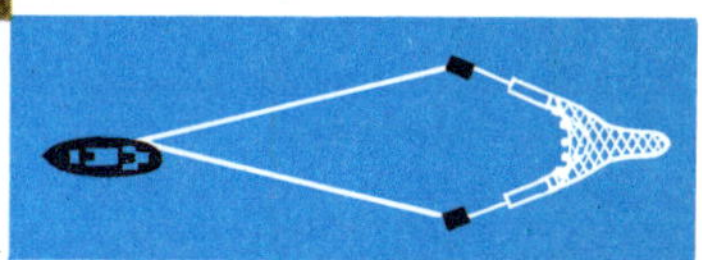

Grundschleppnetz

70 d

Angelhaken

a

70. LUMB

Brosme brosme

a 63 cm
b Hauptnahrung
c Verwendung
d Wichtigste Fangmethoden

b

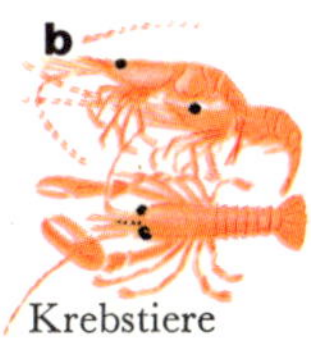

Krebstiere

Grundfische

c

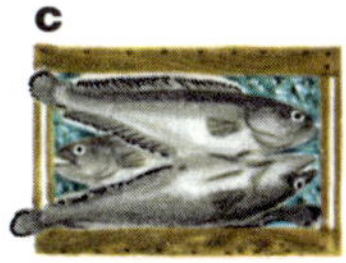

Frischfische, auf Eis

Seequappen

Gehören zur Familie der Dorsche. Mit 1 Bartfaden am Unterkiefer und zumindest 2 weiteren auf der Schnauze. Die erste Rückenflosse ist stark verkümmert und liegt in einer Längsfurche des Rückens eingesenkt. Nur die ersten Flossenstrahlen ragen empor. Die 2. Rückenflosse und die Afterflosse sind lang.

digem oder felsigem Grund in der Algenzone im Flachwasser.
Eier und Larven pelagisch. Bei einer Länge von 3–4 cm gehen die Jungfische zum Grundleben über.
Seequappen sind weit verbreitete Grundfische, werden aber nur wenig gefangen. Ihr Fleisch ist nicht besonders haltbar.

71. Dreibärtelige Seequappe

Gaidropsaurus mediterraneus (L.)

Kennzeichen: ein Bartfaden auf dem Unterkiefer und zwei auf der Schnauze. Max. Länge 50–60 cm. Bewohnt Tiefen von 0–250 m, hauptsächlich aber im Flachwasser der Algenzone. Laichzeit im Sommer. Ihre Nahrung besteht aus Krebstieren und kleinen Fischen.
Wirtschaftlich nur von geringfügiger, örtlicher Bedeutung.

72. Vierbärtelige Seequappe

Rhinonemus cimbrius (L.)

Kennzeichen: ein Bartfaden auf dem Unterkiefer und drei auf der Schnauze. Erster Strahl der 1. Rückenflosse bedeutend länger als bei den übrigen Arten.
Max. Länge 30–40 cm. Bewohnt Tiefen von 20–250 m, besonders auf weichem Grund.
Sie dringen weit in die Ostsee ein und laichen auch dort ab. Laichzeit Febr.–Aug. Nahrung: kleine Krebstiere.
Ohne wirtschaftliche Bedeutung.

73. Fünfbärtelige Seequappe

Ciliata mustela (L.)

Kennzeichen: ein Bartfaden auf dem Unterkiefer und vier auf der Schnauze. Max. Länge 25–30 cm. Lebt auf san-

37 cm

71. DREIBÄRTELIGE SEEQUAPPE
Gaidropsaurus mediterraneus

a

72. VIERBÄRTELIGE SEEQUAPPE
Rhinonemus cimbrius

a 22 cm
b Ansicht von vorne

b

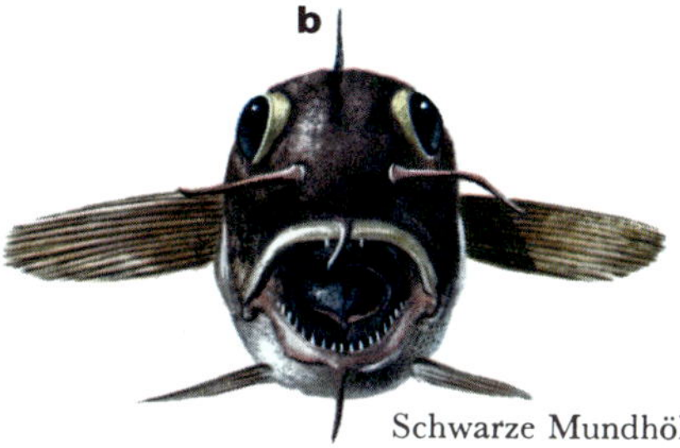

Schwarze Mundhöhle und Zunge

Jungfisch 10 cm

73. FÜNFBÄRTELIGE SEEQUAPPE
Ciliata mustela

74. NORDISCHER SCHLEIMKOPF
Beryx decadactylus C.V.

50 cm

Gehört zu einer Fischgruppe, die sowohl Tiefseefische als auch Korallenfische in tropischen und gemäßigten Meeresteilen umfaßt.
Der Nordische oder Zehnfinger-Schleimkopf wird bis zu 50 cm lang und lebt pelagisch in Tiefen von über 200 m. Ziemlich selten in der nördlichen Nordsee und bei Norwegen. Sein gesamtes Verbreitungsgebiet ist nicht bekannt, wahrscheinlich aber ist es größer als auf nebenstehender Karte angezeigt.
B. splendens ist ein weltweit verbreiteter Verwandter des Nordischen Schleimkopfs, mit schlankerem Körperbau.

75. SPANFISCH
Trachipterus arcticus

75. Spanfisch, Bandfisch
Trachipterus arcticus (Brünn.)

Körper bandförmig. Max. Länge ca. 3 m. Lebt pelagisch in 500–600 m Tiefe. Geschlechtsreif bei einer Länge von ca. 2,4 m und einem Alter von ca. 14 Jahren. Das Weibchen der Spanfische laicht 500 000 Eier ab. Selten lebend angetroffen, obwohl sie häufig an den Küsten der Nordmeere angespült werden.
Der Riemenfisch, *Regalecus glesne,* wird bis zu 7 m lang. Bei ihm bilden die ersten Strahlen der Rückenflosse einen eigenartigen Kopfputz, der wie eine Krone aussieht. Seltener als der Spanfisch. Er wird hin und wieder an den Küsten angespült und gilt als ein gutes Omen für einen ertragreichen Heringsfang.

76. Gotteslachs
Lampris guttatus (Brünn.)

Hochrückiger Körper, seitlich stark zusammengedrückt. Das zahnlose, kleine Maul kann weit vorgestreckt werden. Die Schuppen sind klein und fallen beim Fang leicht ab. Der Gotteslachs gehört in die gleiche Ordnung wie der Span- und Riemenfisch.
Länge 1,5–1,8 m, Gewicht bis ca. 100 kg. Lebt pelagisch in 100–400 m Tiefe. Nahrung: hauptsächlich Tintenfische. Der Gotteslachs hat eine weltweite Verbreitung. In der nördlichen Nordsee und vor Westnorwegen trifft er als regelmäßiger Sommergast ein. Wird manchmal als Beifang der Heringshaifischerei angelandet. Sein rötliches, lachsähnliches Fleisch ist sehr fettreich. Die Lebensweise der Gotteslachse ist fast völlig unbekannt.

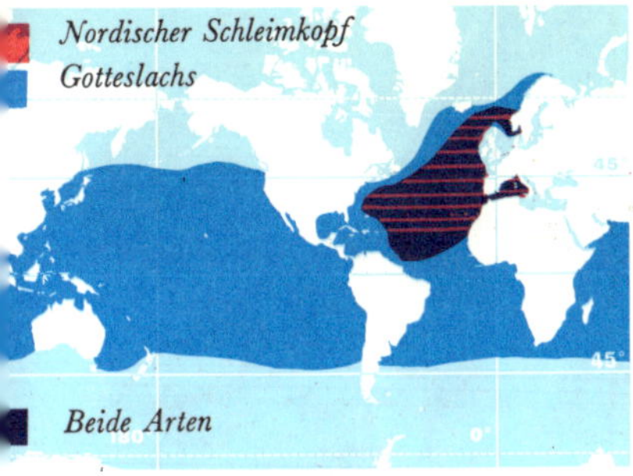

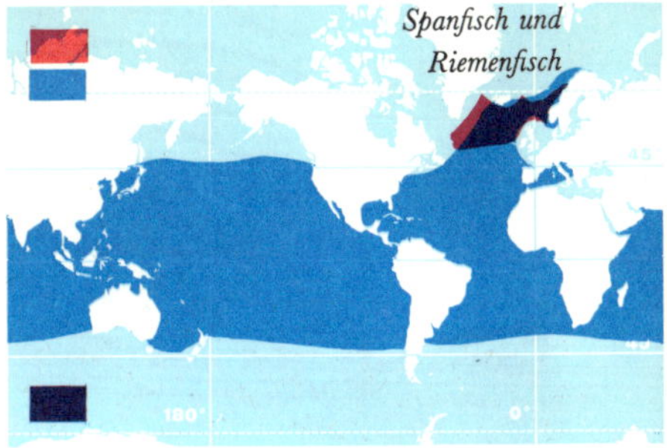

122 cm

76. GOTTESLACHS

Lampris guttatus

a 95 cm – **b** Hauptnahrung

b

Tintenfische

a

a

b

77. PETERSFISCH, HERINGSKÖNIG

Zeus faber L.

a 37 cm
b Larve 8 mm

Körper sehr hoch und schmal, Maul weit vorstreckbar. Mittellänge 25–30 cm (2 kg), max. Länge ca. 60 cm (8 kg). Lebt in kleinen Schwärmen pelagisch oder nahe dem Grund in mäßigen Tiefen. Laichzeit: Juni–Aug. an den Küsten Südenglands, März–Mai im Mittelmeer. Die Eier sind pelagisch. Nach dem Abblaichen wandert ein Teil der Fische aus dem Laichgebiet, dessen Grenze nördlich des Ärmelkanals verläuft, in die Nordsee ein und dringt bis weit nach Westnorwegen und ins Kattegat vor. Nahrung: Sardinen, Sprotten, Ährenfische. Die Petersfische verdanken ihren Namen der Legende, die berichtet, daß St. Peter einmal eine Goldmünze aus dem Maul eines solchen Fisches gezogen hat. Noch heute könne man als schwarze, gelbumsäumte Flecke auf den Körperseiten des Fisches die Fingerabdrücke des Apostels erkennen.

Die englische Bezeichnung »John Dory« stammt wahrscheinlich von einem der italienischen Namen dieses Fisches ab: Janitore, der Torwächter, ist ein ital. Beiname St. Peters.
Das Fleisch des Petersfisches ist sehr geschätzt. Man fängt ihn als wertvollen Beifang der Schleppnetz- und Langleinenfischerei im Mittelmeer und an der westafrikanischen Küste. Verwandte Arten in den tropischen und gemäßigten Zonen aller übrigen Ozeane.

28 cm

78. STÖCKER

Trachurus trachurus (L.)

Kenntlich an den großen, gekielten Schuppenschildern auf der Seitenlinie. Als 4-jährige ca. 25 cm lang, max. Länge 40 cm. Pelagischer Schwarmfisch, mit ähnlicher Lebensweise wie die Makrelen. Hauptverbreitungsgebiet: Mittelmeer und Westafrika. Laicht 3–139 000 pelagische Eier im Nov.–März, in der Nordsee jedoch später (Mai–Juni). Jungfische oft in kleinen Schwärmen unter Nesselquallen.

In Nordeuropa wirtschaftlich nur von geringer Bedeutung. Man fängt sie in der Biskaya, im Mittel- und im Schwarzen Meer, vor allem auch an der westafrikanischen Küste. Spanien und Portugal zusammen ca. 110 000 t jährlich. Angola und Südafrikanische Union ca. 140 000 t.

Werden in gleicher Weise wie die Sardinen verarbeitet; als Frisch- oder Räucherfische im Handel. Verwendung auch zur Herstellung von Fischmehl etc.

Verwandte Arten in allen tropischen und gemäßigten Meeresteilen.

33 cm

79. WOLFSBARSCH

Dicentrarchus labrax (L.)

Der Wolfs- oder Seebarsch gehört zur Familie der Zackenbarsche. Die zwei Rückenflossen sind gleich lang. Großer, schwarzer Fleck auf dem Kiemendeckel. Max. Länge ca. 80 cm (5–7 kg). Ein sehr gefräßiger Raubfisch, der sich meist in kleinen Trupps nahe der Felsenküsten und in größeren Flußmündungen aufhält. Sein Hauptverbreitungsgebiet liegt südlich der Britischen Inseln. Laichzeit: Mai–Aug. Pelagische Eier. Nahrung: Kleinheringe und andere Schwarmfische. Man fängt ihn in der Biskaya, bei Portugal und im Mittelmeer, mit verschiedenen Angelgeräten und in Reusen.

Stöcker

Wolfsbarsch

80. Brachsenmakrele

Brama brama (Bonn.)

Max. Länge ca. 70 cm (ca. 6 kg). Lebt pelagisch in Tiefen von 100 m und darunter. Lebensweise völlig unbekannt. Man fängt sie in kleinen Mengen im Mittelmeer als Beifang der Langleinen-Fischerei. Einzelne Individuen ziehen im Herbst bis Südnorwegen und in das Skagerrak. Den nahverwandten Silberbrachsen *(Pterycombus brama)* erkennt man daran, daß bei ihm die Rücken- und Afterflosse in Längsfurchen, die durch hohe Schuppen entlang der Basis dieser Flossen gebildet werden, niederlegbar sind. Er ist ebenfalls ein pelagisch lebender Tiefseefisch, der im Ostatlantik weit verbreitet vorkommt.

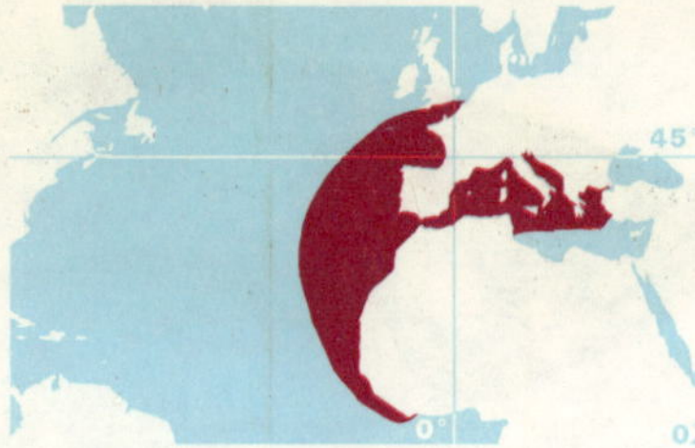

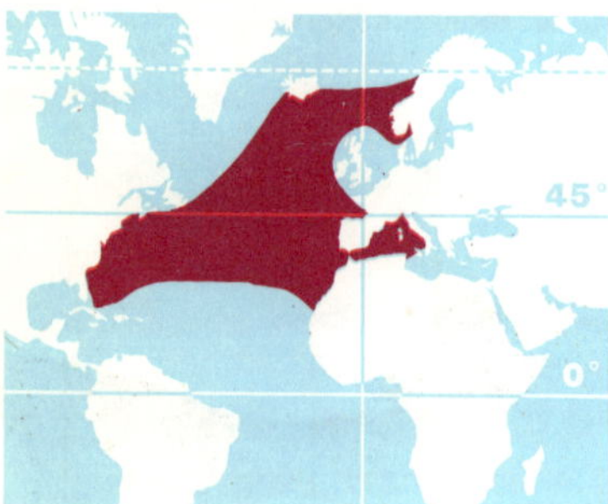

81. Adlerfisch

Argyrosomus regius (Asso)

Gehört zur Familie der Umberfische, die den Zackenbarschen sehr nahe stehen. Kennzeichen: 2. Rückenflosse doppelt so lang wie die erste. Hinterrand der Schwanzflosse abgerundet. Max. Länge ca. 1,5 m. Pelagischer, in kleinen Schwärmen weit umherstreifender Raubfisch, der sich hauptsächlich von Fischen ernährt. Nördlich des Ärmelkanals selten. Beifang, im Mittelmeer, bei Portugal und in der Biskaya.
Die Umberfische sind mit zahlreichen Arten weltweit verbreitet. Mit Hilfe ihrer Schwimmblase können sie laute, trommelnde oder krächzende Geräusche erzeugen; sie werden daher auch Trommelfische genannt. Ihr »Gesang« ist noch aus mehreren Metern Tiefe hörbar.

82. Streifenbarbe

Mullus surmuletus (L.)

Selten über 40 cm; Höchstalter ca. 10 Jahre. Aus dem südlichen Hauptverbreitungsgebiet dringt ein Teil der Streifenbarben im Frühjahr bis zur Kanalküste vor, wo sie im Juli–Sept. ablaichen. Die Eier sind pelagisch und werden bisweilen durch Strömungen weit nach Norden verschleppt. In gewissen Jahren findet man dann die Jungfische an den Küsten der Nordsee. Geschlechtsreif im Alter von 2 Jahren.
Die Streifenbarben halten sich auf sandigem oder felsigem Grund auf und ernähren sich von kleinen Bodentieren, die sie mit ihren Bartfäden aufspüren. Schon seit dem Altertum sind sie berühmt wegen ihres Farbenspiels und schmackhaften Fleisches. Gesamtfangmenge in Südeuropa, einschließlich Schwarzem Meer, ca. 7 000 t.

58 cm

80. BRACHSENMAKRELE
Brama brama

120 cm

81. ADLERFISCH
Argyrosomus regius

82. STREIFENBARBE
Mullus surmuletus

36 cm

Wirf keine Schmach über Deine Goldschale mit dieser kleinen Barbe: Unwürdig ist es, wiegt sie unter zwei Pfund!

MARTIAL (40-104 n. Chr.)

37 cm

83. GRAUBARSCH
Pagellus bogaraveo

MEERBRASSEN

Körper meist hochrückig, seitlich zusammengedrückt. Vordere Hälfte der Rückenflosse mit Stachelstrahlen, hinterer Abschnitt mit Gliederstrahlen. Die Afterflosse und der gliederstrahlige Teil der Rückenflosse sind gleich lang. Mit kräftigen, spitzen Zähnen, Schneidezähnen und Mahlzähnen, je nach Ernährungsweise.
Die Familie der Meerbrassen umfaßt ca. 200 Arten, die in allen warmen und gemäßigten Küstengewässern vorkommen. Mehrere Arten sind Pflanzenfresser.

83. Graubarsch, Seekarpfen

Pagellus bogaraveo (Brünn.)

Kennzeichen: Über der Brustflosse ein schwarzer Fleck am Anfang der Seitenlinie. Rückenflosse: 12 Stachelstrahlen und 13 Gliederstrahlen. Afterflosse: 3 Stachelstrahlen und 12 Gliederstrahlen.
Max. Länge 50 cm. Höchstalter ca. 15 Jahre. Vorwiegend in 200–500 m Tiefe. Laichzeit im Winter. Nahrung: Krebstiere, Flügelschnecken u.a. Man fängt sie hauptsächlich bei England, Frankreich, Spanien und Portugal. Europäische Jahresfangmenge über 10 000 t, schwankt jedoch von Jahr zu Jahr erheblich.

Graubarsch

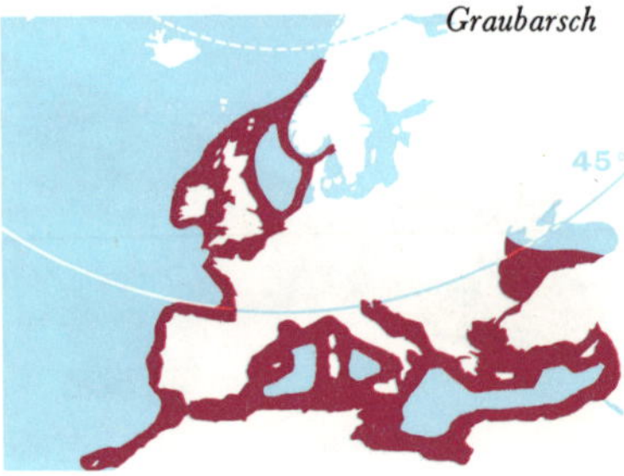

84. Rotbrassen

Pagellus erythrinus (L.)

Kennzeichen: ohne schwarzem Fleck über der Brustflosse. Rückenflosse: 12 Stachelstrahlen und 10 Gliederstrahlen. Afterflosse: 3 Stachelstrahlen, 8–10 Gliederstrahlen.
Max. Länge ca. 50 cm. Gast an der südenglischen Küste, in der Nordsee selten. Für die Fischerei im Mittelmeer von einiger Bedeutung.

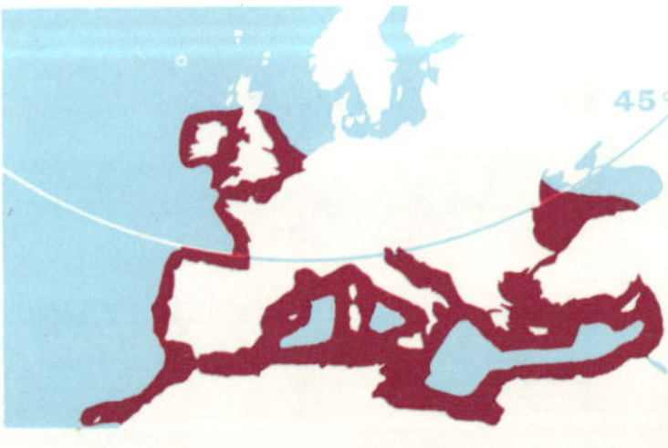

34 cm

84. ROTBRASSEN
Pagellus erythrinus

42 cm

85. STREIFENBRASSEN
Spondyliosoma cantharus (L.)

Kennzeichen: ohne schwarzem Fleck über der Brustflosse. Rückenflosse: 11 Stachelstrahlen und 13 Gliederstrahlen. Afterflosse: 3 Stachelstrahlen, 11 Gliederstrahlen.
Max. Länge ca. 50 cm. In der Nordsee nicht häufig. Ohne Bedeutung für die Fischerei.

LIPPFISCHE

Rückenflosse mit stachelstrahligem und gliederstrahligem Teil. Wulstige Lippen, kräftig bezahnte Kiefer. Lebhaft gefärbte Fische der Algenzone, besonders an Felsenküsten.

Bestimmungsschlüssel

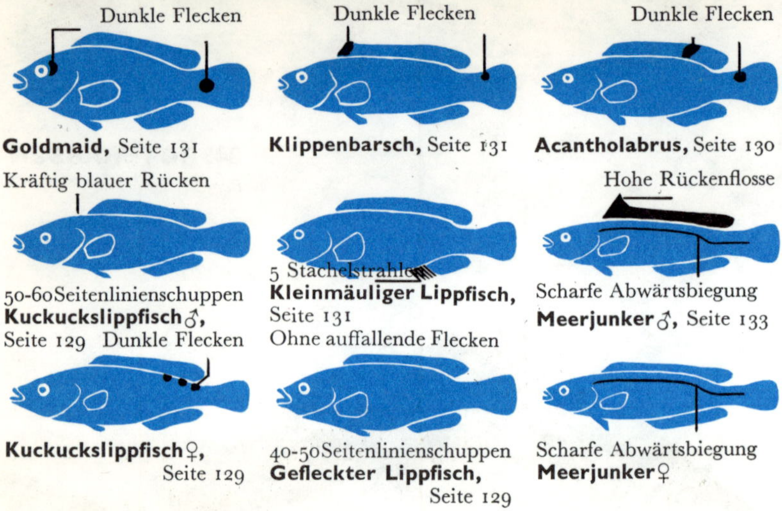

86. Kuckuckslippfisch

Labrus bimaculatus L.

Die beiden Geschlechter von auffallend unterschiedlicher Färbung, die stark variieren kann. Weibchen mit 2–3 dunklen Flecken auf dem Rücken und Schwanzstiel. Ältere Männchen mit charakteristischem blauschwarzem Streifenmuster; jüngere Männchen ähnlich den Weibchen gefärbt, aber ohne Rückenflecken. Länge: Männchen 35 cm, Weibchen 30 cm. Leben an Felsenküsten in der Algenzone. Legen im Sommer Grundlaich ab. Nahrung: Weichtiere und Krebse. Ohne fischereilichen Wert.

87. Gefleckter Lippfisch

Labrus bergylta (Asc.)

Kennzeichen: siehe Bestimmungsschlüssel. Die großen Schuppen meist gelbgrün oder braun umsäumt. Färbung sehr unterschiedlich, grünliche und bräunliche Töne vorherrschend. Keine äußeren Unterschiede zwischen den beiden Geschlechtern.
Selten über 30 cm, max. Länge 50 cm. Leben in der Algenzone an Felsenküsten in 5–30 m Tiefe. Die Eier werden im Mai–Juli abgelegt (Grundlaich). Nahrung: Weichtiere u. Krebse. Ohne größere wirtschaftliche Bedeutung.

Männchen 33 cm

Weibchen 26 cm

86. KUCKUCKSLIPPFISCH

Labrus bimaculatus

36 cm

87. GEFLECKTER LIPPFISCH

Labrus bergylta

88. Goldmaid

Symphodus (Crenilabrus) melops (L.)

Kennzeichen: siehe Schlüssel, Seite 128.

Max. Länge 25 cm. Färbung sehr veränderlich; Grundfarbe der Männchen grünlich oder blau, der Weibchen bräunlich bis gelblich. Bewohner der Algenzone, meist an Felsenküsten. Laichzeit: Sommer. Laichbereite Männchen und Weibchen mit wohlentwickelten Genitalpapillen. Die Eier werden in Nester aus Algenstücken abgelegt. Nahrung: kleine Krebse und Weichtiere.

Ohne fischereilichen Wert.

89. Klippenbarsch

Ctenolabrus rupestris (L.)

Leicht kenntlich an dem schwarzen Fleck am oberen Ende des Schwanzstiels und einem zweiten am Vorderende der Rückenflosse.

Am Ende des 2. Lebensjahres bei einer Länge von 15–18 cm geschlechtsreif. Weit verbreitet in der Algenzone, in 0–20 m Tiefe. Laichzeit in den Sommermonaten. Die glasklaren Eier (Durchmesser 1 mm) und die Jungen pelagisch. Die Elterntiere sterben wahrscheinlich nach der Laichzeit ab. Nahrung: kleine Krebse, Würmer. Wirtschaftlich ohne Bedeutung.

90. Kleinmäuliger Lippfisch

Centrolabrus exoletus (L.)

Kennzeichen: Afterflosse mit 5 Stachelstrahlen. Ohne schwarze Flecken auf dem Körper.

Max. Länge 18 cm. Bewohner der Algenzone, aber nicht so weit verbreitet wie der Klippenbarsch. Laichen während der Sommermonate ihre Eier an Algen ab. Lebensweise weitgehend unbekannt.

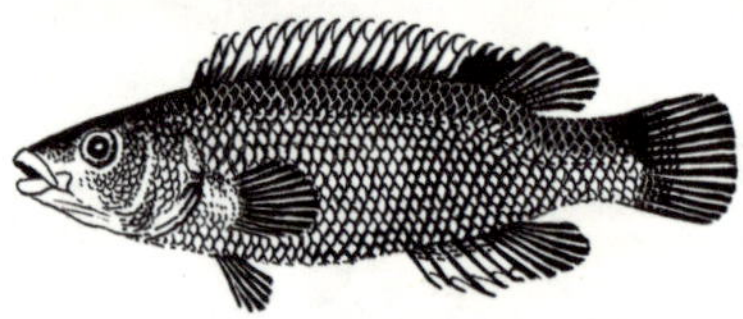

Acantholabrus palloni ist eine weniger häufige, südlichere Art mit schlankem Körperbau und einem schwarzen Fleck auf der Übergangsstelle zwischen Stachel- und Gliederstrahlen der Rückenflosse. Meist ein zweiter schwarzer Fleck am oberen Ende des Schwanzstieles.

17 cm

88. GOLDMAID
Symphodus (Crenilabrus) melops

14 cm

89. KLIPPENBARSCH
Ctenolabrus rupestris

12 cm

90. KLEINMÄULIGER LIPPFISCH *Centrolabrus exoletus*

91. Meerjunker

Coris julis (L.)

Rückenflosse mit weniger als 13 Stachelstrahlen. Die ersten Rückenflossenstacheln bei Männchen deutlich länger als die folgenden. Sehr veränderliches Farbkleid.
Bis 25 cm lang. Seltener Irrgast nördlich des Ärmelkanals. Bewohner der Felsenküsten. Laichzeit in den Sommermonaten. Eier und Junge pelagisch. Nahrung: kleine Krebstiere und Weichtiere.

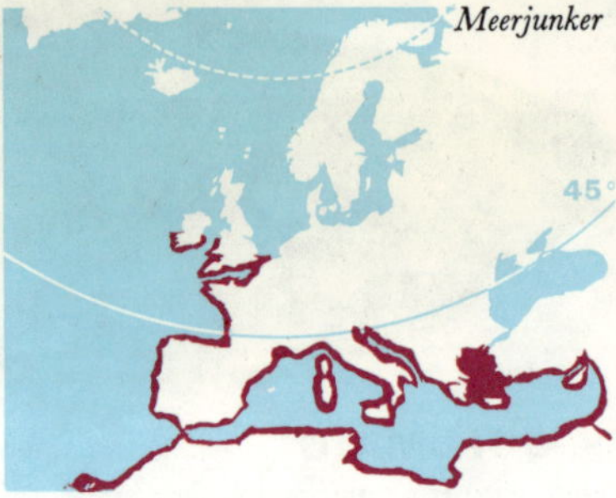

92. Großer Sandaal

Hyperoplus lanceolatus (Les.)

Kennzeichen: Die Spitzen der Brustflossen reichen nur knapp bis zum Vorderende der Rückenflosse. Auf der Schnauze beiderseits ein dunkler Fleck. Zwischenkiefer wenig vorstreckbar (Fig. 92).
Mittellänge 20 cm, max. Länge 35 cm. Halten sich im Sommer in flacheren Wasser auf als im Winter. Mit gleicher Lebensweise wie der Kleine Sandaal. In der Nordsee erfolgt das Ablaichen Apr.–Aug. in ca. 20 m Tiefe. Brutdauer: 2–3 Wochen.
Wird zusammen mit dem Kleinen Sandaal gefangen.

93. Kleiner Sandaal

Ammodytes lancea Yar.

Kennzeichen: Die Spitzen der Brustflossen reichen bis hinter das Vorderende der Rückenflosse. Ohne dunkle Flecke beiderseits der Schnauze. Weit vorstreckbarer Zwischenkiefer (Abb. 93).
Am Ende des 3. Lebensjahres ca. 16 cm lang, max. Länge 20 cm. Höchstalter: 4 Jahre. Leben auf Sandgründen in 0–30 m Tiefe; tagsüber oft im Sand vergraben, nachts dagegen aktiv und in kleinen Schwärmen umherstreifend.
Die Art kommt in drei Unterarten vor, die nur nach inneren Merkmalen bestimmt werden können: *A. lancea lancea* (60–66 Rückenwirbel) laicht März-Mai und Aug.-Sept. und kommt nordwärts bis Island und den Färöer vor. *A. lancea marinus* (67–73 Rückenwirbel) laicht Nov.–Febr. und ist von der Murmanküste bis in die Nordsee weit verbreitet. Die dritte Unterart *(A. lancea dubius,* 73–78 Rückenwirbel) bewohnt die Küstengewässer Westgrönlands.
Zur Laichzeit legen die Weibchen 3 800–22 000 ovale Eier (Durchmesser 0,7–1,0 mm) in kleinen Häufchen auf sandigem Grund ab. Die pelagischen Larven sind beim Ausschlüpfen 4–8 mm lang. Nahrung: Zooplankton, Würmer, Krebse und Jungfische. Sie selbst wiederum sind wichtige Nährtiere des Kabeljaus, Lachs und anderer Nutzfische.
Die Sandaale werden mit engmaschigen Grundschleppnetzen gefangen (vorwiegend in der Nordsee) und als Industriefische verwertet. Dänemark 75–100 000 t, Deutschland 5–20 000 t, Norwegen 5–14 000 t. Ihr Fang wird auch mit besonderen Zugnetzen, Tobias-Waden, betrieben. Bei Ebbe kann man die Sandaale aus den trocken fallenden Sänden ausgraben. Verwendung als Speisefisch oder Angelköder.

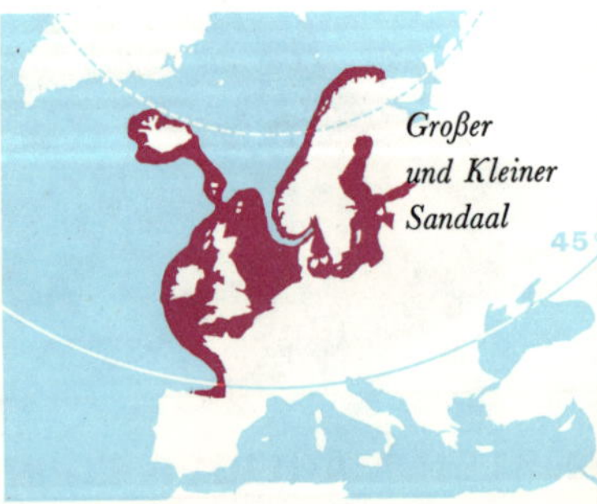

22 cm

91. MEERJUNKER

Coris julis

23 cm

92. GROSSER SANDAAL

Hyperoplus lanceolatus

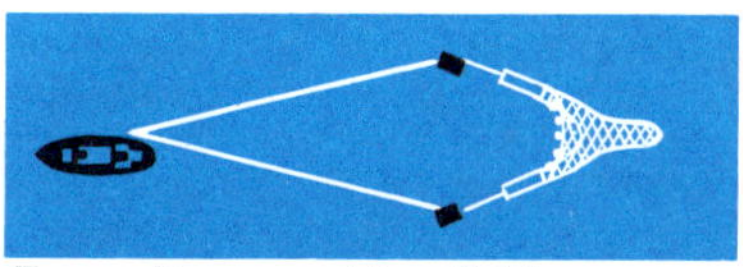

Fang mit engmaschigen Schleppnetzen. Die Sandaale, wichtige Nährtiere unserer Nutzfische, ernähren sich von Zooplankton.

Lachs Kabeljau Makrele Steinbutt

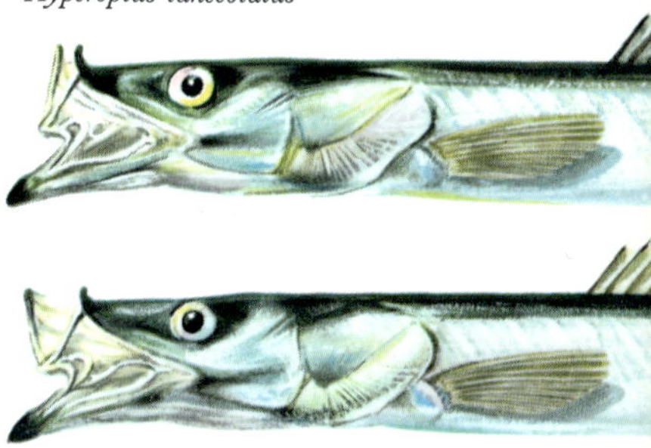

93. KLEINER SANDAAL

Ammodytes lancea

14 cm

12 cm

94. NACKTSANDAAL

Gymnammodytes semisquamatus (Jourd.)

Kennzeichen: Rückenflosse mit welligem Flossensaum. Meist mit dunklem Fleck am Kopf. Vorderrumpf schuppenlos.

Länge 15 cm. Bewohnt hauptsächlich Geröllgründe mit kleineren Steinen und Muschelschalen. Laicht in den Sommermonaten. Bildet im Mittelmeer eine eigene Art *(G. cicerelus)*.

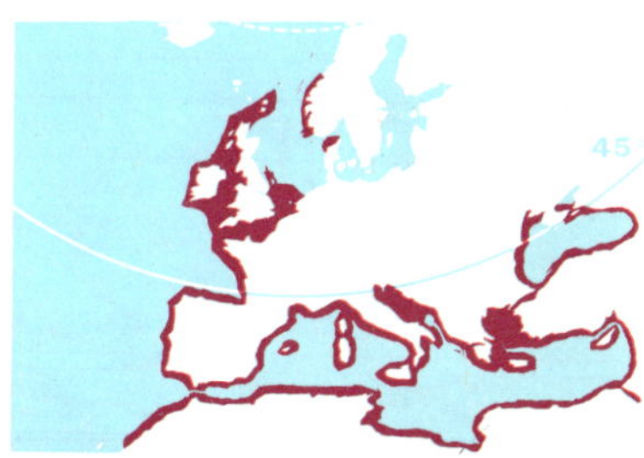

95. Petermännchen

Trachinus draco (L.)

Die Stachelstrahlen der ersten Rückenflosse besitzen tiefe Furchen, die mit Giftdrüsengewebe ausgestattet sind, ebenso wie der kräftige Stachel auf dem Kiemendeckel. Damit verursachte Verwundungen rufen heftige Schmerzen, Entzündungen und Körperschwellungen hervor. Das Gift lähmt die weißen Blutkörperchen und löst die roten Blutkörperchen auf. Daher muß man die Stichwunden gut ausbluten lassen.

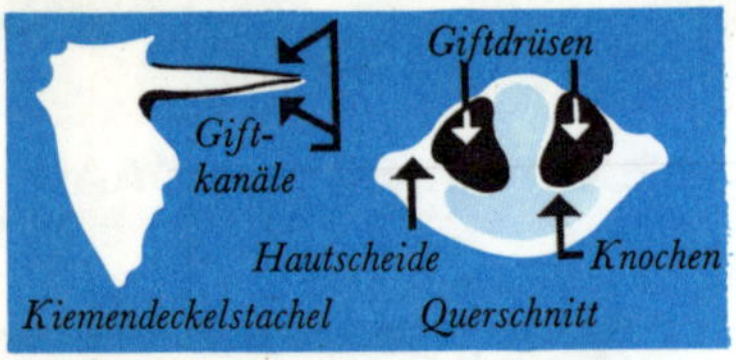

Von der folgenden Art unterscheidet sich das Petermännchen durch den Besitz von 2–3 kleinen Stacheln am vorderen, oberen Rand der Augenhöhle.
Mittellänge 20–30 cm, max. 42 cm. Während der Sommermonate in 5–15 m Tiefe; tagsüber meist bis zu den Augen im lockeren Sand vergraben, wo sie auf Beute lauern. Nachts werden sie auch freischwimmend angetroffen und öfters in kleinen Schwärmen im Bundgarn gefangen. Im Herbst wandern sie in tiefere Zonen ab. Laichzeit: Juni–August. Eier (Durchmesser ca. 1 mm) pelagisch. Nahrung: Garnelen, Grundeln, Leierfische u. a.
Hauptsächlich als Beifang in Netzen und mit verschiedenen Angelgeräten. Bevor sie auf den Markt kommen, werden Kopf und 1. Rückenflosse wegen der Verletzungsgefahr entfernt. Ihr trockenes aber schmackhaftes Fleisch ist vor allem in Südeuropa sehr geschätzt. Über die Fangmengen der einzelnen Länder liegen keine Statistiken vor.

96. Viperqueise

Trachinus vipera C.V.

Kennzeichen: Ohne Stacheln am oberen Orbitalrand. Körperhöhe weniger als 5 mal in der Gesamtlänge enthalten.
Länge 10–15 cm. Hält sich im Gegensatz zum Petermännchen dauernd in flachen, sandigen Uferzonen auf. Nur zur Laichzeit (Juni–Aug.) ziehen sie in etwas größere Tiefen. Nahrung: Garnelen, Jungfische und Laich, kleine Bodentiere.

a

95. PETERMÄNNCHEN

Trachinus draco

a 32 cm
b Hauptnahrung
c Wichtigste Fangmethoden

b

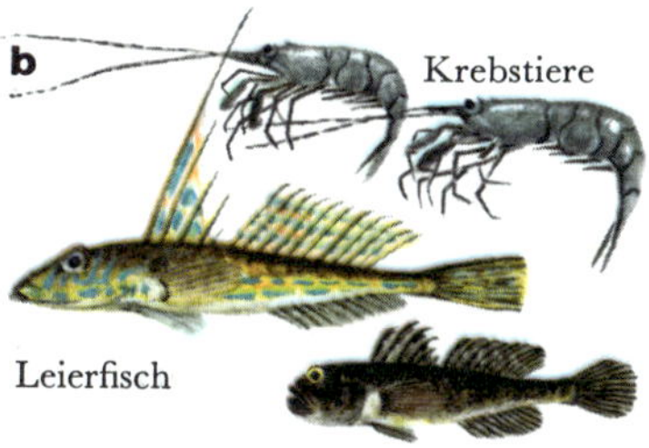

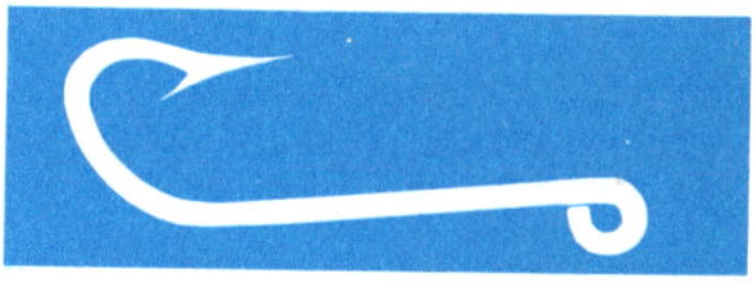

c Angelhaken

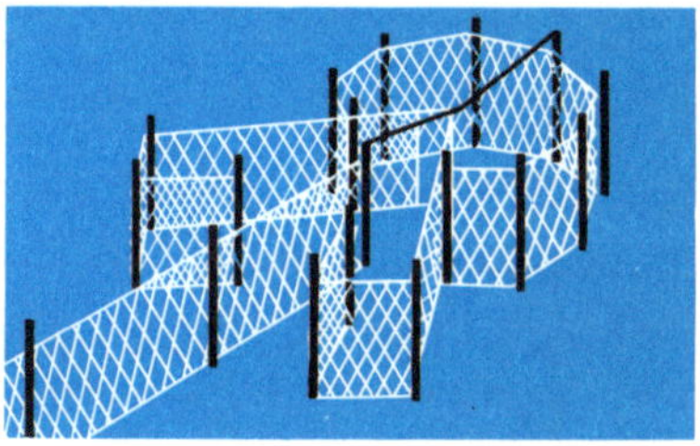

Bundgarn

11 cm

96. VIPERQUEISE

Trachinus vipera

97. Gestreifter Leierfisch

Callionymus lyra L.

Lebhaft gefärbte Grundfische mit breitem Kopf, schräg nach oben gerichteten Augen und kleiner Mundöffnung (mit vorstreckbarem Oberkiefer). Kiemenöffnung auf ein klei-

nes Loch reduziert. Schleimige schuppenlose Haut. Starke Geschlechtsunterschiede; die Männchen werden größer als die Weibchen.
Männchen bis 30 cm, Weibchen bis 25 cm lang. Leben auf Sandgrund, vom Flachwasser bis in Tiefen von 400 m (oder mehr).
Von den Gefleckten Leierfischen unterscheiden sie sich u. a. durch die Schnauzenlänge, die bei ihnen 1½–2½ mal so lang wie ihr Augendurchmesser ist.
Laichzeit: Jan.–Aug. Die Eiablage erfolgt in 20–40 m Tiefe. Die Männchen führen vor den Weibchen einen »Hochzeitstanz« auf. Während des Ablaichens steigt dann das Paar eng aneinandergeschmiegt langsam zur Oberfläche empor. Eier und Larven pelagisch. Erst bei einer Länge von ca. 10 mm gehen die Jungfische zum Grundleben über. Nahrung: Kleine Krebse und Weichtiere. Besonders die Männchen streifen oft weit umher.
Häufiger Beifang in Schleppnetzen. Verwendung als Industriefisch.

98. Gefleckter Leierfisch

Callionymus maculatus Raf.

Kennzeichen: Schnauze kurz, so lang wie der Augendurchmesser. 1. Rückenflosse der Männchen nur wenig höher als die 2.
Männchen höchstens bis 16 cm, Weibchen bis 13 cm lang. Mit gleicher Lebensweise wie die Gestreiften Leierfische. Eigentümlicherweise scheinen sie an der französischen Küste und in der südlichen Nordsee ziemlich selten zu sein, werden jedoch im Kattegatt recht häufig angetroffen.
Ohne fischereiliche Bedeutung. Beifang in Schleppnetzen, aussortiert als Industriefisch.

99. Ährenfisch, Streifenfisch

Atherina presbyter Jen.

Die Ährenfische sind kleine, mit den Meeräschen verwandte Schwarmfische. Leben in Küstennähe über sandigem Grund, oft auch in Flußmündungen eindringend. Einzelne Arten kommen nur im Süßwasser vor. Bewohner der tropischen und subtropischen Meere.
Die obengenannte Art kommt vom Mittelmeer bis zur niederländischen Küste vor. Vereinzelte Schwärme werden gelegentlich im Kattegat und in der Beltsee beobachtet. Länge: 12–15 cm. Laichzeit: April–Juli. Die Eier haften an Algen u. dergl. Nahrung: Kleinkrebse.
Im Mittelmeer örtlich von geringfügiger Bedeutung. Fang mit Waden oder Hebenetzen.

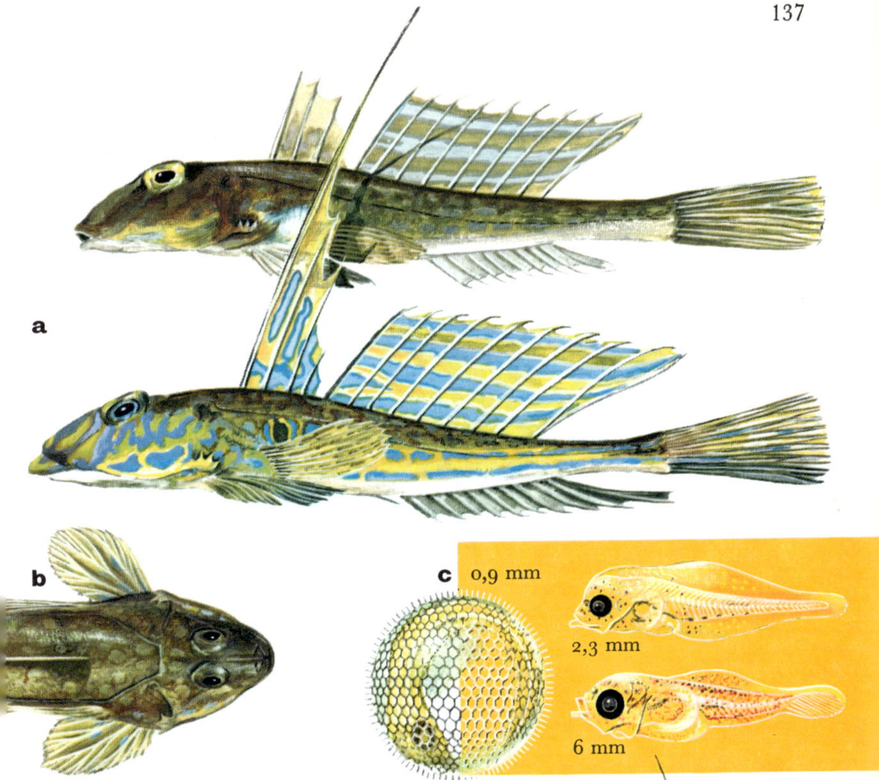

97. GESTREIFTER LEIERFISCH

Callionymus lyra

a Weibchen 20 cm, Männchen 22 cm
b Kopf, von oben gesehen
c Ei und Larven

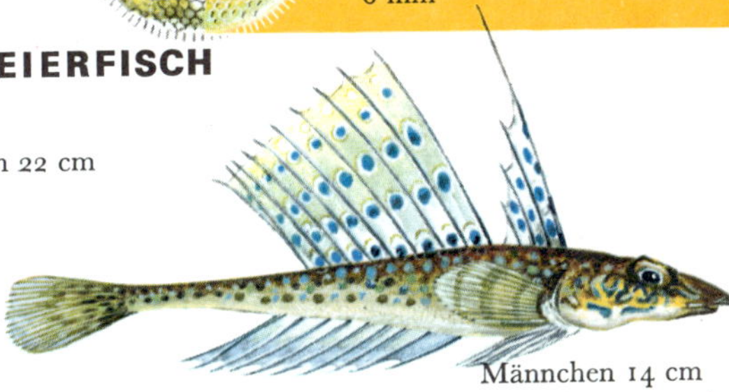

Männchen 14 cm

98. GEFLECKTER LEIERFISCH

Callionymus maculatus

15 cm

99. ÄHRENFISCH

Atherina presbyter

MEERÄSCHEN

Mit zwei kurzen Rückenflossen, die erste mit 4 Stachelstrahlen. Mundöffnung klein; feine Bürstenzähne oder zahnlos. Schuppen groß, Seitenlinie fehlend. Weite Kiemenöffnungen und dichtes Kiemenfilter.
Die Familie umfaßt ca. 100 Arten in tropischen und gemäßigten Meeren. Lebhafte Schwarmfische, die sich meist im Flachwasser über weichem Grund und reichlicher Vegetation aufhalten. Oft in Lagunen und Flußmündungen.
Nahrung: Planktonorgan., Schnecken und andere Kleintiere des Algenbewuchses, Boden- und Pflanzenmaterial. In Anpassung an ihre Ernährungsweise besitzen die Meeräschen einen stark muskulösen Kaumagen und einen auffallend langen Darm.
Sie sind für die Fischwirtschaft vielerorts von großer Bedeutung, z. B. im Schwarzen und im Kaspischen Meer. Gesamtfang aus dem Mittelmeer (davon sehr überwiegend Dicklippige Meeräsche) schätzungsweise 6–8 000 t jährlich. Fang mit Ankerreusen und Strandwaden.

101. DÜNNLIPPIGE MEERÄSCHE

Liza ramada

Breiter Kehlraum

102. GOLDMEERÄSCHE

Liza aurata

Breiter Kehlraum

100. Dicklippige Meeräsche

Chelon labrosus (Risso)

Kennzeichen: Oberlippe dick, mit unregelmäßigen Reihen kleiner Hautverdickungen (Warzen) besetzt.
Länge: bis ca. 60 cm (4–5 kg). Laichzeit: Frühjahr.
Von ihrem südlichen Verbreitungsgebiet wandern sie bisweilen in kleinen Trupps bis zu den Färöer, den isländischen und skandinavischen Küsten.

101. Dünnlippige Meeräsche

Liza ramada (Risso)

Kennzeichen: Oberlippe dünn, ohne Warzen. Länge der Bauchflossen ca. 4/5 der Brustflossenlänge.
Länge: bis ca. 70 cm. Laichzeit: Frühjahr. Seltener Irrgast an den Skandinavischen Küsten.

102. Goldmeeräsche

Liza aurata (Risso)

Kennzeichen: Oberlippe dünn, ohne Warzen. Länge der Bauchflossen ca. 66 % der Brustflossenlänge. Kopf und Vorderrumpf mit Goldglanz. Mit goldgelbem Fleck am Kiemendeckel.
Länge: bis ca. 50 cm. Seltener Irrgast nördlich der Britischen Inseln.

Goldmeeräschen kommen bis zur Kongomündung vor.

26 cm

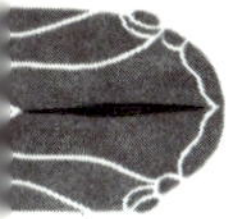

Schmaler Kehlraum

100. DICKLIPPIGE MEERÄSCHE *Chelon labrosus*

MAKRELENFISCHE

Pelagisch lebende Schwarmfische mit spindelförmigen Körper. Hinter der zweiten Rückenflosse und der Afterflosse stehen je 4–9 einzelne Flösselchen. Bewohner der tropischen und gemäßigten Gewässer, die zum Teil weite Wanderzüge unternehmen. Einige Arten dringen in wärmeren Jahren nach Norden vor.
Die Makrelenartigen sind für die Weltfischerei von größter, wirtschaftlicher Bedeutung. Der jährliche Gesamtertrag beläuft sich auf 2 Mill. Tonnen, wovon die Hälfte auf Japan entfällt.

Bestimmungsschlüssel

1 Rückenflossen weit getrennt ....  **2**
  Rückenflossen nahe beieinander ....  **4**

2 Mit 7-9 Flösselchen .... **Unechter Bonito,** Seite 148
  Mit 4-6 Flösselchen ....  **3**

3 Mit deutlichen Punktreihen unterhalb der Seitenlinie .... **Mittelmeer-Makrele,** Seite 142
  Ohne Punktreihen .... **Makrele,** Seite 140

4 Brustflossen lang und sichelförmig, reichen bis hinter die 2. Rückenflosse .... **Weißer Thunfisch,** Seite 145
  Brustflossen reichen nicht über die 1. Rückenflosse hinaus **5**

5 Mit 4-7 dunklen Längsstreifen unterhalb der Seitenlinie .... **Echter Bonito,** Seite 146
  Mit ca. 7 dunklen Rückenstreifen .... **Pelamide,** Seite 147
  Mit 3-5 Flecken unter der Brustflosse; dunkle, unregelmäßige Streifen am Rücken .... **Thonine,** Seite 145
  Ohne Flecken oder Streifen **6**

6 Vorderende der Rückenflosse hoch und spitz, Brustflossen über die Mitte der 1. Rückenflosse hinausreichend .... **Thunfisch,** Seite 143

  Vorderende der Rückenflosse niedrig, die Brustflossen reichen nur bis zur Mitte der 1. Rückenflosse .... **Ungestreifter Pelamide,** Seite 147

103. MAKRELE

Scomber scombrus L.

a 48 cm
b Larve 14 mm
c Hauptnahrung
d Verwendung
e Wichtigste Fangmethoden

Geschlechtsreif am Ende des 3. Lebensjahres, bei ca. 30 cm Länge. Max. Länge 50 cm. Pelagische, gewandt schwimmende Zugfische, die sich schwarmweise oft nahe der Oberfläche aufhalten. Sie überwintern (zumindest ein Großteil) in den bodennahen Wasserschichten der nördlichen Nordsee und des Skagerrak, außerdem südlich und westlich der Britischen Inseln. Während der Winterruhe nehmen sie keine Nahrung zu sich. Im Frühjahr beginnen sie, sich hauptsächlich von Zooplankton (Flügelschnecken, Kleinkrebse) zu ernähren, das sie mit Hilfe ihres Kiemenfilters aus dem durch den Mund aufgenommenen Wasser aussieben. Gleichzeitig suchen sie die oberen, wärmeren Wasserschichten auf und ziehen April–Mai in küstennähe Gewässer mit Temperaturen um 11–14° C. Laichzeit: vor Südengland, Nordfrankreich und in der Nordsee Mai–Juni, im östlichen Skagerrak und Kattegatt Juni–Juli, im Mittelmeer bereits März–April. Das Laichen erfolgt nahe der Oberfläche. Eizahl: 200–450 000. Eier pelagisch, Durchmesser 0,9–1,4 mm. Nach etwa 6 Tagen schlüpfen die 3,5–4,2 mm langen Larven. Erst im Spätjahr entfernen sich die Jungfische von der Küste; nach 2 Jahren sind sie bereits über 20 cm lang.

Nach dem Laichen beginnen die erwachsenen Makrelen sehr stark zu fressen; aufgeteilt in kleine Trupps machen sie Jagd auf Kleinheringe, Sprotten und Sandaale, bis sie im Aug.–Sept. die Küstengewässer wieder verlassen. Da ihnen eine Schwimmblase fehlt, können sie, auf der Flucht vor ihren Feinden (Dornhai, Heringshai, Thunfisch, Delphine) z. B., sehr rasch größere Tiefen aufsuchen oder zur Oberfläche emporsteigen.
Makrelen werden mit Treibnetzen, Ringwaden, Strandwaden, Bundgarn und Schleppangeln gefangen. Als Räucher- oder Frischfisch (für den Export meistens tiefgefroren) im Handel. Daneben Verarbeitung zu Dauerkonserven.
Europäischer Gesamtfang: ca. 135 000 t. Davon entfallen auf Frankreich 30–45 000 t, Holland 15–25 000 t, Norwegen 15–20 000 t, Spanien 9–17 000 t, Deutschland 8–15 000 t, Italien 8–11 000 t, Schweden 13 000 t, Dänemark 8–10 000 t, Polen 2–13 000 t, Großbritannien 4–5 000 t, Irland, Jugoslawien und Portugal 1–2 000 t.

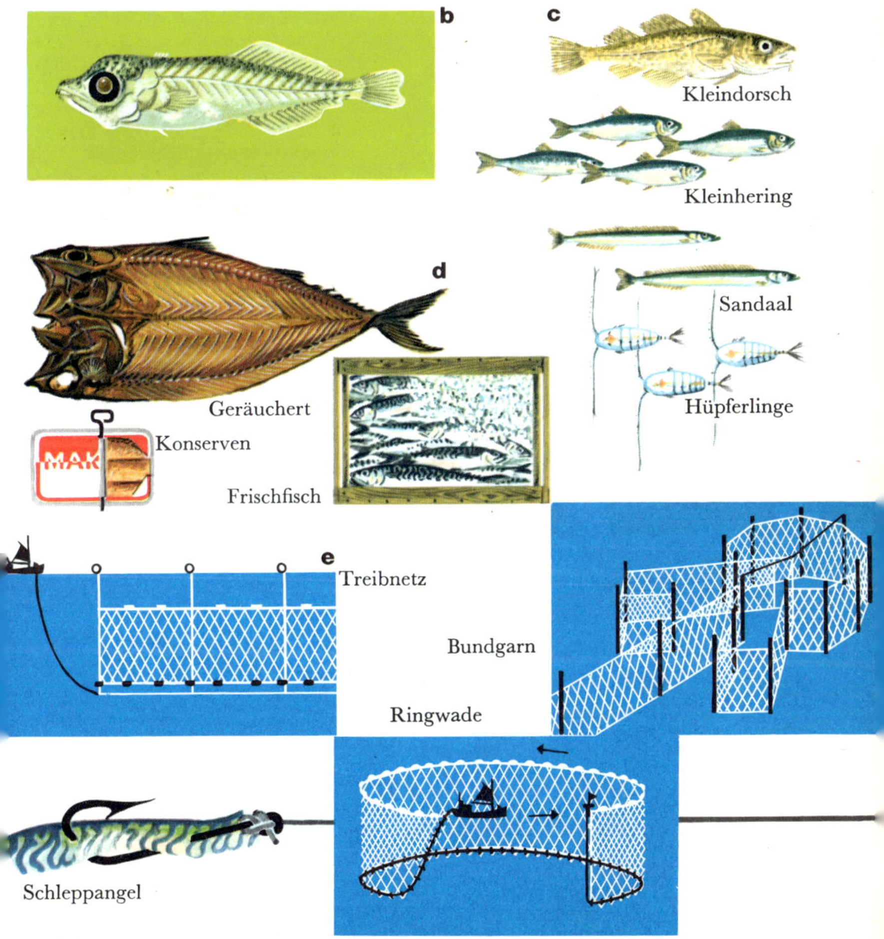

30 cm

104. MITTELMEER-MAKRELE

Scomber japonicus (Houtt.)

Augen und Schuppen an der Brust größer als bei der Makrele. Mit graublauen Flecken unterhalb der Seitenlinie.
Selten über 35 cm lang (2 kg). Lebensweise und Verbreitung ähnlich der gemeinen Makrele, jedoch mehr auf die Subtropen beschränkt und weniger zahlreich vorkommend. Nördlich des Ärmelkanals selten. Fang mit verschiedenen Netzgeräten und Langleinen. Portugal ca. 2 000 t, ferner Griechenland, Jugoslawien und Türkei je 100–900 t.

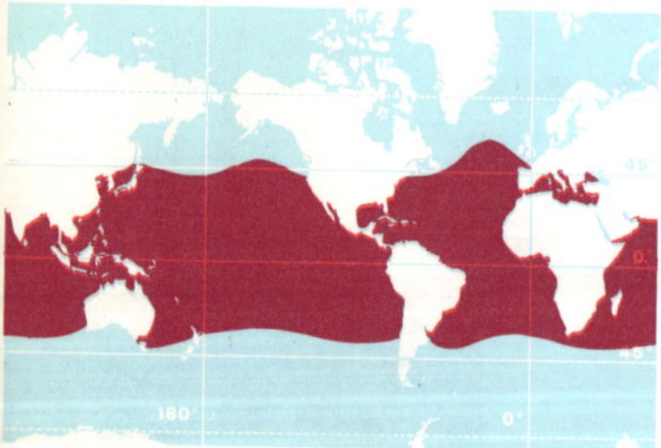

105. Thunfisch

Thunnus thynnus (L.)

Geschlechtsreif am Ende des 3.–4. Lebensjahres bei 1–1,2 m Länge (16–27 kg). Selten über 260 cm lang und 300 kg schwer. Höchstalter: ca. 15 Jahre. Pelagisch lebende Zugfische, die sich meist in kleinen Schwärmen nahe der Oberfläche aufhalten. Bevorzugen Temperaturen über 10° C. Zur Laichzeit (Juni) wandern sie aus dem Atlantik an die Küsten des Mittelmeers. Zahl der Eier unbekannt. Eidurchmesser: 1–1,2 mm. Die pelagischen Larven (4 mm lang) schlüpfen nach 2 Tagen. Die sehr schnellwüchsigen Jungfische (1.–3. Jahr) ziehen im Sommer bis in die Gewässer südlich von Großbritannien. Nach dem Laichen unternehmen die abgemagerten Elterntiere weite Wanderungen zur Nahrungssuche (bis Norwegen). Erst im Aug.–Sept. ziehen sie aus Nordeuropa ab, wahrscheinlich um die Gewässer nahe der Azoren aufzusuchen.
Thunfische leben als Räuber von Schwarmfischen der Hochsee. Sardinen-, Anchovis- und Heringslarven sieben sie mit Hilfe ihres Kiemenfilters aus dem Wasser aus, während sie ruhig zwischen den Schwärmen hindurchschwimmen. Makrelen, Hornhechte und Heringe dagegen werden oft gleichzeitig von mehreren Thunfischen angegriffen, die wild um sich schlagen und so ihre Beute verletzen oder betäuben. In größeren Tiefen (80–90 m) erbeuten sie Rotbarsche und Lengfische.
Der Thunfischfang wird mit den verschiedensten Fanggeräten betrieben: Ringwaden, Stell- und Ankerreusen, Kiemennetzen, pelagische Langleinen und Schleppangeln. In Südeuropa vor allem auch mit langen Sperrnetzen mit Fangkammern (Tonnaren).
Spanien 4–30 000 t in der Straße von Gibraltar, Frankreich 6 000 t, Norwegen 3–6 000 t, Portugal und Italien 2–3 000 t, Marokko 10 000 t.

105. THUNFISCH

Thunnus thynnus

a Ca. 2,50 m
b Rückenwirbel, 6-jährig
c Muskulatur, Querschnitt
d Hauptnahrung
e Verwendung
f Wichtigste Fangmethode

b

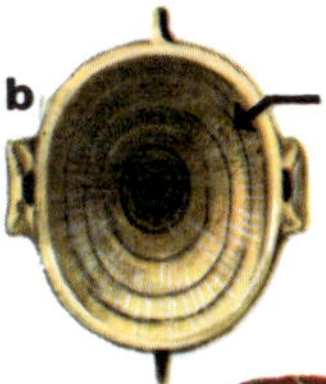

5. Jahr

c

Rotes Fleisch

d

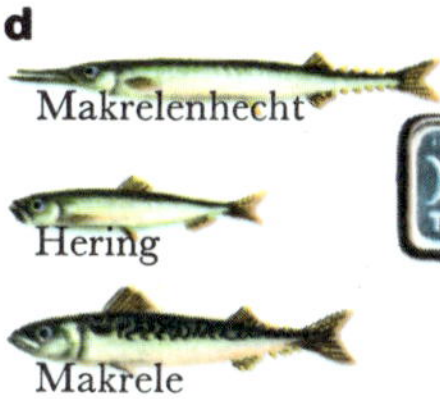

e

Konserven

f

Angelhaken

Thunfische sind wegen ihres fetten, roten Fleisches äußerst geschätzte Nutzfische. Der größte Teil der Fänge wird zu Konserven verarbeitet.
Mit mehreren Rassen oder Arten auch an der amerikanischen Westküste, bei Japan und Australien vertreten.

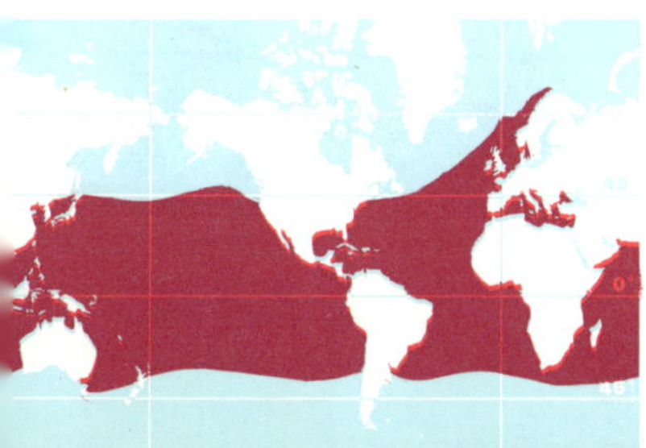

a

106. Thonine

Euthynnus quadripunctatus (Geoffr.)

Kennzeichen: dunkle, unregelmäßige Streifen am Rücken. Unter der Brustflosse einige dunkle Flecken.
Max. Länge 90 cm (ca. 15 kg). Leben in Küstennähe. Besonders in Westafrika gefangen; in der Biskaya nicht häufig, nördlich des Ärmelkanals selten.

107. Weißer Thunfisch

Germo alalunga (Bonn.)

Kennzeichen: die langen Brustflossen reichen bis hinter die 2. Rückenflosse. Vierjährige Individuen 60–70 cm lang (ca. 4 kg); max. Länge 110 cm (30 kg). Pelagisch lebender Hochseebewohner, in 0–50 m Tiefe. Laicht auf hoher See im Mai–Juni. Zahl der Eier unbekannt, schätzungsweise 3–4 Millionen. Nach dem Laichen wandern sie auf Nahrungssuche in höhere Breiten, in den Bereich zwischen Kap Finisterre und Irland, wo sie im Laufe des Juli ankommen (ca. 1 Monat später als die Thunfische). Sie bevorzugen Gewässer mit Temperaturen über 15° C und einem Salzgehalt von 35,5 Promille. Nahrung: kleine Schwarmfische, Leuchtgarnelen und andere große Planktonkrebse, auch Tintenfische.
In der Biskaya fängt man sie an Angeln, die von schnellsegelnden Booten geschleppt werden. Als künstliche Köder werden dazu Maisblätter oder farbige Bänder verwendet. Auch der Fang mit der Doppelangel wird vielfach betrieben. Kopf und Eingeweide der Thunfische werden noch an Bord entfernt.

Frankreich 17 000 t, Spanien 30 000 t. Wichtiger Wirtschaftsfisch vor allem in Japan (ca. 65 000 t) und den U.S.A. (ca. 18 000 t). Mehr als die Hälfte der Fänge wird zu Konserven verarbeitet.

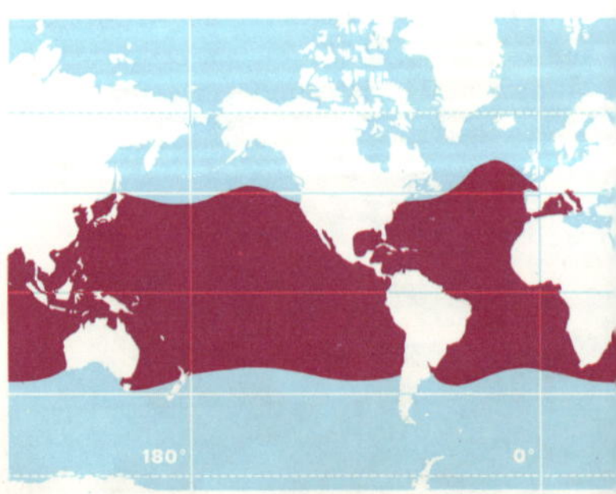

64 cm

106. THONINE
Euthynnus quadripunctatus

a

107. WEISSER THUNFISCH
Germo alalunga

a 60 cm
b Hauptnahrung
c Verwendung
d Wichtigste Fangmethode

b

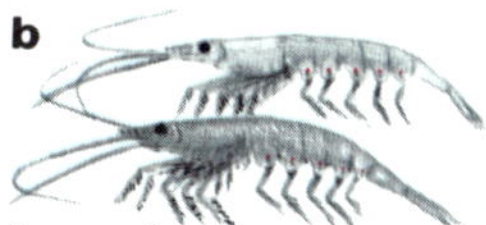

Leuchtgarnelen

Sardinen

Pelagische Tintenfische

c

Konserven

d

Schleppangel

Bretonischer Klipper

58 cm

108. ECHTER BONITO

Katsuwonus pelamis (L.)

Kennzeichen: mit 4–7 dunklen Längsstreifen am Bauch. Bis 70 cm lang (5 kg). Streift nahe der Wasseroberfläche weit umher. Auch in den wärmeren Teilen des Atlantiks nicht besonders häufig. Kommt als Sommergast in Südwest-Europa und im Mittelmeer vor, selten weiter nach Norden als 48° N. Wird in kleinen Mengen zusammen mit dem Weißen Thun gefangen. Im Stillen Ozean jedoch sehr zahlreich vorkommend; er stellt hier die wichtigste nutzbare Art der Thunfische dar (bis 45 % des gesamten Weltfanges). Besonders für Japan, den U.S.A. und Peru von größter wirtschaftlicher Bedeutung.

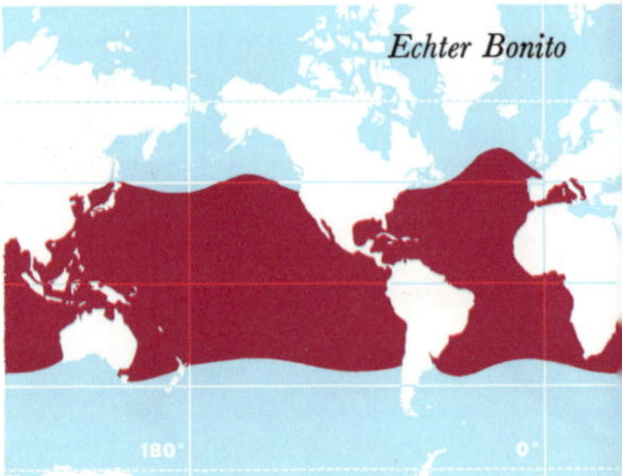

109. Pelamide

Sarda sarda (Bloch)

Kennzeichen: mit 7–20 schrägen Längsstreifen am Rücken. Vierjährige Exemplare ca. 70 cm lang (5 kg). Im Durchschnitt jedoch kleiner (1–4 kg). Schwarmfisch, der nahe der Wasseroberfläche nach Sardinen, Stöcker und Meeräschen jagt. Sein Hauptverbreitungsgebiet liegt westlich von Gibraltar und im östlichen Mittelmeer. Laicht im Juni 420 000 pelagische Eier ab. Nach dem Ablaichen lösen sich die Schwärme in kleine Trupps auf, die zur Nahrungssuche weit umher streifen. Recht häufiger Gast in der Nordsee.

Er wird während seiner Laichwanderungen ins Schwarze Meer und bei Marokko mit Schleppangeln, Waden, pelagischen Langleinen und Treibnetzen gefangen.

Fangmengen: U.S.S.R. 200–8 000 t, Türkei 6 000–8 000 t. Ferner in geringerer Anzahl vor Marokko und der Iberischen Halbinsel. Pelamiden werden meist als Frischfische auf den Markt gebracht.

Weitere wichtige Arten auch im Stillen Ozean.

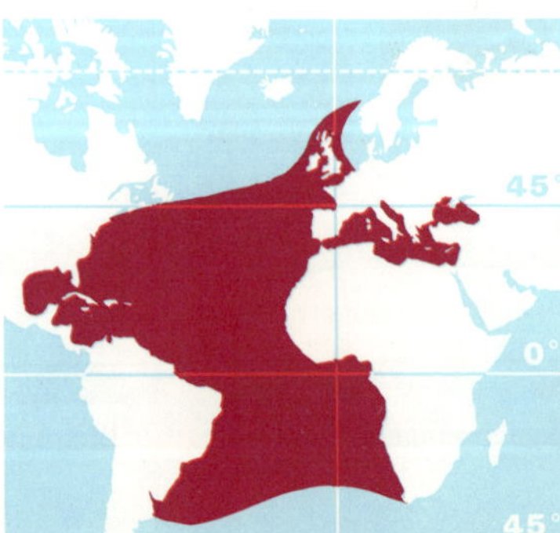

65 cm

109. PELAMIDE

Sarda sarda

61 cm

110. UNGESTREIFTER PELAMIDE

Orcynopsis unicolor Geoffr.

Kennzeichen: Vorderende der 1. Rükkenflosse nicht zugespitzt, niedrig. Körper ohne Streifen oder Flecken. Wird bis zu 70 cm lang (ca. 3 kg). Er hält sich, im Gegensatz zu den übrigen Thunfisch-Verwandten, offenbar mehr in größeren Tiefen auf. Nördlich des Ärmelkanals selten. Lebensweise unbekannt. Beifang, hauptsächlich vor Marokko.

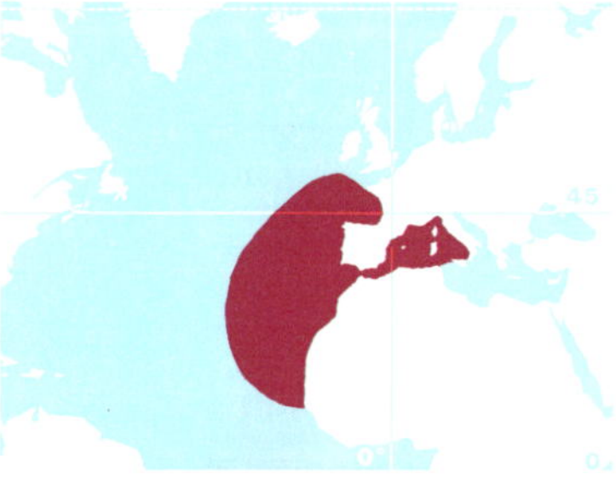

42 cm

111. UNECHTER BONITO

Auxis rochei (Risso)

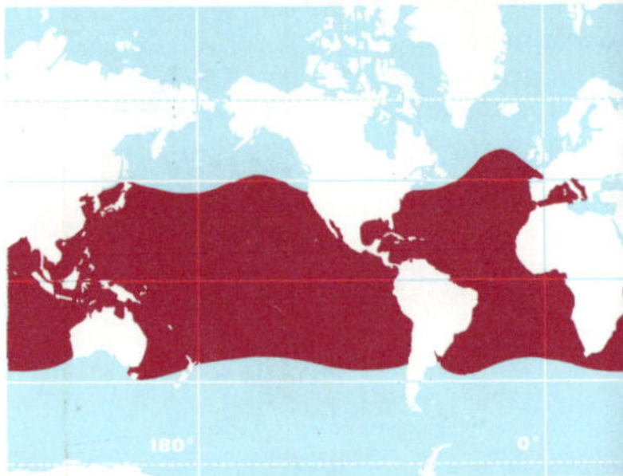

Kennzeichen: großer Abstand zwischen den beiden Rückenflossen. Max. Länge 50–60 cm. Zieht in kleinen Schwärmen im Aug.–Sept. nach Norden bis in die Biskaya, wo er als Beifang der Makrelen- und Thunfischerei angelandet wird. In der Nordsee selten.

112. Schwertfisch

Xiphias gladius L.

Mittellänge 2–3,5 m (60–150 kg), max. Länge ca. 4,5 m. Das »Schwert« erreicht beim erwachsenen Tier etwa 1/3 der Gesamtlänge.
Hochseefisch, der weite Wanderungen unternimmt. Hält sich meist dicht unter der Wasseroberfläche auf, kann jedoch auf der Jagd nach Schwärmen von Tiefseefischen bis in 5–800 m Tiefe tauchen. Vorzugstemperatur beim Ablaichen: 23°–24° C. Laichplätze: südlicher Teil der Sargasso-See (Febr.–April), in geringer Zahl auch im Mittelmeer (Juni–August). Die pelagischen Eier haben einen Durchmesser von 1,6–1,8 mm. Die ausschlüpfenden Larven leben pelagisch in den obersten Wasserschichten, wo sie sich rasch zu sehr gefräßigen Räubern entwickeln. Nach dem Ablaichen halten sich die Elterntiere noch eine Zeit in Küstennähe auf, um dort Makrelen, Hornhechte und Heringe zu jagen. Beim Fang ihrer Beute schlagen sie mit ihrem Schwert wild um sich.
Schwertfische fängt man mit Harpunen, Schlepp- und Treibangeln. Sehr beliebter Sportfisch. Fügt dem Fischfang durch Zerreißen der Netze oft beträchtlichen Schaden zu.
Europäischer Gesamtfang: etwas über 3 000 t jährlich. Allein in Spanien werden jährlich ca. 1 000 t angelandet. Kleinere Exemplare kommen in Südeuropa als Frischfische auf den Markt. Ein Teil wird zu Konserven verarbeitet.

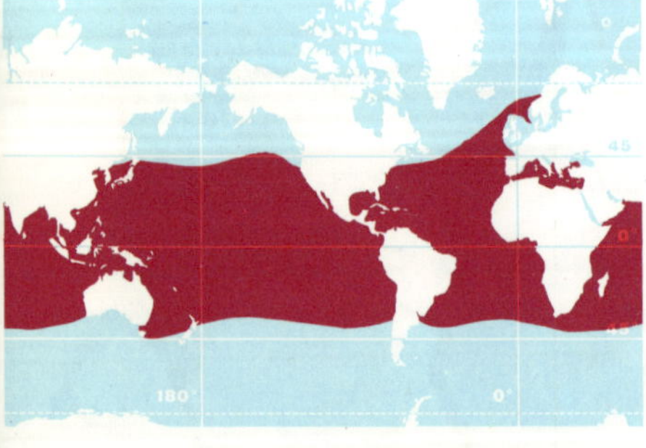

112. SCHWERTFISCH

Xiphias gladius

a ca. 3 m
b Larve, 16 mm
c Hauptnahrung
d Wichtigste Fangmethoden

b

c

Makrelenhecht

Flugfische

Tintenfische

d

Angelhaken

a

113. Stachelrücken
Chirolophis ascanii (Walb.)

Kennzeichen: 2 Paar schwarze oder rötlichgelbe Hautanhänge über den Augen. Die Spitzen der ersten Rükkenflossen-Stacheln, besonders bei älteren Männchen, mit langen Anhängen.
Wird nur selten über 15 cm lang. Lebt in der Algenzone in 10–20 m Tiefe, vorwiegend auf Stein- oder Felsgrund. Laichzeit: Okt.–Nov. Die Eier werden auf dem Grunde abgelegt. Die Larven leben pelagisch. Nahrung: kleine Krebstiere, Würmer. Ohne fischereilichen Wert.

114. Spitzschwänziger Bandfisch
Lumpenus lampretaeformis (Walb.)

Im 3. Lebensjahr, bei einer Länge von 17–24 cm, geschlechtsreif. Max. Länge 42 cm. Lebt auf weichem Grund in 50–200 m Tiefe. Stellt in der Ostsee wahrscheinlich ein Eiszeitrelikt dar. Laichzeit: Dez.-Jan. Grundlaich. Die Larven führen eine pelagische Lebensweise. Nahrung: Kleintiere des Bodens (Würmer, Krebstiere).
Beim Gefleckten Bandfisch, *L. maculatus,* ist der Hinterrand der Schwanzflosse gerade abgestutzt. Er wird bis ca. 20 cm lang. Mit ähnlicher Verbreitung wie *lampretaeformis,* in der Ostsee jedoch fehlend. Beide Arten sind wichtige Nahrungsobjekte des Kabeljau. Außer als Köder für Langleinen ohne fischereilichen Wert.

115. Schan
Blennius pholis L.

Kennzeichen: Rückenflosse in der Mitte eingekerbt. Ohne Hautfäden am Kopf. Färbung sehr veränderlich. Max. Länge 18 cm. Bewohner der Felsenküsten in der Gezeitenzone, wird bei Ebbe oft in Tümpeln, Felslöchern und zwischen Tang angetroffen. Die Eier (Durchmesser: 1,5 mm) werden unter Steinen oder in Felsspalten abgelegt.
In Südwest-Europa kommen daneben noch vor: der Seeschmetterling, *B. ocellaris* (14 cm, leicht kenntlich an seiner hohen Rückenflosse mit einem großen, schwarzen Augenfleck), der Montagusche Schleimfisch, *B. montagui* (7 cm, mit vielen blauweißen Tupfen gefleckt) und der Gestreifte Schleimfisch, *B. gattorugine* (18 cm), dessen Rückenflosse in der Mitte nur eine undeutliche Einbuchtung aufweist. Alle drei Arten besitzen verzweigte Tentakeln am Kopf.

116. Butterfisch
Pholis gunnellus (L.)

Mit 9–13 dunklen Flecken längs der Basis der Rückenflosse. Im 3. Jahr, bei 17–24 cm Länge, geschlechtsreif. Ernährt sich von Flohkrebsen, Wasserasseln und anderen Kleintieren. Bewohner der Algenregion in 0–30 m Tiefe.
Die Eier werden, zu einem großen Klumpen zusammengeballt, meist unter Steinen oder in leeren Muschelschalen abgesetzt und von beiden Eltern bewacht. Laichzeit: Nov.–Jan. Die beim Ausschlüpfen 9 mm langen Larven leben bis zu ca. 3 cm Länge pelagisch.
Ohne wirtschaftliche Bedeutung.

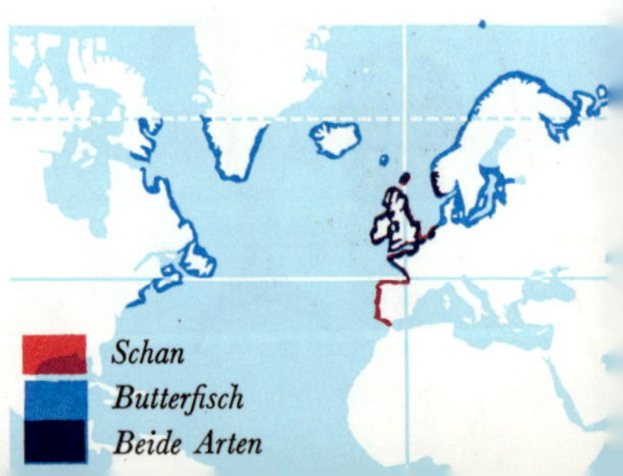

14 cm

113. STACHELRÜCKEN *Chirolophis ascanii*

33 cm

114. SPITZSCHWÄNZIGER BANDFISCH
Lumpenus lampretaeformis

Gefleckter Bandfisch

12 cm

115. SCHAN
Blennius pholis

6 cm

Montaguscher Schleimfisch

12 cm

Seeschmetterling

16 cm

Gestreifter Schleimfisch

18 cm

116. BUTTERFISCH *Pholis gunnellus*

117. Gestreifter Seewolf

Anarhichas lupus L.

Am Ende des 6.–7. Lebensjahres, bei 50–60 cm Länge, geschlechtsreif (1–3 kg). Max. Länge: 120 cm. Grundfisch in 20–200 m Tiefe. Laichzeit: Okt.–Jan. Eizahl: je nach Größe der Weibchen 3–24 000 Stück. Die gelblichen Eier (Durchmesser: 5–6 mm) werden in kugelförmigen Klumpen am Meeresboden abgelegt. Sie entwickeln sich im Laufe von 2 Monaten zu 18 mm langen, pelagisch lebenden Larven. Der Seewolf ernährt sich von hartschaligen Bodentieren, die er mit seinem kräftigen Gebiß zertrümmert: Krabben, Einsiedlerkrebse, Stachelhäuter, Muscheln. Die abgenützten Zähne werden kurz vor jeder Laichsaison durch nachwachsende neue ersetzt.

Wichtiger Beifang der Trawl- und Drehwadenfischerei, zum Teil auch mit Langleinen. Kommt enthäutet und, wegen des abschreckenden Aussehens, mit abgeschlagenem Kopf auf den Markt. Als Frischfisch oder in Form geräucherter oder gefrorener Filets im Handel. Handelsnamen: Rock Salmon (England), Koteletfisk (Dänemark), Karbonadenfisch (Deutschland).

Europäischer Gesamtfang (einschließlich Geflecktem Seewolf): 25–30 000 t jährlich. Davon entfallen auf Island 9–11 000 t, England 6–8 000 t, Deutschland 4–5 000 t, Norwegen 2–3 000 t und Dänemark 1 200 t.

118. Blauer Seewolf

Lycichthys denticulatus (Kröyer)

Max. Länge ca. 150 cm. Bodenbewohner, auf weichem Grund in 300–600 m Tiefe. Lebensweise und Ernährung ähnlich dem Gestreiften Seewolf. Sein Fleisch ist wässrig-weich und wird daher nicht verwertet. Fügt dem Fischereigewerbe Schaden zu, da er Köderfische von den Langleinen reißt.

119. Gefleckter Seewolf

Anarhichas minor Ol.

Geschlechtsreif im 7.–10. Lebensjahr bei 70–90 cm Länge (4–8 kg). Wird selten über 140 cm lang. Höchstalter: ca. 25 Jahre. Grundfisch in 100–300 m Tiefe. Ein Teil von ihnen wandert im Frühjahr aus der östlichen Barents-See nach den Bänken bei Finnmarken, um dort im Juni–Juli abzulaichen. Ein Weibchen legt 15–35 000 Eier (Durchmesser 5–6 mm) ab.

Wichtiger Beifang, vor allem bei Norwegen. Fang mit Drehwaden, Trawls und Leinen. Kommt als Frischfisch oder in Form gefrorener Filets auf den Markt. Aus den Seewolfhäuten wird Leder hergestellt.

a

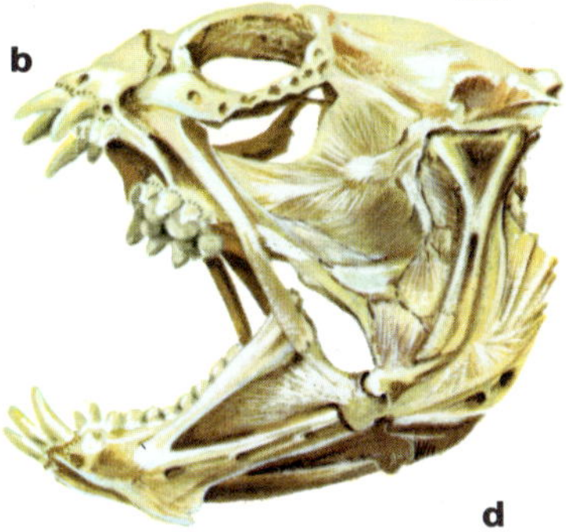

b

117. GESTREIFTER SEEWOLF, KATTFISCH

Anarhichas lupus

a 51 cm
b Kopfskelett
c Hauptnahrung
d Wichtigste Fangmethoden

c

Einsiedlerkrebs

d

Angelhaken

Schnecke

Seeigel

Muschel

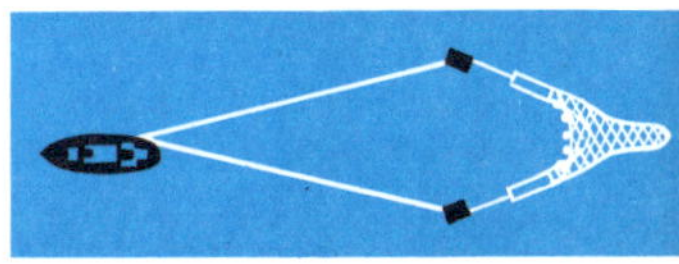

Bodenschleppnetz

100 cm

118. BLAUER SEEWOLF

Lycichthys denticulatus

95 cm

119. GEFLECKTER SEEWOLF

Anarhichas minor

120. Aalmutter

Zoarces viviparus (L.)

Kennzeichen: In der hinteren Hälfte der gliederstrahligen Rückenflosse ein kurzer, niedriger Abschnitt mit Stachelstrahlen. Gräten durch einen unschädlichen Farbstoff (Vivianit) grün gefärbt. Die schleimige Haut hat nur verkümmerte Schuppen. Körperfärbung sehr veränderlich.

Dreijährige Exemplare ca. 30 cm lang. Max. Länge 50 cm. Häufiger Stand- und Grundfisch, vor allem in der Seegrasregion, im Winter in etwas größere Tiefen absteigend. Auch in der Brackwasserzone zahlreich vorkommend. Tritt in mehreren lokalen Stämmen auf. An der französichen und nordspanischen Küste fehlend.

Die Weibchen bringen lebende, vollausgebildete Junge zur Welt. Die Paarung erfolgt im Aug.–Sept., dabei findet eine innere Befruchtung der 3 mm großen Eier statt. Nach einer Tragzeit von 4 Monaten werden 30–400, 35–55 mm lange Junge geboren, die sofort als Grundfische am Boden leben. Geschlechtsreife tritt am Ende des 2. Lebensjahres ein. Lebensdauer: selten über 3–4 Jahre. Nahrung: Flohkrebse, Würmer, Weichtiere, kleine Fische.

Man fängt sie in Reusen oder mit engmaschigen Waden. Im Handel enthäutet, gesalzen, geräuchert oder frisch. Ein Teil der Fänge findet Verwendung als Köderfisch oder als Futtermittel der Forellenzuchtanstalten.

121. Wolfsfisch

Lycodes vahli (Reinh.)

Kennzeichen: Rücken-, Schwanz- und Afterflosse zu einem einheitlichen Flossensaum verwachsen. Mit aalförmigen Körper. Bauchflossen weitgehend verkümmert, bilden einen kleinen, kurzen Anhang an der Kehle. Vorderende der Rückenflosse mit einigen (1–3) schwarzbraunen Flecken. Deutliche Seitenlinie.

Max. Länge: bei Grönland 40 cm, bei Skandinavien selten über 20 cm. Grundfisch in 65–500 m Tiefe, bei Temperaturen von 0°–3° C. Laicht im Juli–Okt. 30–90 Eier auf den Meeresboden ab. Ei-Durchmesser: 4,5 mm. Ausschlüpfende Larven mit 8–10 dunklen Querbändern, die später wieder verschwinden. Nahrung: Krebstiere, Würmer, Weichtiere.

Die Gattung ist mit mehreren Arten

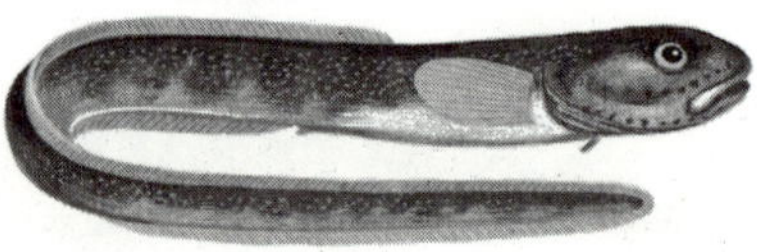

in den tiefen und kalten Stellen der Nordmeere vertreten. Eine sichere Bestimmung der einzelnen Arten ist oft sehr schwierig. Ein naher Verwandter, *Lycenchelys sarsi* (19 cm), kommt entlang der Norwegischen Küste in 150–600 m Tiefe vor.

Wirtschaftlich ohne Bedeutung.

a

120. AALMUTTER

Zoarces viviparus

a 32 cm
b Trächtiges Weibchen
c Hauptnahrung
d Wichtigste Fangmethode

b

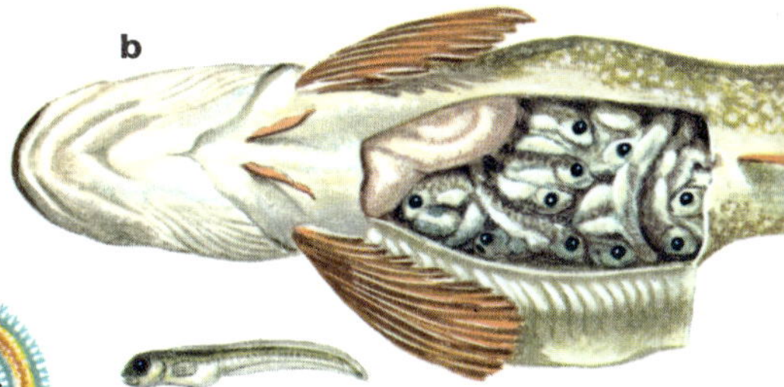

c

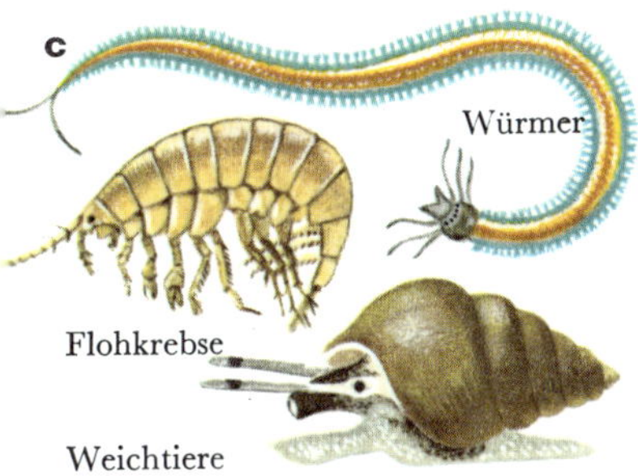

121. WOLFSFISCH

Lycodes vahli

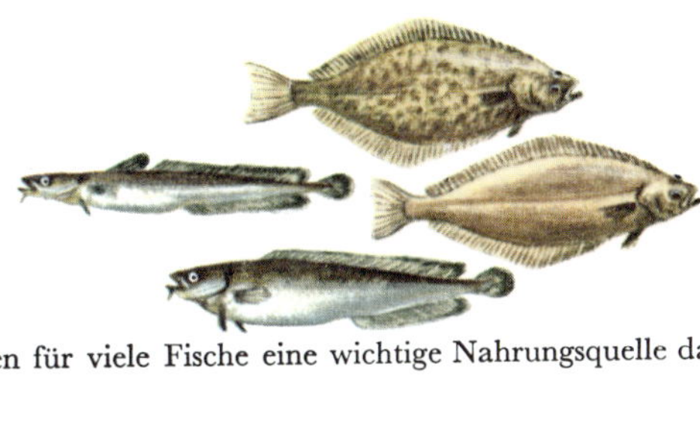

Wolfsfische stellen für viele Fische eine wichtige Nahrungsquelle dar.

GRUNDELN

Die meisten Vertreter dieser Familie sind kleine, 5–12 cm lange Küstenbewohner, die als Grundfische der Flachwasserregion oft in großer Anzahl in fast allen Meeren angetroffen werden. Einige Arten leben auch im Süßwasser. Als Nahrung für viele Nutzfische sind sie indirekt für die Fischerei von großer Bedeutung, können aber auch

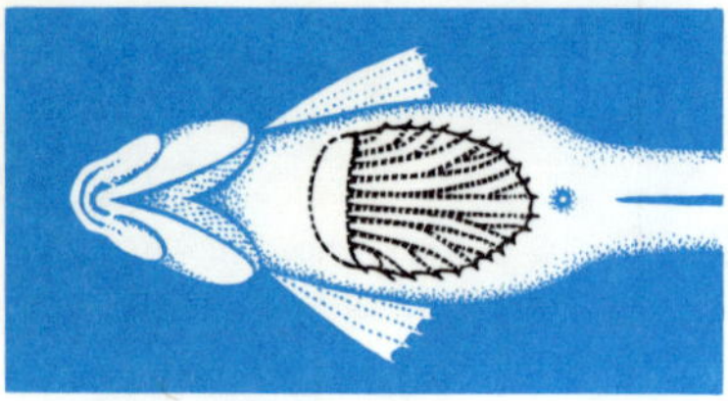

als schädliche Nahrungskonkurrenten, z. B. der Plattfisch-Brut, auftreten. In der Regel sind die Bauchflossen zu einem flachen Saugnapf verwachsen. Die Seitenlinie ist rückgebildet oder fehlt ganz; jedoch sind Sinnesorgane über den ganzen Körper verteilt. Die Eier werden als Grundlaich an Tang, Steinen oder in leeren Muschelschalen abgelegt und von den Männchen bewacht. Im NO-Atlantik ca. 10 Arten. Die größten unter ihnen finden Verwendung als Köderfische.
Da die Unterscheidung der einzelnen Arten sehr schwierig ist, werden hier nur die wichtigsten Vertreter genannt. Bestimmungsschlüssel s. S. 25.

122. Schwarzgrundel

Gobius niger (L.)

2-jährige Tiere sind ca. 15 cm lang. Max. Länge 18 cm. Bewohner der Seegrasregion, auf weichem Grund, in 1–50 m Tiefe. Die Weibchen legen im Mai–Aug. 1 000–6 000 Eier an Tang, unter Steinen oder an Pfählen ab. Das Männchen bewacht den Laich und fächelt ihm Frischwasser zu. Die birnenförmigen, 0,8 mm langen Eier sind mit Haftfäden ausgestattet und an den verschiedenen Gegenständen angeklebt. Die frischgeschlüpften Larven (3 mm lang) leben zunächst pelagisch; erst bei 9 mm Länge gehen die Jungfische zum Grundleben über. Nach ca. 1 Jahr sind sie geschlechtsreif. Nahrung: Würmer, Flohkrebse und andere kleine Krebstiere, Jungfische.
Man fängt sie mit engmaschigen Waden. Verwendung als Köderfische.

Die Paganellgrundel, *G. paganellus,* kommt vom Ärmelkanal bis zum Mittelmeer vor. Sie ähnelt der Schwarzgrundel, jedoch ist bei ihr die 1. Rückenflosse hell gesäumt und deren erste vier Strahlen sind gleich lang.

Die Spitzschwänzige Grundel, *Lesueurigobius friesii,* wird vom Skagerrak bis in die Gewässer um Irland in 20–40 m Tiefe angetroffen.

a

122. SCHWARZGRUNDEL

Gobius niger

a Männchen 15 cm, Weibchen 14 cm
b Eier, 1,5 mm

b

An Blasentang angeklebte Eier

Viele Fische ernähren sich von Grundeln

123. SCHWIMMGRUNDEL

Gobiusculus flavescens (Fabr.)

Männchen, 4,8 cm

Kennzeichen: Hinterrand der Schwanzflosse gerade abgestutzt. Ein schwarzer Fleck auf der Mitte der Schwanzwurzel-Basis. Die Männchen mit einem zweiten ähnlichen Fleck hinter der Brustflosse.

Am Ende des 1. Lebensjahres, bei ca. 6 cm Länge, geschlechtsreif. Lebensdauer: selten über 2 Jahre. Bewohnt, oft in großen Schwärmen, das Flachwasser der Seegrasregion, dicht unter der Oberfläche freischwimmend. Die Eier werden im Sommer vorwiegend an Pflanzen abgesetzt. Eier birnförmig, 1 mm lang. Die beim Ausschlüpfen 2,5 mm langen Larven leben pelagisch.

124. Sandgrundel

Pomatoschistus minutus (Pal.)

Kennzeichen: 61–73 Schuppen in einer Längsreihe.
Max. Länge 11 cm. Nach 1 Jahr geschlechtsreif. Lebt als Grundfisch, manchmal in kleinen Schwärmen, in 4–200 m Tiefe. Laichzeit im Sommer. Das Weibchen legt seine Eier meist an die Innenseite leerer Muschelschalen ab. Etwa 9 Tage lang, bis zum Ausschlüpfen der 3 mm langen Larven, bewacht das Männchen das Gelege. Die Larven leben zunächst pelagisch, erst bei 17–18 mm Länge gehen die Jungfische zum Grundleben über.

125. Fleckengrundel

Pomatoschistus pictus (Malm)

Ähnelt der Sandgrundel, doch stehen bei ihr die beiden Rückenflossen enger beieinander. Auf der Seitenmitte 4–5 bräunliche, oft zweigeteilte Flekken. Beide Rückenflossen mit zwei Längsreihen schwarzer Flecke.
Max. Länge 5,5 cm. Lebensdauer: 1–2 Jahre. Lebt auf hartem Grund bis zu 100 m Tiefe. Laichzeit im Sommer. Die birnförmigen Eier sind ca. 1 mm, die frischgeschlüpften Larven 3 mm lang. Bei 17–18 mm Länge wandeln sich die pelagischen Larven zu grundlebenden Jungfischen um. Brackwasser wird gemieden.
Dagegen hält sich die Strandgrundel, *P. microps*, gern im Brackwasser auf. Sie ist der Fleckengrundel sehr ähnlich, besitzt jedoch etwas größere Schuppen, einen grünlichen Rücken und ca. 8 bräunliche Flecken auf den Seitenmitten. Rückenflosse mit undeutlichen bräunlichen Flecken. Verbreitet im Brackwasser in 0–12 m Tiefe. Laichzeit im Sommer. Die Eier sind 1 mm lang. Die beim Ausschlüpfen 3 mm langen Larven leben bis zu einer Länge von 11–12 mm pelagisch.

126. Kristallgrundel

Crystallogobius linearis (v. Düb.)

Körper glasartig durchscheinend. Die 1. Rückenflosse und die Bauchflosse sind beim Weibchen stark reduziert; auch bei den Männchen weist die 1. Rückenflosse nur 2 Strahlen auf. Zur Laichzeit entwickeln sich beim Männchen zwei große Zähne an der Spitze des Unterkiefers.
Männchen werden bis zu 5 cm, Weibchen bis 4 cm lang. Lebensdauer: 1 Jahr. Pelagisch lebender Schwarmfisch in 1–400 Tiefe. Die Eier werden in den leeren Gehäusen der Röhrenwürmer abgelegt und vom Männchen bewacht.

127. Glasgrundel

Aphia minuta (Risso)

Körper glasartig durchscheinend. Erste Rückenflosse mit 5 Stachelstrahlen. Die Rücken- und Afterflosse ist beim Männchen länger als beim Weibchen.
Max. Länge der Männchen 6 cm, der Weibchen 5 cm. Lebensdauer: 1 Jahr. Lebt im Flachwasser, meist in dichten Schwärmen freischwimmend. Die Eier werden im Sommer in leere Muschelschalen abgelaicht.

a

b

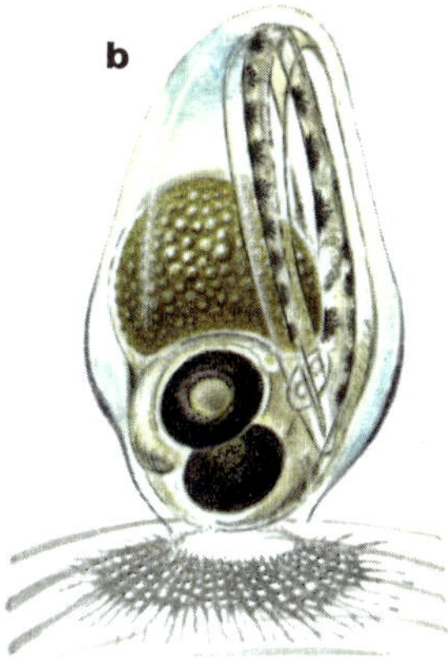

124. SANDGRUNDEL

Pomatoschistus minutus

a Männchen, 8 cm
b Ei, 1 mm

An einer Muschelschale angeklebtes Ei.

Männchen 4,5 cm

125. FLECKENGRUNDEL

Pomatoschistus pictus

a

b

126. KRISTALLGRUNDEL

Crystallogobius linearis

a Männchen 4,5 cm, Weibchen 3,6 cm
b Kopf eines Männchens

a

b

127. GLASGRUNDEL

Aphia minuta

a Männchen 5,5 cm, Weibchen 4,6 cm
b Kopf eines Männchens

128. Großer Rotbarsch

Sebastes marinus (L.)

Kennzeichen: 80–90 Seitenlinienschuppen. Zwischen dem Hinterende der Afterflosse und der Seitenlinie (schräg nach vorne gezählt) 16–21 Schuppen. Mundhöhle hellrot. Männchen mit deutlicher Genitalpapille.
Geschlechtsreif bei ca. 38 cm Länge, etwa im 11. Lebensjahr. Max. Länge 1 m (über 60 Jahre, 15 kg). Lebt sowohl in Küstennähe, nahe dem Boden in 100–400 m Tiefe, als auch freischwimmend auf hoher See. Seine Lebensweise ist nur wenig erforscht, da es sehr schwierig ist, ihn lebend an die Oberfläche zu bringen; beim Heraufholen aus großer Tiefe wird er in der Regel »trommelsüchtig«: durch die sich ausweitende, große Schwimmblase werden Augen und Eingeweide herausgedrückt.
Der Rotbarsch gehört zu den lebendgebärenden Fischen. Die wichtigsten Laichplätze liegen bei den Lofoten, Island und Neufundland. Im Okt.–Nov. finden sich große Rotbarsch-Schwärme in der nördlichen Barents-See ein, um sich dort zu paaren. Die Weibchen ziehen dann im Laufe der Wintermonate nach den Steilabfällen vor den Lofoten und Vesteralen, wo sie im April–Juli in 200–500 m Tiefe, bei 4,0°–8,5° C, 37 000–350 000 Larven zur Welt bringen. Nach dem Werfen der Larven wandern die Weibchen in die östliche Barents-See und vereinigen sich wieder mit den Schwärmen der Männchen. Die neugeborenen, 5–7 mm langen Larven halten sich in den oberflächennahen Wasserschichten auf; mit zunehmendem Alter ziehen sie sich dann in größere Tiefen zurück. Das Wachstumstempo ist gering. Nahrung: Leuchtgarnelen, pelagische Flohkrebse, Pfeilwürmer, Dorschbrut. Größere Rotbarsche ernähren sich hauptsächlich von Heringen und Lodden.
Der nahverwandte »Schnabelbarsch«, *S. mentella,* hält sich in großen Tiefen auf. Er unterscheidet sich von *marinus* durch seine größeren Augen und den Besitz eines knöchernen Fortsatzes am Unterkiefer.
Rotbarsche fängt man mit Trawls und

Langleinen, in geringerem Maße auch als Beifang im Garnelen-Trawl.
Die Gesamtfangmenge beläuft sich auf ca. 500 000 t jährlich: Deutschland 120–130 000 t, Island 30–100 000 t, Großbritannien 14–19 000 t, Norwegen 4–7 000 t. Ferner U.S.A. ca. 60 000 t, Canada 18–25 000 t.
Kommt in Form tiefgefrorener Filets, zum Teil auch frisch, gesalzen oder geräuchert, in den Handel. Aus der Leber wird vitaminreiches Öl gewonnen.

129. Kleiner Rotbarsch

Sebastes viviparus (Kr.)

Kennzeichen: 70–80 Seitenlinienschuppen. Zwischen dem Hinterende der Afterflosse und der Seitenlinie (schräg nach vorne gezählt) 11–13 Schuppen. Mundhöhle hellrot.
Mittellänge 20–30 cm. Küsten- und Grundfisch in 50–300 m Tiefe. Wirft im Sommer 12–30 000, 4–5 mm lange Junge. Jährlicher Zuwachs sehr gering. Beifang im Garnelen-Trawl. Wirtschaftlich ohne Bedeutung.
Sein weiter im Süden beheimateter Verwandter, das Blaumaul, *Helicolenus dactylopterus,* wird bei Irland, Schottland und Westnorwegen angetroffen. Diese Art zeichnet sich durch eine blauschwarze Mundhöhle und den Besitz von 8 teilweise freien Strahlen in der Brustflosse aus.

a

128. GROSSER ROTBARSCH

Sebastes marinus

a 51 cm
b Larve 12 mm
c Hauptnahrung
d Verwendung
e Wichtigste Fangmethoden

b

c

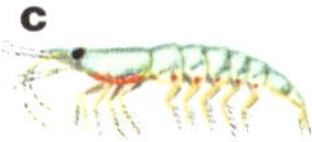

Pelagische Krebse

Hering Dorschbrut

Lodde

d

Filet, tiefgefroren

e

Grundschleppnetz Haken

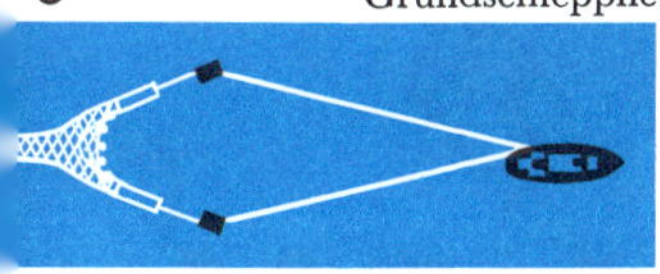

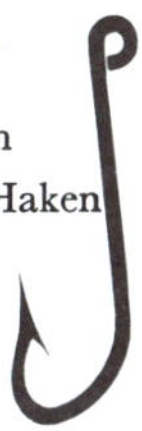

129. KLEINER ROTBARSCH

Sebastes viviparus

a 23 cm
b Larve 9 mm

b

a

KNURRHÄHNE

Der Kopf ist mit Hautknochen stark gepanzert. Die drei untersten Brustflossenstrahlen sind fingerähnlich getrennt und können einzeln bewegt werden; sie dienen als Tast- und Schreitorgane. Mit Hilfe besonderer Muskeln, die die Schwimmblase in Schwingungen versetzen, können die Knurrhähne dumpfe, knurrende Geräusche hervorbringen, deren Funktion noch unbekannt ist.

130. Grauer Knurrhahn

Eutrigla gurnardus (L.)

Kennzeichen: die Brustflossen reichen nicht über den Anfang der Afterflosse hinaus. Seitenlinie mit gekielten Knochenhöckern. Weit verbreitet.
Im männlichen Geschlecht ab dem 3. Lebensjahr bei ca. 18 cm, im weiblichen ab dem 4. Jahr bei ca. 24 cm fortpflanzungsfähig. Max. Länge 45 cm. Bodenbewohner, der aber auch oft freischwimmend angetroffen wird, in 10–150 m Tiefe, auf weichem oder gemischtem Grund. Zieht im Sommer näher an die Küsten. Laicht April–Aug. 200–300 000, ca. 1,4 mm große, pelagische Eier. Die 3–4 mm langen Larven schlüpfen nach 8–10 Tagen; sie ernähren sich von Zooplankton. Die Nahrung der Erwachsenen besteht aus kleinen Grundfischen, Garnelen und Krabben. Beifang im Schleppnetz und an Langleinen. Werden in einigen Ländern als Speisefische genutzt.

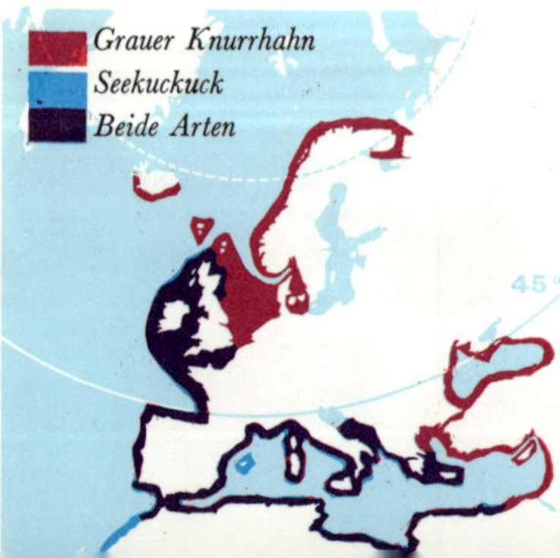

131. Roter Knurrhahn

Trigla lucerna L.

Kennzeichen: Haut und Seitenlinie glatt.
Durchschnittslänge 25–50 cm, max. 75 cm. Lebensweise ähnlich der des Grauen Knurrhahn, ernährt sich jedoch hauptsächlich von Fischen: Sprotten, Sardinen, Ährenfische, Fischbrut. Gewandter Schwimmer, springt bisweilen weit über die Wasseroberfläche hinaus. Beifang im Schleppnetz und an Langleinen. Wegen seines festen, weißen Fleisches in vielen Ländern als Speisefisch sehr geschätzt. Der europäische Knurrhahnfang (überwiegend Roter Knurrhahn) beläuft sich auf 8 000 t jährlich; Spanien 4–5 000 t, Großbritannien 1 400 t.
Eine südlichere Art, der Langstachlige Knurrhahn, *T. lyra,* besitzt hinter dem Kiemendeckel einen sehr langen Stachel, der die halbe Länge der Brustflosse erreicht. Er kommt in ca. 200 m Tiefe bis Südengland vor.

Roter Knurrhahn

132. Seekuckuck

Aspitrigla cuculus L.

Kennzeichen: Die verlängerten, verknöcherten Schilder der Seitenlinie bilden querstehende Rippen, die bis zu den Rückenflossen hinaufreichen.
30–40 cm lang. Lebensweise ähnlich der der vorigen Arten. Beifang im Schleppnetz und an Langleinen.
Bei dem weiter im Süden beheimateten Gestreiften Knurrhahn, *Trigloporus lastoviza,* sind die Schuppen der Seitenlinie nicht verlängert; sein Rumpf weist zahlreiche schrägstehende Querstreifen auf.

a

b

130. GRAUER KNURRHAHN

Eutrigla gurnardus

a 22 cm – **b** Larve 15 mm

26 cm

Hauptnahrung der Knurrhähne

131. ROTER KNURRHAHN

Trigla lucerna

20 cm

132. SEEKUCKUCK

Aspitrigla cuculus

GROPPEN

Räuberisch lebende Grundfische mit großem Kopf. Ohne Schwimmblase. Nur auf der nördlichen Halbkugel verbreitet, einige Arten auch im Süßwasser.

Bestimmungsschlüssel

1 Körper mit Knochenplatten gepanzert .... **Steinpicker,** Seite 167
Mit Knochenhöckern auf der Seitenlinie 2
Ohne Knochenhöcker auf der Seitenlinie 4

2 Über der Seitenlinie eine 2. Reihe Knochenhöcker 3
Vorkiemendeckel mit kräftigem, langem Stachel .... **Seebull,** Seite 167

3 Augendurchmesser gleich der Schnauzenlänge, Afterflosse mit ca. 20 Strahlen .... *Triglops pingeli**
Augendurchmesser gleich der Schnauzenlänge, Afterflosse mit ca. 8 Strahlen .... **Zwergseeskorpion,** Seite 165

Augendurchmesser kleiner als die Schnauzenlänge, Afterflosse mit ca. 15 Strahlen .... *Icelus bicornis**

4 Scheitel mit Längskielen; großer, breiter Kopf .... **Seeskorpion,** Seite 165

Scheitel ohne Längskiele, Vorkiemendeckel mit langem verzweigten Stachel .... *Gymnocanthus tricuspis**
Scheitel mit 4 großen Höckern.......... **Vierhörniger Seeskorpion,** Seite 167

Scheitel ohne Längskiele; Vorkiemendeckel mit 2 Stacheln, der obere hakenförmig .... *Artediellus uncinatus**

* nur im Bestimmungsschlüssel erwähnte Arten.

133. Seeskorpion

Myoxocephalus scorpius (L.)

Kennzeichen: s. Bestimmungsschlüssel. Die Männchen werden bei 14–25 cm, die Weibchen bei 15–30 cm Länge, am Ende des 2. Lebensjahres, geschlechtsreif. Max. Länge in der Arktis: 60 cm. Lebt als Standfisch in der Algenzone, in zahlreichen Lokalformen auftretend. Männchen zur Laichzeit mit hochrotem, weißgeflecktem Bauch; das Weibchen wird während der Paarung mit den grossen, rauhen Brust- und Bauchflossen festgehalten. Es erfolgt eine innere Befruchtung der Eier. Der Laich wird als Klumpen auf dem Boden abgelegt und vom Männchen bewacht. Durchmesser der Eier: 2–2,5 mm. Die Larven schlüpfen nach etwa 5 Wochen; bis zu einer Länge von 15 mm leben sie pelagisch.
Seeskorpione sind sehr gefräßige Räuber, die sich von Krebstieren, aber auch von Laich und Larven vieler Nutzfische ernähren und dadurch der Fischerei Schaden zufügen. Verwendung als Köder und zur Herstellung von Futtermehl, in Grönland auch als Speisefisch.
(Verbreitungskarte s. nächste Seite)

Männchen 17 cm

133. SEESKORPION

Myoxocephalus scorpius

5,5 cm

134. ZWERGSEESKORPION

Taurulus lilljeborgi (Coll.)

Kennzeichen: s. Bestimmungsschlüssel. Länge: 5–6 cm. Lebt in 25–100 m Tiefe. Sein Gelege findet man im April an Polypenkolonien angeheftet. Die Larven leben bis Juli–August pelagisch. Verbreitung und Lebensweise sind wenig bekannt.

135. Seebull

Taurulus bubalis (Euphr.)

Kennzeichen: s. Bestimmungsschlüssel. Im männlichen Geschlecht bei 10–15 cm, im weiblichen bei 14–18 cm Länge, am Ende des 2. Lebensjahres, fortpflanzungsfähig. Wird selten noch größer. Lebensweise ähnlich der des Seeskorpions, jedoch weniger zahlreich vorkommend. Laichzeit: Febr.–Mai. Nahrung: Krebse, Fischbrut.

136. Vierhörniger Seeskorpion

Myoxocephalus quadricornis (L.)

Mit vier großen, graugelben Knochenhöckern auf dem Kopf. Max. Länge ca. 30 cm. Arktischer Grundfisch, der sich vorwiegend von Krebsen und Würmern ernährt. Während der letzten Eiszeit reichte sein Verbreitungsgebiet viel weiter nach Süden; beim Rückzug des Eises, vor rundgerechnet 6 000 Jahren, blieben viele lokale Stämme im Süßwasserbereich zurück, da ihnen der Zugang zum Meer abgeschnitten wurde. Es gelang ihnen, sich den veränderten Umweltbedingungen anzupassen. Daher findet man den Vierhörnigen Seeskorpion als Reliktform in den tiefen, kalten Seen Nordamerikas und Nordeuropas vor. Da die Bestände untereinander isoliert leben, entstanden zahlreiche lokale Rassen oder Unterarten. Die charakteristischen »Hörner« bleiben bei den im Süßwasser lebenden Formen kleiner als bei ihren Verwandten im Meer.
Ihre Lebensweise ist der der vorigen Arten ähnlich.

137. Steinpicker

Agonus cataphractus L.

Kopf und Rumpf mit gekielten Knochenplatten vollständig gepanzert. Schnauze mit 4 Stacheln und 2 Bartfäden.
Durchschnittslänge 12–15 cm, max. 20 cm. Typischer Grundfisch auf weichem Boden in 5–200 m Tiefe. Laichzeit: Febr.–April. Die gelben Eier (Durchmesser 1,8–2,2 mm) werden in Form kleiner Klumpen zwischen den verzweigten, wurzelähnlichen Haftorganen der Braunalgen abgelegt. Die Entwicklungszeit dauert sehr lang, erst nach 10–11 Monaten schlüpfen die 6–8 mm langen Larven, die bis zu einer Länge von 20 mm pelagisch leben. Nahrung: Garnelen und andere kleine Krebse, Würmer. Eine nahverwandte, hochnordische Art, *Leptogonus decagonus,* besitzt auf der Schnauzenspitze nur 2 kleine Stacheln; sie kommt bei Island, den Färöer und bei Nordnorwegen vor. Eine ihr nahestehende Art lebt an der grönländischen Küste.

10 cm

135. SEEBULL
Taurulus bubalis

a

b

136. VIERHÖRNIGER SEESKORPION
Myoxocephalus quadricornis

a Männchen 20 cm
b Kopf, von oben

a

b

137. STEINPICKER
Agonus cataphractus

a 14 cm
b Von oben gesehen

a

138. SEEHASE

Cyclopterus lumpus L.

a Weibchen 32 cm
b Männchen 34 cm, März
c Hauptnahrung
d Verwendung

c

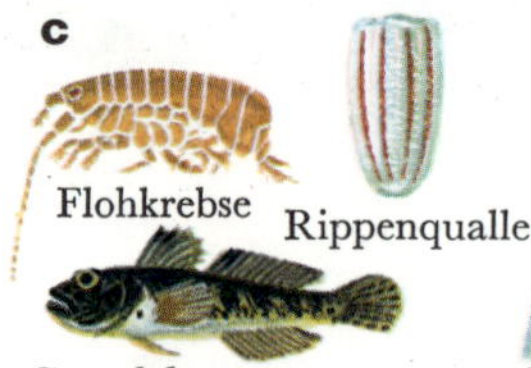

d

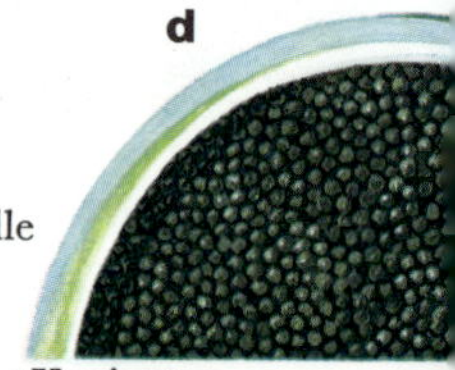

»Kaviar«

Seehasen und Scheibenbäuche gehören zur Familie der Lumpfische. Ihre Bauchflossen sind zu einer Saugscheibe umgebildet. Die Haut ist schuppenlos. Ohne Schwimmblase.
Die erste Rückenflosse der Seehasen ist von einem dicken Hautkamm umwachsen, die Körperhaut mit kleinen Knochenhöckern und Längsreihen großer Dornen bedeckt. Die Weibchen besitzen einen höheren Rückenkamm und kleinere Brustflossen als die Männchen.
Länge: Männchen 30 cm, Weibchen max. 50 cm (1–5 kg). Leben auf hartem, steinigem Grund in 20–200 m Tiefe, manchmal auch pelagisch. Im Febr.–Mai sammeln sie sich paarweise im flachen Wasser der Küstenzone, wo das Weibchen 200 000, gelbrote, später sich grünlich verfärbende Eier ablegt, die vom Männchen bis zum Ausschlüpfen der 6–7 mm langen, kaulquappenförmigen Jungfische betreut und verteidigt werden. Die Jungfische halten sich den Sommer über in der Tangregion auf, bei Beginn des Winters ziehen sie in größere Tiefen. Nahrung: Krebse, kleine Fische und Rippenquallen.
Beifang im Stellnetz und Bundgarn. Kommt frisch, geräuchert oder gesalzen auf den Markt. Das wasserreiche, gallertige Fleisch findet heute nur noch wenige Abnehmer. In Dänemark werden jährlich ca. 1 000 t angelandet. Der Rogen wird mit Salzlake und Geschmacksstoffen behandelt, zum Teil auch schwarz gefärbt, und unter verschiedenen Handelsnamen auf den Markt gebracht: Perles du Nord (Island), Limfjordskaviar (Dänemark), Deutscher Kaviar (Deutschland).

138 b

14 cm

139. GROSSER SCHEIBENBAUCH
Liparis liparis

10 cm

140. KLEINER SCHEIBENBAUCH
Liparis montagui

139. Großer Scheibenbauch
Liparis liparis (L.)

Kennzeichen: Rücken- und Afterflosse sehr lang, beide mit der Schwanzflosse durch Flossenhaut verbunden.
Die Scheibenbäuche besitzen einen kaulquappenförmigen Körper, mit schlaffer, schleimiger Haut, ohne Schuppen. Die Bauchflossen sind zu einer runden Saugscheibe umgebildet. Schwimmblase fehlend. Ihre Körperfärbung ist sehr unterschiedlich, je nach Aufenthaltsgebiet gelblich, rötlich oder braun.
Max. Länge 15 cm. Bewohner der Algenzonen. Laichzeit im Winter. Die Eier werden an Algen oder Polypenkolonien abgelegt. Brutdauer: 6–8 Wochen.
Nahrung: Kleinkrebse.

140. Kleiner Scheibenbauch
Liparis montagui (Donov.)

Kennzeichen: Rücken- und Afterflosse nicht mit der Schwanzflosse verbunden.
Max. Länge 12 cm. In Aussehen und Lebensweise der vorigen Art sehr ähnlich.

141. Dreistachliger Stichling

Gasterosteus aculeatus L.

Selten über 7 cm, max. Länge im Meer 11 cm, im Süßwasser 8 cm. Die marinen Formen leben in Küstengewässern, während der Wintermonate in etwas tieferem Wasser. Im Frühjahr legt das Männchen sein lebhaft gefärbtes Hochzeitskleid an und beginnt, aus Pflanzenfasern, die durch ein klebriges Nierensekret verfestigt werden, ein Nest am Boden zu bauen. Nach dessen Fertigstellung treibt es nacheinander mehrere der herumstreifenden Weibchen in sein Nest, wo diese einen Teil ihrer 100–4 000 Eier ablegen, die sogleich vom Männchen besamt werden. Nach der Eiablage werden die Weibchen vom Nest verjagt; das Männchen allein übernimmt die Pflege und Bewachung des Geleges (300–1 000 Eier). Es repariert das Nest, vertreibt Laichräuber und fächelt den Eiern mit seinen Brustflossen Frischwasser zu. Je nach Wassertemperatur schlüpfen die Jungen nach 4–27 Tagen; sie halten sich noch etwa 1 Woche im bzw. am Nest auf, ehe sie in oft großen Schwärmen auf der Jagd nach Kleintieren zwischen dem Pflanzenbewuchs der Küsten umherstreifen. Nach einem Jahr werden die Jungfische geschlechtsreif. Lebensdauer: höchstens 3 Jahre. Ausserhalb der Laichzeit treten sie in dichten Schwärmen auf. Nahrung: Fischlaich und -brut, kleine Krebse, Würmer.
Stichlinge werden von Lachs, Aal, Kabeljau und den Möven gefressen. Mit engmaschigen Waden können im Flachwasser bei massenhaftem Auftreten große Mengen gefangen werden.

142. Zwergstichling

Pungitius pungitius (L.)

Bis 7 cm lang. Lebt vorwiegend im Süßwasser, dringt auch in Brackwasser ein. Im Gegensatz zum Dreistachligen Stichling baut er sein Nest über dem Boden, in Wasserpflanzen hängend. Laichzeit im Frühjahr. Die Geschlechtsreife tritt am Ende des 1. Lebensjahres ein. Er ernährt sich von tierischem Plankton, in geringem Maße auch von kleinen Bodentieren. Ohne wirtschaftliche Bedeutung.

143. Seestichling

Spinachia spinachia (L.)

Mit spitzer Schnauze und langem, dünnen Schwanz. 14–17 freie Stachelstrahlen. Vorderkörper des Männchens messinggelb, mit größeren Brustflossen als das Weibchen. Färbung je nach Lebensraum bräunlich oder grünlich.

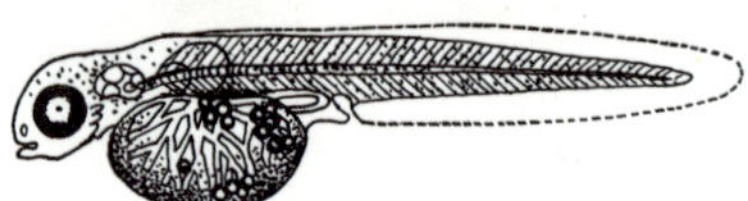

Frischgeschlüpfte Larve, 6 mm

10–15 cm, max. 20 cm lang. Lebt einzeln oder paarweise in der Algenregion. Das Männchen baut ein Nest aus Algenstücken, die durch ein in der Niere erzeugtes Sekret verkittet werden. Im Mai–Juni legen dann die Weibchen 150–200 Eier in das Nest ab. Das Männchen pflegt und verteidigt das Gelege. Die schnellwüchsigen Jungen sind schon im nächsten Frühjahr fortflanzungsfähig.

141. DREISTACHLIGER STICHLING

Gasterosteus aculeatus

a 6 cm
b Männchen und trächtiges Weibchen im Hochzeitskleid
c Nest

a

c

b

5 cm

142. ZWERGSTICHLING

Pungitius pungitius

143. SEESTICHLING

Spinachia spinachia

a 15 cm
b Nest

b

a

PLATTFISCHE

Die pelagisch lebenden Larven der Plattfische sind symmetrisch gebaut und schwimmen aufrecht im Wasser. Erst im Laufe der weiteren Entwicklung wandert das eine Auge über die Rückenseite des Kopfes auf die andere Körperseite hinüber. Die Jungfische beginnen nun quer auf einer Seite liegend zu schwimmen und gehen bei einer bestimmten Länge zum Grundleben über (s. Abb. 154 b, S. 187). Man unterscheidet links- und rechtsäugige Arten und Individuen. Die Augenseite ist dunkel pigmentiert, die Blindseite meist farblos. Rücken- und Afterflosse sind lang, beide gliederstrahlig. Bei vielen Arten findet sich vor der Afterflosse ein Analdorn. Die Schwimmblase fehlt.
Plattfische sind Bodenbewohner, die sich von Muscheln, Krebsen, Würmern, Stachelhäutern und kleinen Grundfischen ernähren.
Sie werden mit Schleppnetzen, Drehwaden und verschiedenen Angelgeräten gefangen.

Bestimmungsschlüssel der Hauptgruppen

1
- Stumpfe Schnauze, unterständiger Mund, gebogene Mundspalte ... **Seezungen,** Seite 193 Nr. 158-159
- Spitze Schnauze, end- oder oberständiger Mund ... 2

2
- Rückenflosse vor dem oberen Auge beginnend, linksäugig ... **Butte,** Seite 173-177 Nr. 144-149
- Rückenflosse über den oberen Auge beginnend, rechtsäugig (Flunder oft auch linksäugig) ... 3

3
- Mundspalte reicht bis zum vorderen Auge ... **Schollen-Gruppe,** Seite 183-191 Nr. 153-157
- Mundspalte reicht bis unter das vordere Auge ... **Heilbutt-Gruppe,** Seite 179-181 Nr. 150-152

144. Steinbutt
Psetta maxima (L.)

Fast kreisrunder Körper. Augenseite ohne Schuppen, aber mit großen Knochenhöckern. In der Nordsee im 5. Jahr ca. 30 cm lang. Max. Länge 90–100 cm (ca. 12 kg). In der Ostsee selten über 50 cm. Die Männchen sind kleiner als die Weibchen.
Der Steinbutt lebt in 20–70 m Tiefe auf sandigem, steinigem oder gemischtem Grund. Er ernährt sich hauptsächlich von anderen Grundfischen (Sandaale, Grundeln, u. a.), daneben auch in geringem Maße von größeren Krebstieren und Muscheln.

a

144. STEINBUTT

Psetta maxima

a 40 cm
b Larve 7 mm
c Hauptnahrung
d Wichtigste Fangmethode

c

Sandaal

Plattfisch

Dorsch

b

d Grundschleppnetz

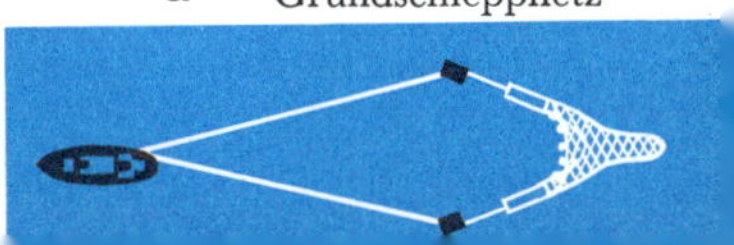

Der Steinbutt wird im 5. Lebensjahr geschlechtsreif; er laicht, in den meisten Gewässern seines Verbreitungsgebietes, von April bis August in 10–40 m Tiefe. Die Zahl der Eier beträgt 10 bis 15 Millionen. Bei 2,5 cm Länge gehen die pelagischen Larven im flachen Wasser der Küstenregion zum Grundleben über. Im Spätjahr ziehen dann die 8–10 cm langen Jungfische allmählich in tieferes Wasser. In der Ostsee wachsen die Jungen langsamer heran; hier werden die Männchen bei 15 cm, die Weibchen bei 20 cm Länge fortpflanzungsfähig. Eigentümlicherweise scheinen die Männchen in allen Gebieten in grosser Überzahl vorzukommen.
Als geschätzter Nutzfisch mit hohem Marktpreis stellt der Steinbutt einen wertvollen Beifang der Schleppnetz-, Drehwaden und Leinenfischerei dar. An der Westküste Jütlands wird er mit besonderen Buttnetzen gefangen. England ca. 2 500 t, Dänemark 1 000 t, Deutchland, Belgien, Holland je 500–900 t. Der westeuropäische Gesamtfang beläuft sich auf 6–7 000 t. Hinzu kommen noch die Fänge aus dem Mittel- und Schwarzen Meer. Internationales Mindestmaß ca. 30 cm.
Steinbutt-Brut wurde auch mit gutem Erfolg bei Neu-Seeland ausgesetzt, der künstliche Einsatz im Kaspischen Meer jedoch ist mißglückt.

145. Glattbutt

Scophthalmus rhombus (L.)

Dünner und schlanker als der Steinbutt. Haut mit kleinen, glatten Schuppen. Ohne Knochenhöcker.
Der Glattbutt (oder Kleist) wird in der Nordsee nur selten über 60 cm, in der Ostsee ca. 35 cm und im Mittelmeer bis 75 cm lang. Er bewohnt sandigen oder gemischten Grund in 5–50 m Tiefe. Nahrung: Grundfische und größere Krebse. Das Ablaichen erfolgt in 10–20 m Tiefe von März bis April. Bei 12–25 mm Länge gehen die Larven zum Grundleben über; als Jungfische bleiben sie noch 1–2 Jahre im Flachwasser.
Europäischer Gesamtfang: ca. 4 000 Tonnen jährlich.
Mindestmaß: 30 cm.

146. Lammzunge

Arnoglossus laterna (Walb.)

Kennzeichen: Schlanker, durchscheinender Körper, in der Form der Seezunge ähnlich. Vor der Afterflosse ein nach hinten gebogener Analdorn.
Max. Länge im Mittelmeer ca. 25 cm, in der Nordsee selten bis 19 cm. Lebt auf gemischtem Grund in 10–100 m Tiefe. Laichzeit: Mai bis August. Nahrung: Grundeln, Krebse.
Wegen ihrer geringen Größe ohne fischereiliche Bedeutung.

145. GLATTBUTT

Scophthalmus rhombus

a 32 cm
b Hauptnahrung

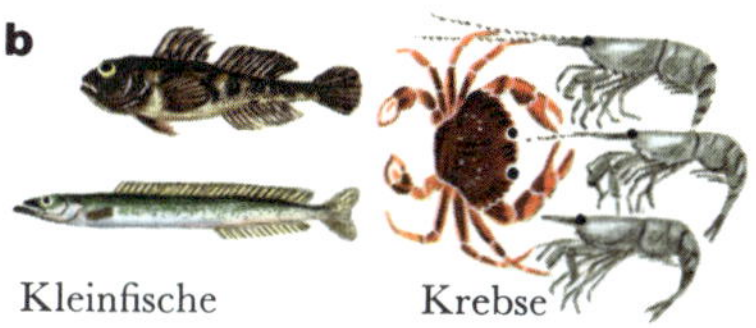

15 cm

146. LAMMZUNGE

Arnoglossus laterna

147. Flügelbutt

Lepidorhombus whiffiagonis (Walb.)

Kennzeichen: Große Augen und grosses Maul. Schuppen auf der Blindseite glatt. Die Rückenflosse beginnt etwa in der Mitte zwischen Schnauzenspitze und oberem Auge. Körper dünn, durchscheinend.
Selten über 50 cm. Lebt in 100–400 m Tiefe auf gemischtem Grund; wird zuweilen auch freischwimmend angetroffen. Laichzeit: März bis Juni. Nahrung: kleine Grundfische.
Beifang der Schleppnetzfischerei, meist südlich des Ärmelkanals. Spanien ca. 5 000 t, England ca. 2 400 t. Europäischer Gesamtfang ca. 10 000 t. Kommt als Ersatz für Rotzunge und Aalbutt auf den Markt.
Internationales Mindestmaß: 25 cm.

148. Zwergbutt

Phrynorhombus norvegicus (Gthr.)

Kennzeichen: Schuppen auf der Blindseite rauh. Die Rückenflosse beginnt über dem oberen Auge. Die Flecken der Augenseite als unregelmäßige Querbänder angeordnet.
Der Zwergbutt ist die kleinste nordeuropäische Plattfischart. Max. Länge 10–12 cm. Lebt, soweit bekannt, vorwiegend auf steinigem Grund. Laichzeit: April bis Aug. Nahrung: kleine Krebstiere, Würmer, Fischbrut. Der Zwergbutt ist vermutlich häufiger und weiter verbreitet als bisher angenommen wurde. Wegen seiner geringen Größe wird er oft übersehen oder es gelingt ihm, durch die Maschen der Fischereigeräte zu schlüpfen.

149. Haarbutt

Zeugopterus punctatus (Bl.)

Kennzeichen: Schuppen der Augenseite mit feinen, borstenähnlichen Auswüchsen, die sich wie ein grober Pelz anfühlen.
Selten über 25 cm. Lebt auf steinigem oder felsigem Grund in der Algenzone. Laichzeit: März bis Juni. Nahrung: kleine Fische, Krebse.
Wegen seiner Kleinheit ohne wirtschaftliche Bedeutung.

28 cm

147. FLÜGELBUTT
Lepidorhombus whiffiagonis

8 cm

148. ZWERGBUTT *Phrynorhombus norvegicus*

a

b

149. HAARBUTT
Zeugopterus punctatus

a 10 cm
b Schuppen, 8-fach vergr.

150. Heilbutt

Hippoglossus hippoglossus (L.)

Rechtsseitig, schlank. Beginn der Rükkenflosse über dem oberen Auge. Seitenlinie im vorderen Drittel stark gebogen. Größte Art unter den Plattfischen.

Max. Länge 3–4 m (ca. 300 kg). Lebensdauer bis zu 40–50 Jahren. Exemplare über 2 m werden heutzutage nur noch selten gefangen.

Herumstreifender Grundfisch; lebt in Tiefen von 50–2 000 m bei 3–9° C und hohem Salzgehalt. Wird häufig auch freischwimmend angetroffen. Einzelne Tiere wandern im Sommer ins Flachwasser ein.

Das Ablaichen erfolgt bei 5–7° C in 300–1 000 m Tiefe in Bodennähe. Laichzeit: Dez.–April. Wichtigste Laichplätze: Norwegische Küste nördlich von Ålesund, Schelfkante von Schottland über die Färöer bis Grönland, Gewässer um Neufundland. Eizahl 2–3,5 Millionen. Eier in größeren Tiefen treibend; Durchmesser 3–4 mm. Nach 9–16 Tagen schlüpfen die 6,5–7 mm großen Larven. Bei 30–35 mm Länge sind sie zum Plattfisch umgewandelt und gehen als 4 cm lange Jungfische nahe der Küsten zum Grundleben über. Die ersten 2–4 Jahre halten sie sich in 30–100 m Tiefe auf. Nach 1 Jahr sind sie 8–15 cm, nach 2 Jahren 18–33 cm lang. Die Weibchen wachsen wesentlich schneller als die Männchen. Mit 7–18 Jahren werden sie geschlechtsreif (an der norwegischen Küste meist im 12.–13. Lebensjahr); zu diesem Zeitpunkt sind die Männchen dann ca. 110 cm (18 kg), die Weibchen 135 cm (35 kg) lang (bzw. schwer). Nach dem Laichen wandern die erwachsenen Tiere zu ihren Weideplätzen ins Flachwasser unweit der Küsten, um dort Jagd auf kleine Fische zu machen. Ein Teil des norwegischen Bestandes zieht in die Barentssee. Markierungsversuche zeigten, daß einzelne Tiere oft sehr weite Wanderungen unternehmen.

Der Heilbutt ist ein sehr gefrässiger Räuber, der vorwiegend Fische (Dorsche, Schellfische, Steinpicker, Sandaale, Heringe und Lodden) vertilgt, aber auch Tintenfische, größere Krebse und andere Bodentiere nicht verschmäht. Während der Wintermonate, in denen er sich in größeren Tiefen aufhält, bilden Tiefseegarnelen *(Pandalus borealis)* seine Hauptnahrung.

Der Heilbuttfang wird hauptsächlich mit Angeln betrieben. Ein Teil wird als Beifang der Trawlfischerei angelandet. Auf den Laichplätzen an der norwegischen Küste werden zum Fang auch besondere Heilbutt-Netze ausgesetzt.

Auf Grund des langsamen Wachstums und des späten Eintritts der Geschlechtsreife können die Heilbuttbestände durch zu intensive Befischung übermäßig beansprucht werden. Es wurden daher, besonders von norwegischer Seite, Schonmaßnahmen durchgeführt und bestimmte Laichschonbezirke und -zeiten festgelegt. Mindestmaß (Norwegen): 50 cm.

Das Fleisch des Heilbutts ist sehr geschätzt, am schmackhaftesten ist es im Spätjahr und Winter. Auf den Markt kommt es frisch, gefroren, gesalzen oder geräuchert. »Räkling«, eine in Island sehr beliebte Delikatesse, ist getrockneter, in Streifen geschnittener Heilbutt.

Die Jahresanlandung aus dem Nordatlantik beläuft sich auf ca. 22 000 t. Davon entfallen auf Norwegen 4–5 000 t, Großbritannien 3 700–4 600 t, Deutschland 2–3 500 t, Island und Grönland je 1–2 000 t, Färöer 3–500 t. Ferner Kanada 3 000 t.

Eine nahverwandte Art kommt im nördlichen Bereich des Stillen Ozeans vor.

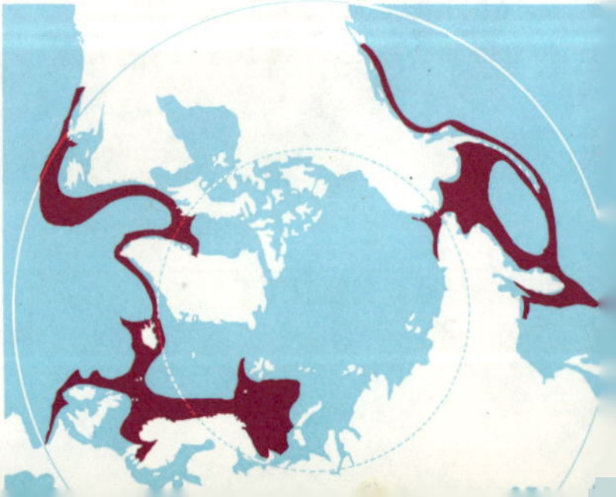

150. HEILBUTT

Hippoglossus hippoglossus

a 45 cm
b Larve 22 mm
c Hauptnahrung
d Verwendung
e Wichtigste Fangmethoden

a

b

c

d

Haken

Grundschleppnetz

e

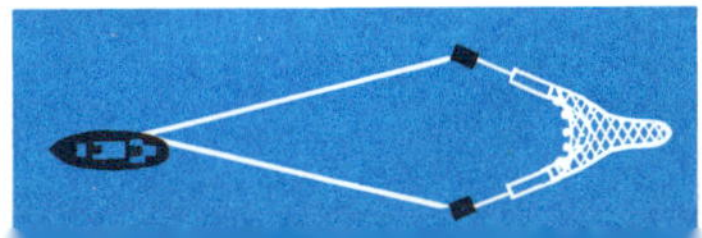

151. Schwarzer Heilbutt

Reinhardtius hippoglossoides (Walb.)

Rechtsseitig. Weniger asymmetrisch als die übrigen Plattfische. Blindseite bräunlich oder bläulich. Das linke Auge wandert nur bis zur Kopfkante. Beginn der Rückenflosse hinter dem linken Auge. Seitenlinie fast gerade. Frühesten im 9.–10. Lebensjahr, bei einer Länge von 60–70 cm, geschlechtsreif. Die Männchen werden bis zu 80 cm (6–7 kg), die Weibchen bis zu 100 cm (18 kg) lang (bzw. schwer). Max. Länge 120 cm, max. Gewicht ca. 45 kg.
Arktischer Fisch in 200–2 000 m Tiefe. Schwimmt in aufrechter Haltung und wird oft im freien Wasser angetroffen. Wachstumsverlauf, Laichplätze und Wanderungen nur wenig erforscht. Laicht im April–Juli in 700–2 000 m bei Temperaturen von 3–5° C in der westlichen Barentssee und in der südlichen Davisstrasse. Die Eier (4–4,5 mm Durchmesser) schweben in größeren Tiefen frei im Wasser, ebenso die 10–16 mm langen, glasklaren Larven. Bei einer Länge von 60–85 mm ist die Umwandlung vollendet, worauf die Jungfische in 50–200 m Tiefe den Boden aufsuchen. Bei 12–25 cm ziehen sie in tieferes Wasser; als ein Zeichen für die mehr pelagische Lebensweise ist auch die Blindseite dunkel pigmentiert. Nahrung: Tiefseegarnelen, Wolfsfische, Lodden, Kleindorsche.
Fang mit Langleinen in 700–1 000 m Tiefe. Wichtigste Fangplätze: Steilabfälle des Kontinentalsockels und der Bänke bei Troms, Finnmarken und Grönland. Kommt als Frischfisch, ganz oder in Form von Filets tiefgefroren, auf den Markt. Ein Teil der Fänge wird gesalzen und geräuchert. Die norwegischen Anlandungen belaufen sich auf 4–8 000 t jährlich.
Im nördlichen Teil des Stillen Ozean durch eine besondere Unterart vertreten.

152. Doggerscharbe

Hippoglossoides platessoides (Fabr.)

Rechtsseitig. Beginn der Rückenflosse über dem linken Auge. Seitenlinie fast gerade. Großes Maul. Rauhe Schuppen.
Max. Länge ca. 50 cm, Höchstalter 19 Jahre; wird jedoch selten über 40 cm lang und mehr als 10 Jahre alt (Gewicht ca. 700 g). Lebt auf weichem Grund in 10–400 m Tiefe. Laichzeit: Jan.–Mai in der Nordsee, März–Juli in der Barentssee. In 150–200 m Tiefe werden 50 000–300 000, frei im Wasser schwebende Eier von 1,3–3,2 mm Durchmesser abgelegt. Die Larven leben bis zu einer Länge von 20–30 mm pelagisch und suchen dann, noch ehe die Umwandlung abgeschlossen ist, in 40–100 m Tiefe den Boden auf. Die Geschlechtsreife tritt in der Nordsee frühestens im 2.–3. Lebensjahr (bei 25 cm Länge) ein, in der Barentssee dagegen, wo das Wachstumstempo wesentlich geringer ist, erst im 7.–12. Jahr (bei 30–45 cm Länge). Die Weibchen werden am größten. Das Ablaichen geschieht im ganzen Bereich ihres Vorkommens. Nahrung: Kleindorsche, Sandaale, Grundeln, Würmer, kleine Schlangensterne, Krebse, Weichtiere.
Minderwertiger und daher unerwünschter Beifang der Schleppnetz- und bisweilen auch der Leinenfischerei. Die Doggerscharbe besitzt wenig Fleisch, das noch dazu wasserreich ist.

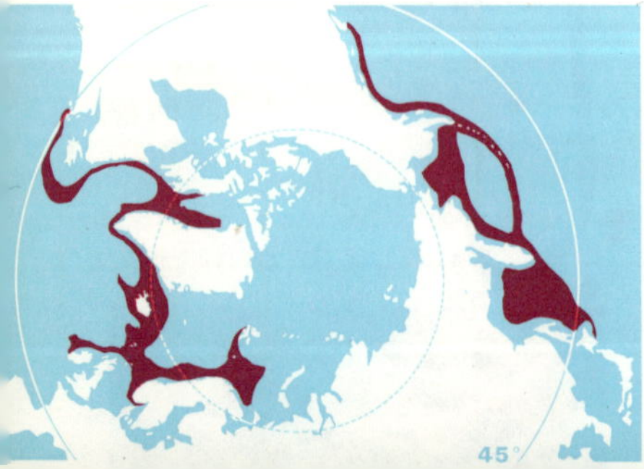

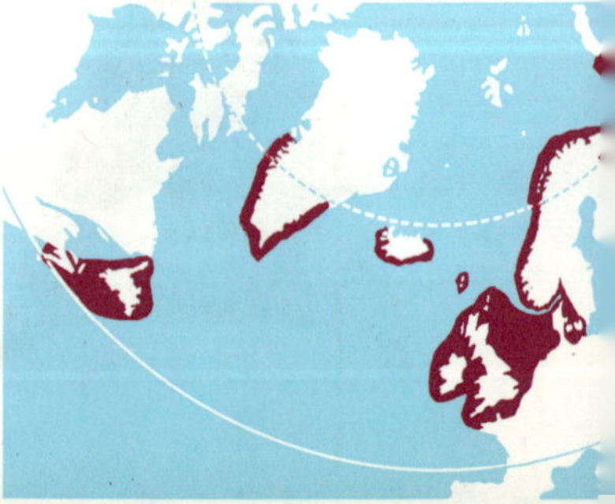

a

Gefärbte Blindseite

151. SCHWARZER HEILBUTT

Reinhardtius hippoglossoides

a 60 cm
b Larve 36 mm
c Hauptnahrung
d Verwendung
e Wichtigste Fangmethode

c

Tiefseegarnele

Wolfsfisch

Lodde

Kleindorsch

b

d

Gesalzen Geräuchert

e

Haken

152. DOGGERSCHARBE

Hippoglossoides platessoides

32 cm

153. Kliesche

Limanda limanda (L.)

Dänischer Ostseekutter

Seitenlinie mit halbkreisförmigem Bogen über der Brustflosse. Schuppen der Augenseite rauh.
Selten über 40 cm lang (ca. 720 g), bleibt meist unter 30 cm. Lebt vorwiegend auf sandigem Grund, in nur wenig größeren Tiefen als die Scholle. Besonders in der Nordsee sehr zahlreich vorkommend.
Laicht in Küstennähe in der Zeit von Jan.–Aug., am frühzeitigsten an der französischen Küste, in der Barentssee dagegen erst spät im Jahr (Juni–Juli). In der Ostsee erstreckt sich die Laichperiode über die Monate April–August hinweg. In der südlichen Nordsee erfolgt das Ablaichen in 20–40 m Tiefe, in der südlichen Ostsee in etwas tieferen Bereichen. Eizahl: 50000–150000. Die pelagischen Eier haben einen Durchmesser von 0,7–1,0 mm. Nach 7–14 Tagen schlüpfen daraus die 2,5 mm langen Larven. Bei ca. 14 mm Länge gehen die Larven, noch ehe die Umwandlung zum Plattfisch abgeschlossen ist, in 6–70 m Tiefe zum Grundleben über. Das Wachstumstempo ist je nach Wohnort sehr unterschiedlich: in der Barentssee wird die Kliesche im 4.–5. Lebensjahr bei 22–24 cm Länge, in der Nordsee im 2.–3. Lebensjahr bei 15–20 cm Länge (einige Individuen sogar schon bei 10 cm Länge) geschlechtsreif.
Schlangensterne, kleine Seeigel, Einsiedlerkrebse, Flohkrebse, Würmer und Weichtiere bilden die Hauptnahrung der Kliesche; in geringerem Umfange ernährt sie sich auch von Sandaalen, Grundeln und (in der Barentssee) von Lodden. Da sie einen ähnlichen Speisezettel wie die Scholle hat, tritt die Kliesche an vielen Orten als schädlicher Nahrungskonkurrent dieses hochwertigen Nutzfisches auf.
Meist als Beifang der Schleppnetz-, Drehwaden- und Stellnetzfischerei angelandet. Kommt als Frischfisch in Eis verpackt oder noch häufiger in Form gefrorener Filets zusammen mit Rotzungen- und Schollenfilets, auf den Markt. Die Kliesche läßt sich nur sehr schwer lebend halten. Durch die Nordseekonvention wurde ein Mindestmaß von 20 cm festgelegt.
Die Jahresfänge der einzelnen Länder betragen: Dänemark 4 000 t, Frankreich 4000 t, Großbritannien ca. 2000 t, Holland 1 000 t, Deutschland und Belgien je 200–500 t.

153. KLIESCHE

Limanda limanda

a 27 cm
b Hauptnahrung
c Verwendung
d Wichtigste Fangmethoden

a

b

Messermuschel

Spisula subtruncata

Abra alba

Amphitrite sp.

Schlangenstern

c

Frischfische, eingeeist

Filet

1 Grundschleppnetz 2 Drehwade

d

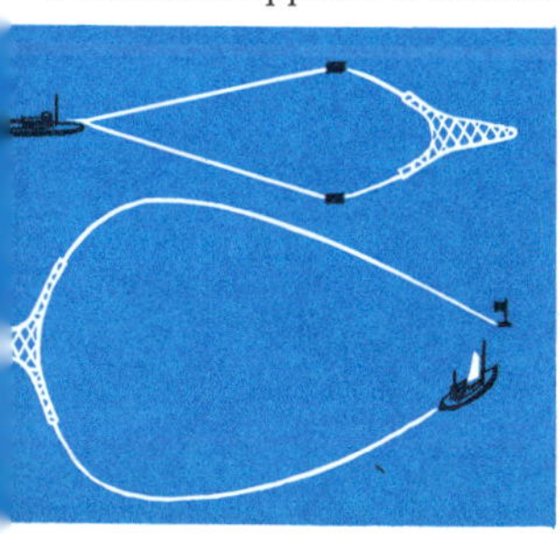

154. Scholle

Pleuronectes platessa (L.)

Kennzeichen: glatt, mit kleinen Schuppen. Zwischen den Augen und über den Kopf verlaufend ein Kamm mit 4–7 Knochenhöckern. Augenseite grau-braun, mit rötlichen (bei älteren Tieren hellgesäumten) Flecken. In der südlichen Beltsee werden häufig Bastarde zwischen Scholle und Flunder (»Blendlinge«) gefunden (s. Flunder, S. 188).

Max. Länge 95 cm, Gewicht 7 kg, Alter ca. 50 Jahre; so große Exemplare sind jedoch nur sehr selten gefangen worden. Durchschnittslänge 25–40 cm.

Grundfische auf gemischtem Ton- und Sandboden, von der Strandzone bis in Tiefen von 200 m. Die meisten erwachsenen Schollen trifft man im Bereich von 10–50 m Tiefe an, die Jungen in der Regel in flacherem Wasser. Innerhalb ihres Verbreitungsgebietes tritt die Scholle in zahlreichen Lokalrassen auf, die charakterisiert sind durch die Zahl der Flossenstrahlen und der Wirbeln. So unterscheidet man z. B. zwischen der Ostsee- und der Nordseescholle. In den Übergangszonen findet eine Vermischung der Lokalformen statt. Die Körpergröße und -form hängt im Wesentlichsten von den Wachstumsbedingungen des jeweiligen Standortes ab. Die abgebildete Scholle stammt aus der futterreichen Beltsee: sie besitzt einen breiteren Körper und kleineren Kopf als die Schollen aus der Nordsee.

Die Schollen laichen im Winter. In der Nordsee liegen die bedeutendsten Laichgebiete vor der belgisch-holländischen Küste, der englischen und schottischen Ostküste, auf der Großen Fischerbank und NW von Helgoland, in der Ostsee im Bornholmtief, ferner bei Bohuslän, im Kattegatt und der Beltsee, im Nordmeer längs der norwegischen Küste, in der Barentssee und bei SW-Island. In den Gewässern der Färöer sind die Schollen weniger gemein.

Das Ablaichen findet bei Temperaturen um 6° C statt, und zwar in der Nordsee in 20–40 m Tiefe von Jan.–Juni, in der westlichen Ostsee in 60–90 m Tiefe von Nov. bis Juni. Damit die Eier noch frei im Wasser schweben können, ist ein Salzgehalt von mindestens 10–12 ‰ erforderlich. In weniger salzhaltigem Wasser sinken die Eier rasch ab, so daß nur eine unzureichende Befruchtung des Laiches stattfinden kann. Nur in den tieferen Becken der westlichen Ostsee ist der Salzgehalt des Wassers für ein erfolgreiches Ablaichen noch hoch genug.

Bei Island laichen die Schollen von März bis April, in der Barentssee von März bis Mai und zwar teils in Tiefen von 160–200 m bei nur 2–2,5° C, teils auch im flacheren Wasser.

Die Zahl der Eier schwankt, je nach Größe der Weibchen, zwischen 50 000 und 520 000 Stück. Die 1,6 mm im Durchmesser großen Eier quellen im Brackwasser bis zu 2,1 mm auf; sie treiben frei im Wasser. Ihre Entwicklung dauert in der Nordsee 10–20 Tage, in der Barentssee, je nach der Temperatur, bis über einen Monat.

Die ausgeschlüpften, 6 mm langen Larven haben zunächst noch die normale symmetrische Form. Sie leben pelagisch und ernähren sich von mikroskopisch kleinen Schnecken- und Borstenwürmerlarven. Nach 1-2 Monaten, bei einer Länge von ca. 10 mm, beginnt die Umwandlung zum Plattfisch: das linke Auge wandert über die Oberkante des Kopfes und die Jungen beginnen mit der linken Seite nach unten gekehrt zu schwimmen.

Dänischer Drehwadenkutter aus der Beltseeregion

a

154. SCHOLLE

Pleuronectes platessa

a 36 cm

Nach Abschluß der Verwandlung bei einer Größe von 12–14 mm, gehen die Jungfische im Flachwasser längs der Küsten zum Leben am Grunde über. Die dem Licht zugekehrte Seite färbt sich dunkel, während die Blindseite bleich und farblos wird.

Am Anfang bilden noch kleine Würmer und Krebschen die Hauptnahrung der Jungschollen, aber mit zunehmendem Alter werden auch die Nährtiere größer: bereits im Spätjahr vertilgen sie schon große Borstenwürmer, dünnschalige Muscheln und Flohkrebse, die auch das wichtigste Futter der Erwachsenen sind; sie sind dann etwa 7–12 cm lang und wandern langsam in tieferes Wasser, um zu überwintern.

Wie auch bei den anderen Plattfischarten, ist das Wachstum der Scholle stark abhängig von der Temperatur, der Nahrungsmenge und der Dichte des Bestandes. An der Westküste Jütlands stehen die Bestände bisweilen so dicht, daß das Wachstum stark nachläßt. Daher hat man versucht, die Jungtiere aus den übervölkerten Gebieten in die Beltsee und den Limfjord zu verpflanzen, um dort besseres Wachstum und erhöhte Ausbeuten zu erreichen. Neuere Untersuchungen jedoch zeigten, daß solche Verpflanzungen kaum rentabel sind.

Im Winter läßt die Nahrungsaufnahme nach; erst im Frühjahr wandern die Jungschollen wieder auf ihre Weidegründe im Flachwasser zurück. Ähnlich den Flundern sind die Schollen besonders nachts aktiv und werden dann auch in flachestem Wasser angetroffen.

In der Nordsee werden die Schollenmännchen im 3.–4. Lebensjahr, bei einer Länge von 18–26 cm, die Weibchen im 6. Lebensjahr, bei einer Länge von ca. 35 cm, geschlechtsreif, in der Barentssee dagegen die Männchen erst im 6.–9. Jahr (30–40 cm), die Weibchen im 7.–13. Jahr (34–47 cm). Durch Markierungen wurde nachgewiesen, daß die Schollen auf ihren Laichwanderungen weite Strecken zurücklegen können. In einigen Fällen sind dabei Tagesleistungen von 18–30 km registriert worden.

Die Schollenfischerei wird hauptsächlich mit Drehwaden und Schleppnetzen betrieben. (Die hochwertigste, da am schonendsten erbeutete Ware landen die Drehwadenfischer an!) Erhebliche Mengen werden auch in Stellnetzen gefangen oder als Beifang der Leinenfischerei angelandet. Mindestmaß (gemäß der Nordseekonvention): 25 cm. In einigen Ländern wurden höhere Mindestmaße und besondere Verordnungen zum Schutz der laichreifen Tiere eingeführt.

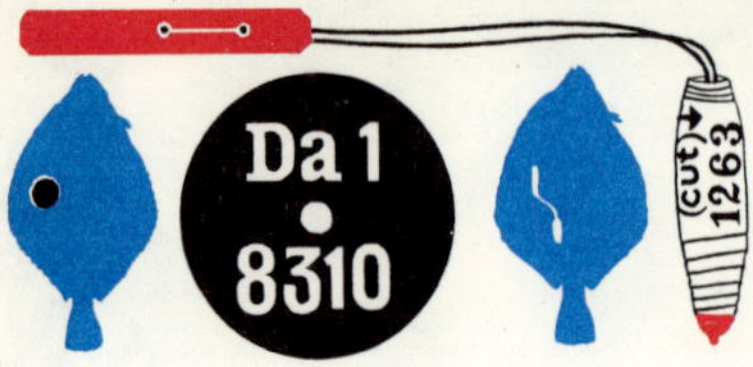

Auf den Markt kommen die Schollen meist als Frischfische, in Eis verpackt. Ein Teil der Fänge wird filetiert, geräuchert oder zu Bratmarinaden verarbeitet. Aus der Haut wird Schmuckleder hergestellt.

Die Scholle ist einer der wichtigsten Nutzfische; der europäische Jahresfang beträgt 100–120 000 t. Anlandungen der einzelnen Länder (pro Jahr): Dänemark 39–53 000 t, Großbritannien 35–39 000 t, Holland 13–14 000 t, Belgien 4–5 000 t, Deutschland 3 800–4 400 t, Island 1 000–4400 t, Schweden 1 100 t, Irland 1 000 t, Norwegen 900 t.

b

154. SCHOLLE

b Ei und Larven, ca. 5-fach vergrößert
c Otolith einer 4-jähr. Scholle, 4-fach vergr.
d Hauptnahrung
e Wichtigste Fangmethoden
f Verwendung

Ei, kurz vor dem Ausschlüpfen der Larve, 1,6-2,1 mm

3 pelagische Larven
7 mm . . 8-12 Tage
8,5 mm . . 20-25 Tage
11 mm . . 35-40 Tage

Bodenstadium
12,5 mm . . 45-50 Tage

Scheidenmuschel

Pectinaria sp.

Nephthys sp. Borstenwurm

d

Spisula subtruncata

Abra alba

Plattmuschel

c

f

Filet, tiefgefroren

Frischfisch, eingeeist

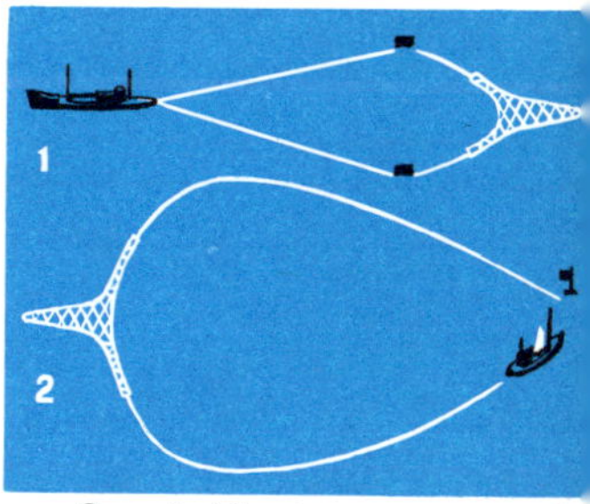

e 1 Grundschleppnetz
2 Drehwade

155. Flunder
Platichthys flesus (L.)

Kennzeichen: Rauhe Körperoberfläche, dornige Hautwarzen besonders entlang der Seitenlinie und an der Basis der Rücken- und Afterflosse. Seitenlinie über der Brustflosse nur schwach gebogen. In der Regel rechtsäugig, es werden aber auch viele, im Höchstfalle bis zu einem Drittel, »Linksflundern« gefangen. Wo die Flundern gleichzeitig mit den Schollen laichen, z. B. in der südlichen Beltsee, treten Zwischenformen (Bastarde) auf; diese »Blendlinge« besitzen eine etwas glattere Haut als die Flundern und, im Vergleich zu den Schollen, nur undeutlich hervortretende rote Flecken. Derartige Färbungsanomalien werden häufig beobachtet.
In ihrem Verbreitungsgebiet kommt die Flunder in 6 geographischen Unterarten vor.
Max. Länge 50 cm; Individuen über 30 cm werden jedoch nur selten gefangen. Grundfisch, von der Gezeitenzone bis in 25 m Tiefe, die jüngsten Stadien im flachesten Wasser. Im Sommer halten sich die Flundern gerne auch in Flußmündungen, Lagunen und Fjorden auf, und einzelne Tiere steigen von hier oft weit in die Flüsse auf. Bei Einbruch der kalten Jahreszeit verläßt dann die Mehrzahl das flache Brackwasser und zieht weiter seewärts in tieferes, wärmeres und salzhaltigeres Wasser. Das Ablaichen erfolgt in 20–40 m Tiefe, in der südlichen und südöstlichen Nordsee von Febr. bis Mai, bei der Halbinsel Kola von April bis Juni und im Schwarzen Meer von Jan. bis März.
In der westlichen Ostsee laichen die Flundern in 40–100 m Tiefe, in Zonen mit mindestens 10 ‰ Salzgehalt. Bei geringerem Salzgehalt sinken die Eier auf den Boden und verderben zum größten Teil, oder werden nicht befruchtet. Zahl der Eier: 400 000–2 Millionen. Die pelagischen Eier haben einen Durchmesser von 0,8–1,4 mm; infolge Quellung sind sie im Brackwasser am größten. Die Brutdauer beträgt bei einer Oberflächentemperatur um 10° C fünf bis sieben Tage. Die beim Ausschlüpfen nur 3 mm langen, durchsichtigen Larven leben bis zu einer Länge von 7–10 mm pelagisch. Noch ehe die Umwandlung ganz abgeschlossen ist, nehmen die Jungfische das Bodenleben im Flachwasser der Strandregion auf, wo sie sich während der ersten Wochen von mikroskopisch kleinen Krebsen ernähren. Das Wachstum ist u.a. abhängig von der Dichte des Bestandes und der Menge der vorhandenen Nahrung. Am Ende des ersten Lebensjahres sind die jungen Flundern bei Bornholm nur ca. 4 cm, im Kattegatt dagegen bereits 13 cm lang. Unabhängig von der Größe werden die Männchen als 3-jährige, die Weibchen als 4-jährige zum ersten Mal laichreif; sie haben zu diesem Zeitpunkt eine Länge von 20–35 cm erreicht.
Die Nahrung der Flunder besteht aus Würmern, Flohkrebsen, Asseln, Garnelen, Muscheln, Grundeln und Sandaalen. Hauptsächlich die älteren Tiere vertilgen Weichtiere und kleine Fische, während sich die jüngeren vorwiegend von Krebsen ernähren. Bei der Nahrungssuche und -aufnahme kann ein 24-Stundenrhythmus beobachtet werden: während vor allem die größeren Flundern die längste Zeit des Tages im Sand vergraben zubringen, werden sie nachts sehr aktiv und wandern zum Fressen in seichteres Wasser.
Flundern fängt man in Reusen, Stellnetzen und mit der Drehwade. Mehrere Länder haben Mindestmaße und Schonzeiten eingeführt. Verwendung als Frisch- oder Räucherfisch.
Europäischer Jahresfang ca. 10 000 t. Dänemark 4–5 000 t, Deutschland 1 000 t, Holland 700 t, Schweden 500 t, Großbritannien 200 t.

155. FLUNDER

Platichthys flesus

a 30 cm
b Larve 8,5 mm
c Hauptnahrung
d Wichtigste Fangmethoden

156. Rotzunge, Limande

Microstomus kitt (Walb.)

Kennzeichen: Ohne Analdorn. Seitenlinie fast gerade, über der Brustflosse nur schwach gebogen. Augenseite rot- bis gelbbraun, dunkler marmoriert, glatt. Kopf und Mund sehr klein. Körper fleischig.

Die Rotzunge ist ein stationärer Grundfisch, ihr Wachstum ist daher je nach den Standortbedingungen, sehr variabel. In der Nordsee erreicht sie im 5. Jahr eine Länge von 20–30 cm. Max. Länge 45 cm. Sie bewohnt harten, steinigen oder felsigen Boden in Tiefen von 20–150 m. Die Geschlechtsreife tritt am Ende des 3.–4. Lebensjahres ein. Laichzeit: März–September. Das Ablaichen erfolgt in ca. 100 m Tiefe. Schon nach kurzer Brutdauer schlüpfen die 4,5–5,5 mm langen Larven, die bis zum Spätjahr im freien Wasser verbleiben. Schon bei einer Länge von 15–16 mm beginnen sie unsymmetrisch zu werden, gehen aber erst bei 3 cm Länge in ziemlich tiefem Wasser zum Leben am Grunde über.

Die Rotzunge ernährt sich hauptsächlich von Krebsen, Röhrenwürmern, Seepocken und Käferschnecken.

Sie wird, vorwiegend im Winter, mit Schleppnetzen und Drehwaden gefangen oder als Beifang z. B. der Garnelenfischerei angebracht. Wichtigste Fanggründe: Island, Färöer, nördliche Nordsee, W und S von Großbritannien. Der europäische Fang beläuft sich auf ca. 10 000 t, davon landet allein England ca. 6 000 t an. Sehr geschätzter Speisefisch.

Internationales Mindestmaß: 25 cm.

157. Hundszunge, Zungenbutt

Glyptocephalus cynoglossus (L.)

Kennzeichen: Körperform gestreckt; Analdorn vorhanden; Seitenlinie fast ganz gerade. Augenseite einfarbig graubraun, rauh. Brustflosse der Augenseite mit schwarzer Spitze. Mund sehr klein.

Max. Länge ca. 55 cm (2,5 kg). In der Nordsee erreichen die Männchen im 5. Lebensjahr 29 cm, die Weibchen ca. 33 cm Länge. Die Hundszunge lebt auf weichem Grund in 100–400 m Tiefe und Temperaturen von 5–7° C; sie ist das Charaktertier der tiefen Fjorde Norwegens und der Färöer ebenso wie der Abhänge längs der Norwegischen Rinne.

Geschlechtsreif im 4.–5. Lebensjahr. Laichzeit: Mai–September. Die Jungfische leben ebenso wie die Erwachsenen in größeren Tiefen. Ei- und Larvalenentwicklung sind noch wenig erforscht.

Die Hauptnahrung bilden Würmer, Weichtiere, Krebse und kleine Stachelhäuter.

Wichtiger Nutzfisch der Schleppnetz- und Drehwadenfischer bei Bohuslän, längs der Norwegischen Rinne, in der nördlichen Nordsee, bei Island und Irland. Oft auch als Beifang der Garnelenfischerei angelandet.

Der europäische Fang beläuft sich auf schätzungsweise ca. 4 000 t jährlich. Davon werden von England ca. 1 500 t angebracht, während die übrigen europäischen Länder Erträge unter 500 t aufweisen. Kanada holt aus dem amerikanischen Verbreitungsgebiet jährlich ca. 4 000 t.

Internationales Mindestmaß: 28 cm.

a

156. ROTZUNGE

Microstomus kitt

a 27 cm
b Larve 14 mm
c Hauptnahrung

b

c

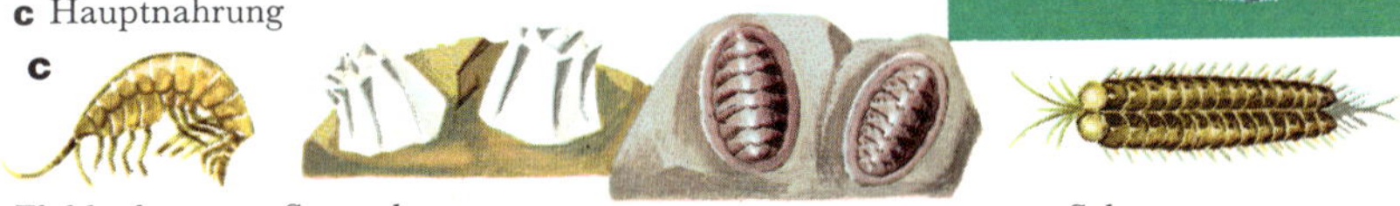

Flohkrebs Seepocken Käferschnecken Schuppenwurm

a

157. HUNDSZUNGE

Glyptocephalus cynoglossus

a 24 cm
b Larve 15 mm
c Hauptnahrung
d Wichtigste Fangmethoden

b

c

Würmer

d

2 Drehwade
1 Grundschleppnetz

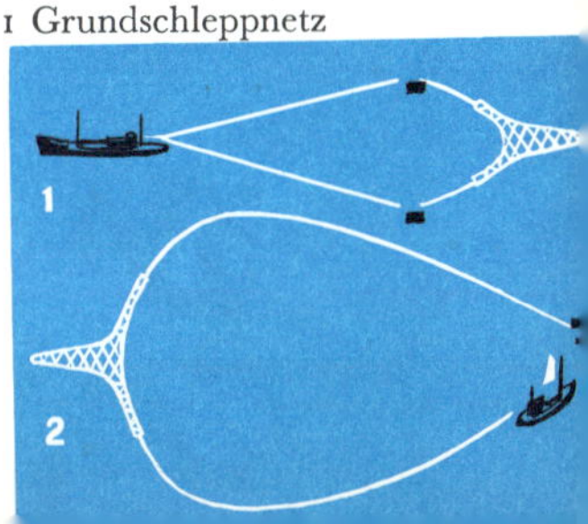

158. Seezunge

Solea vulgaris Quensel

Kennzeichen: Beide Brustflossen wohlentwickelt. Nasenlöcher der Blindseite klein, weit voneinander entfernt.
Durchschnittliche Länge 30–40 cm, Gewicht ca. 320 g, Alter 4–8 Jahre. Max. Länge ca. 60 cm (3 kg, Alter über 20 Jahre). Lebt vorwiegend in 10–60 m Tiefe auf sandigem oder schlammigem Grund.
Laicht von April bis Juli in der südlichen Nordsee (und einigen Stellen des Skagerrak und Kattegatt), von März bis April an der irischen und südenglischen Küste, und bereits im Februar im Mittelmeer. Das Ablaichen findet in flachen Küstengewässern bei einer Wassertemperatur von 6–12° C statt. Zahl der Eier: 100–150000. Die Eier (1,3–1,5 mm Durchmesser) treiben frei im Wasser. Nach einer Brutdauer von ca. 10 Tagen (bei 9–10° C) schlüpfen die 3,6 mm langen, pelagischen Larven, deren Verwandlung zum Plattfisch bei 12–15 mm Länge beendet ist, worauf sie als Jungfische im flachen Strandwasser (auch im Brackwasser) das Bodenleben aufnehmen; erst später wandern sie weiter seewärts in tiefere Zonen. Im 1. Lebensjahr wird die Brut 8–15 cm lang; im 3.–5. Jahr tritt bei 25–30 cm Länge die Geschlechtsreife ein. Die Männchen sind etwas kleiner als die Weibchen.
Die Seezunge geht vorwiegend nachts auf Beutesuche; ihre Hauptnahrung bilden dünnschalige Muscheln, Borstenwürmer, Krebse, in geringerem Maße auch kleine Fische (Grundeln, Sandaale). Tagsüber meist im Sande vergraben.
Die Zungenfischerei wird betrieben mit Schleppnetzen, Drehwaden und Stellnetzen, die quer zur Strömungsrichtung ausgesetzt werden. Mindestmaß (lt. Nordseekonvention): 24 cm. Seezungen sind wegen ihres festen weißen Fleisches sehr geschätzte Speisefische.
Europäischer Fang: 20–25 000 t. Davon Holland 6–12 000 t, Frankreich 5 000 t, Belgien 4 000 t, England 2 000 t, Dänemark 2 000 t, Deutschland 1–2 000 t.

Die Sandzunge, *S. lascaris,* eine nahverwandte Art, die oft mit der Seezunge verwechselt wird, kommt vom Kanal bis zum Mittelmeer vor. Sie unterscheidet sich von der Seezunge u. a. durch das vergrößerte erste Nasenloch der Blindseite.

159. Zwergzunge

Buglossidium luteum (Risso)

Kennzeichen: Brustflossen sehr klein. Jeder 6. oder 7. Strahl der Rücken- und Afterflosse schwarz.
Max. Länge 12–13 cm. Lebt in 5–20 m Tiefe auf flachen Sandgründen. Laichzeit: März–Juli. Aus den planktonischen Eiern (Durchmesser ca. 1 mm) schlüpfen nach 5–6 Tagen die 2 mm langen, pelagischen Larven. Nach Abschluß der Verwandlung, bei einer Länge von ca. 10 mm, gehen die Jungfische zum Bodenleben über. Die Geschlechtsreife tritt bei den Männchen bei 6–7 cm, bei den Weibchen bei 7–8 cm Länge ein. Nahrung: kleine Würmer und Krebse.

a

158. SEEZUNGE

Solea vulgaris

a 28 cm
b Larve 5 mm
c Hauptnahrung
d Wichtigste Fangmethoden

b

c

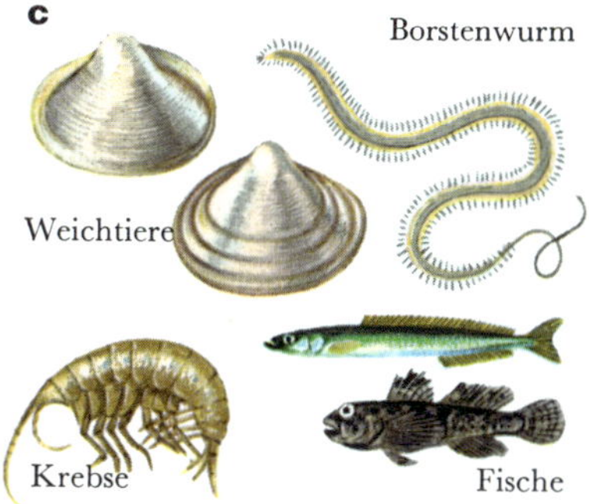

d

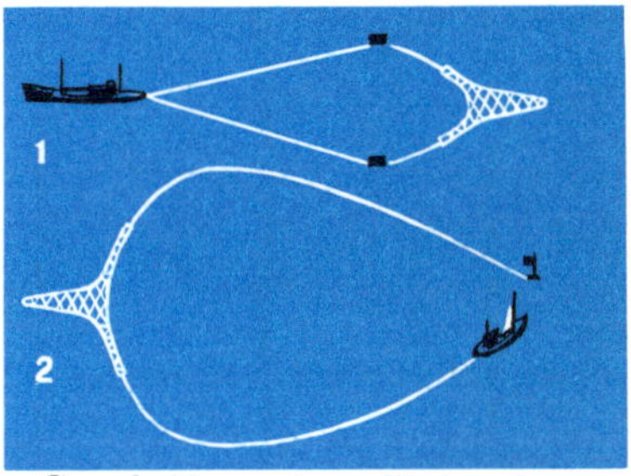

1 Grundschleppnetz 2 Drehwade

10 cm

159. ZWERGZUNGE

Buglossidium luteum

160. Mondfisch

Mola mola (L.)

Kennzeichen: seitlich stark zusammengedrückter, kurzer und hoher Körper. Ohne Bauchflossen. Schwanzflosse durch einen steifen Hautsaum ersetzt. Rücken- und Afterflosse als lange Lappen ausgebildet, die nur seitwärts geschlagen werden können. Haut schuppenlos, lederartig. Unter der Haut eine dicke, knorpelartige Schicht. Kleine Mundöffnung. Können (mittels der Kiefer?) knirschende Laute hervorbringen.

Max. Länge ca. 3 m (ca. 1 400 kg). Bewohner der Hochsee, in warmen und gemäßigten Zonen weltweit verbreitet. Lassen sich oft auf der Seite liegend an der Wasseroberfläche treiben oder schwimmen aufrecht so dicht unter der Oberfläche, daß ihre Rükkenflosse über das Wasser hinausragt. Sie laichen u. a. in der Sargasso See; die Zahl der Eier ist außergewöhnlich hoch: über 300 Millionen! Die Larven besitzen lange Stacheln und einen wohlentwickelten Schwanztiel mit normaler Schwanzflosse, die später wieder verschwinden, während gleichzeitig die Rücken- und Afterflosse ihr charakteristisches Aussehen erhalten. Nahrung: tierisches Plankton, Aallarven, kleine Tiefseefische. Im Spätjahr als Irrgast in der Nordsee und im Skagerrak. Ein naher Verwandter, der

Lange Mondfisch, *Ranzania truncata* (1 m) wird bisweilen an der englischen Küste beobachtet.

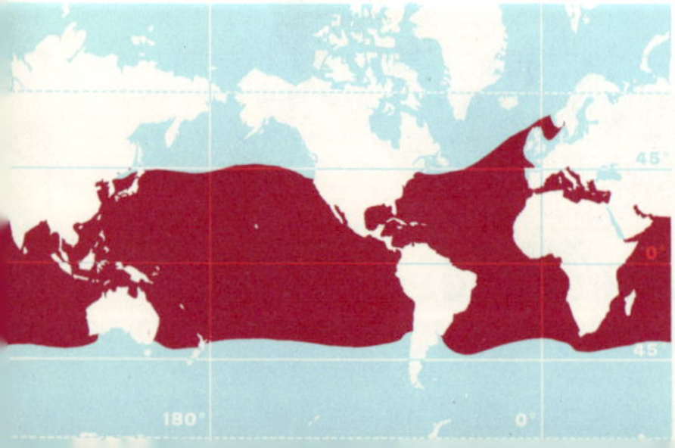

161. Seeteufel

Lophius piscatorius (L.)

Durchschnittliche Länge 40–60 cm, max. Länge ca. 1,7 m (30–40 kg). Kommt sowohl auf Sand- als auch auf Schlammgründen, von der Küstenregion bis in Tiefen um 1 000 m, vor. Laicht in der Zeit von April–Juli nördlich, westlich und südlich der Britischen Inseln in über 400 m Tiefe ca. 1 Million Eier ab, die in einem 8–10 m langen und 15–45 cm breitem, violettem Schleimband eingebettet liegen. Diese Laichmassen treiben während ihrer Entwicklung frei im Wasser, durch den Wellengang in Bruchstücke zerrissen, und werden durch die Strömungen weit verschleppt. Die bizarr aussehenden Larven leben bis zu einer Länge von 6–8 cm pelagisch und gehen dann in flacherem Wasser an den Boden.

Der Seeteufel ist ein seiner Umgebung gut angepaßter Grundfisch, der seine neugierige Beute durch den beweglichen ersten Rückenflossenstrahl, an dessen Spitze sich ein fleischiger Hautlappen befindet, anlockt. Ist das Opfer nahe genug herangekommen, schnappt er mit seinem riesigen Maul blitzschnell zu. Die spitzen, nach rückwärts gerichteten Fangzähne lassen sich nach innen umbiegen, erleichtern auf diese Weise das Verschlingen der Beute und verhindern zugleich ein Zurückgleiten. Nahrung: Meeraal, Knurrhähne, Rochen etc., auch Tauchervögel können überwältigt werden. Wird als Beifang der Schleppnetz- und Langleinenfischerei angelandet. Europäischer Fang 9–10 000 t. England ca. 3 500 t, Spanien 4 000 t, übrige europäische Länder je 200–500 t. Kommt enthäutet und ohne Kopf auf den Markt (»Forellenstör«). Aus seiner Bauchspeicheldrüse wurde das erste Insulin gewonnen.

160. MONDFISCH

Mola mola

a 65 cm
b Larve 17 mm

a

b

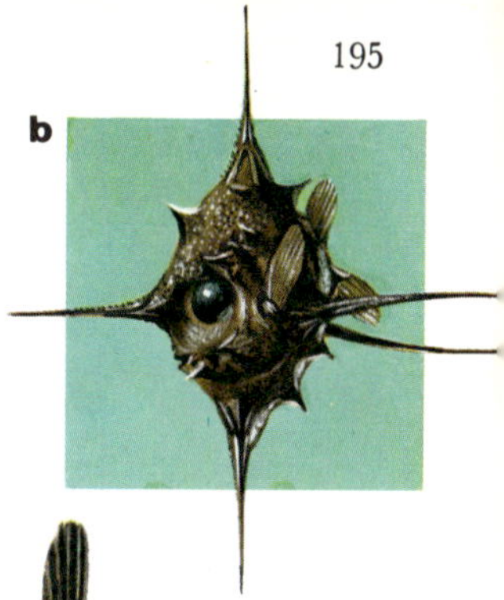

161. SEETEUFEL

Lophius piscatorius

a 35 cm – **b** Seitenansicht
c Larve 26 mm

c

a

b

162. Sandgarnele
Crangon crangon (Fabr.)

Grauer, durchsichtiger Körper, ohne Stirnhorn. Max. Länge 8 cm. Lebt in 0–20 m Tiefe, während des Sommers in den flachen Watten oft in ungeheuren Massen. Das Weibchen legt 2–3 mal jährlich 2 000 bis 14 000 Eier, die es 1–2 Monate lang, unter dem Hinterleib angeheftet, mit sich herumträgt. Die Larven leben bis zu einer Länge von 10 mm freischwimmend. Die Sandgarnele ist ein Zwitter, der 1–2 Jahre als Männchen, später als Weibchen fungiert. Wird selten über 3–4 Jahre alt. Nahrung: Kleintiere, Sinkstoffe, Algen.
Wichtiges Objekt der Küstenfischerei. Fang mit Schleppnetzen (Baumkurre), die von kleinen Motorkuttern aus bedient werden, mit Körben, Pfahl- und Schiebehamen usw. Die größeren Tiere werden nach dem Kochen entschält und zu Konserven etc. verarbeitet, die kleineren (vorwiegend Männchen) in Darren getrocknet (Futter- und Düngemittel).

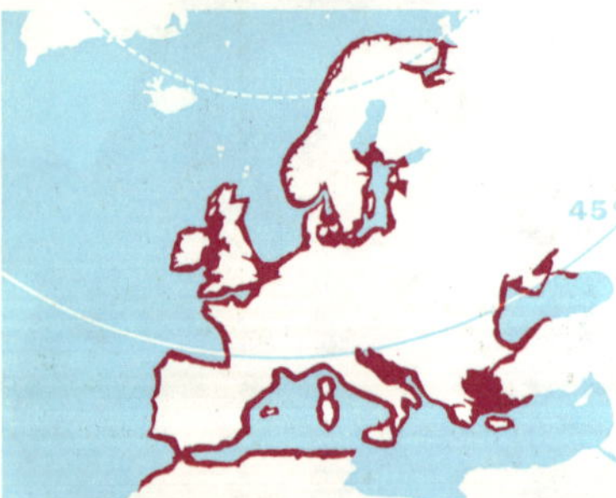

163. Tiefseegarnele
Pandalus borealis Kröy.

Lebt auf weichem Grund in 50–500 m Tiefe und Temperaturen von 0–8° C. Steigt nachts in höhere Zonen. Zwitter: während der ersten 2 Jahre (im Skagerrak) oder 4 Jahre (bei Grönland und Spitzbergen) reifen die männlichen Keimzellen, danach die weiblichen. Die Begattung erfolgt im Herbst, die Eier werden im Innern des mütterlichen Körpers befruchtet. Nach der Ablage werden die Eier (1 000–3 000 Stück) den ganzen Winter über (bei Grönland sogar bis zu 9 Monaten) bis zum Schlüpfen der pelagischen Larven vom Weibchen herumgetragen. Die Nahrung der Erwachsenen besteht aus kleinen Krebstieren und Würmern. Sie selbst werden von zahlreichen Feinden verfolgt, u. a. bilden sie eine wichtige Fischnahrung.
Als »Speisekrabben« von großer wirtschaftlicher Bedeutung. Norwegen 10 000 t, Dänemark 5–6 000 t.

164. Ostseegarnele
Leander adspersus Rtk.

Die Weibchen werden bis zu 8 cm lang, die Männchen sind erheblich kleiner. Bewohner der Algenzone, besonders in geschützten Buchten und Fjorden. Legt 1–2 mal jährlich 300–2 500 Eier ab, die ca. 1 Monat lang unter dem Hinterleib getragen werden. Die Larven leben bis zu 7–8 mm Länge pelagisch. Nach einem Jahr, bei 4 cm Länge, werden sie laichreif. In besonders kalten Jahren geht ein großer Teil des Bestandes zugrunde. Nahrung: kleine Würmer und Krebse. Fang mit Krabbenhamen, Waden oder Reusen. Hauptfangplätze: Küsten der westlichen Ostsee.

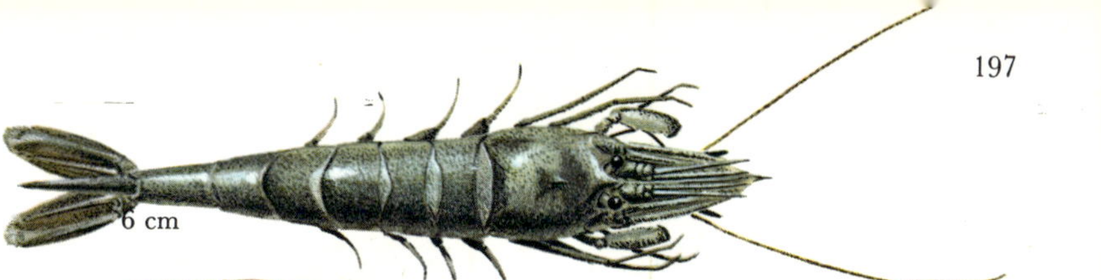

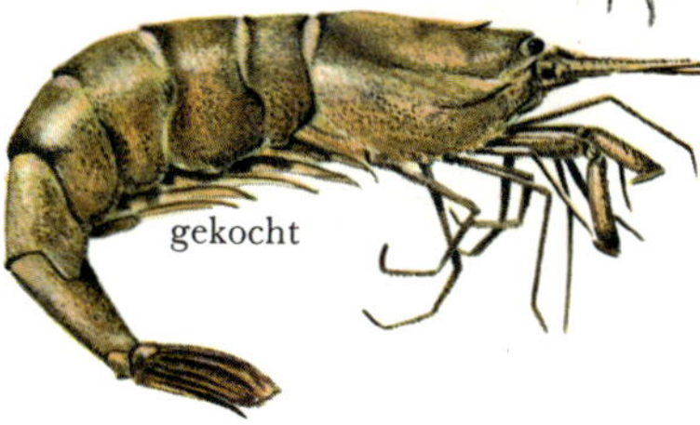

162. SANDGARNELE
Crangon crangon

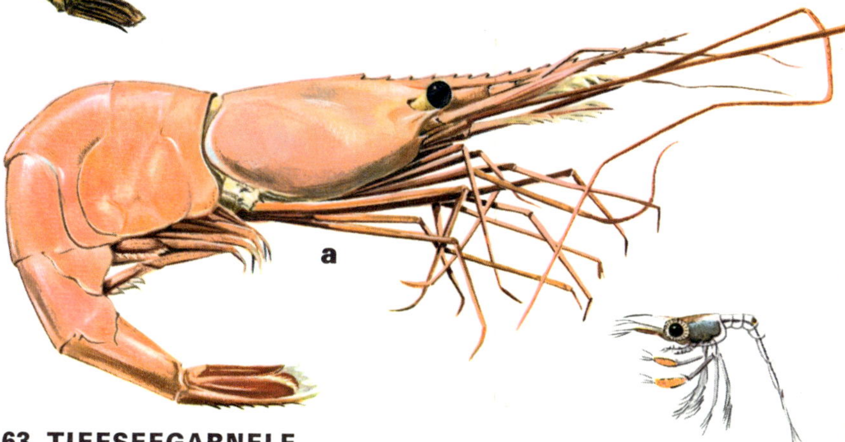

b

163. TIEFSEEGARNELE
Pandalus borealis

a 10 cm
b Larve, 10-fach vergr.
c Wichtigste Fangmethode

Schleppnetz

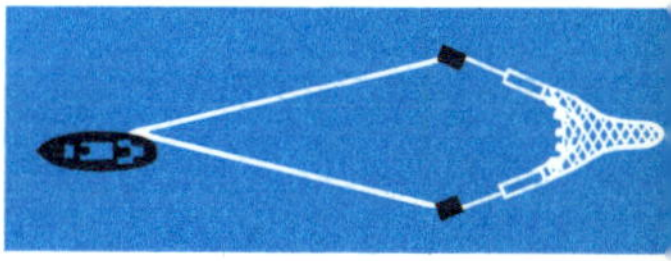

c

Gekocht

164. OSTSEEGARNELE
Leander adspersus

165. HUMMER

Homarus vulgaris

a 34 cm
b Larve 12 mm
c Hauptnahrung
d Verwendung
e Wichtigste Fangmethode

a

b

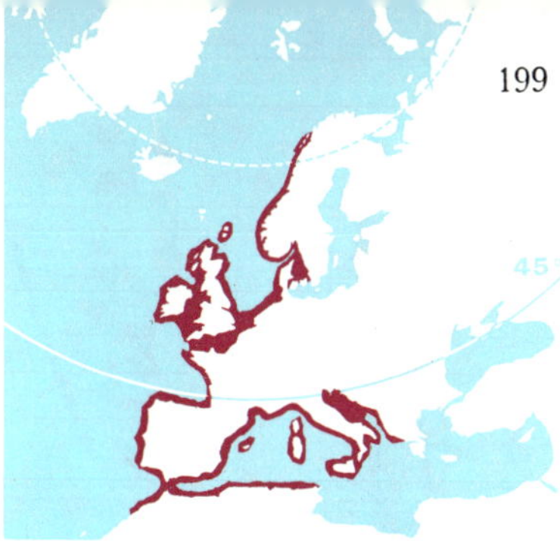

165. Hummer

Homarus vulgaris M.-Edw.

Max. Länge 75 cm (4 kg). Selten über 30 cm (ca. 1 kg). Lebt in algenbewachsenen Felsgebieten in 2–40 m Tiefe. Er stellt an die Temperaturen in seinem Wohnbereich recht hohe Anforderungen: unter 5° C verweigert er die Nahrungsaufnahme, bei 20–22° C geht er zugrunde. Die Fortpflanzung ist nur bei einer Temperatur von mindestens 15° C und in salzreichem Wasser möglich. Unmittelbar nach der Häutung der Weibchen findet im Spätsommer die Paarung und Übergabe des Samenpaketes (Spermatophore) statt, das vom Weibchen in einer Samenblase den Winter über aufbewahrt wird. Erst im darauffolgenden Sommer erfolgt die Befruchtung und Ablage der Eier, wobei sich das Weibchen auf den Rücken legt und der Laich an den Abdominalfüssen festklebt. Zahl der Eier 5 000–40 000, je nach Größe des Weibchens. Die Tragzeit dauert 10–12 Monate, abhängig von der Temperatur. Die 7–8 mm langen Larven schwimmen ca. 14 Tage lang frei im Wasser; erst nach 3 Häutungen gehen sie zum Leben am Boden über. Der Hummer ist ein typisches Nachttier; seine Nahrung bilden Muscheln, Würmer, tote Fische, auch schwächere Artgenossen. Er unternimmt keine weiten Wanderungen; markierte Tiere wurden in höchstens 4–5 km Entfernung wiedergefangen. Das Wachstum ist langsam und je nach den Temperaturen der Wohngewässer ziemlich unterschiedlich. Im Skagerrak werden die Männchen bei 16–17 cm Länge, die Weibchen bei 22–23 cm (ca. 350 g, Alter 5–7 Jahre) zum ersten Mal laichreif. Die Häutungen der Erwachsenen erfolgen jährlich ein- bis zweimal, wobei die Tiere 1–2 cm an Länge zunehmen.

Die Hummer werden im Sommer mit Korbreusen (Tiners) gefangen, die mit frischen oder getrockneten Fischen beködert sind, und in Hütefässern lebend aufbewahrt. Da die Bestände sich sehr verringert haben, versucht man z. B. in Norwegen durch künstliche Zucht von Besatzhummern einzugreifen.

Europäischer Jahresfang ca. 3 500 t. Davon Großbritannien 1 300–1 600 t, Norwegen 7–800 t, Frankreich 500 t, Irland 200–400 t, Schweden 200 t, Dänemark 100 t.

Zum Schutz der noch vorhandenen Bestände wurden Schonvorschriften und Mindestmaße (gewöhnlich 20–21 cm) von den meisten der am Hummernfang beteiligten Länder eingeführt.

c

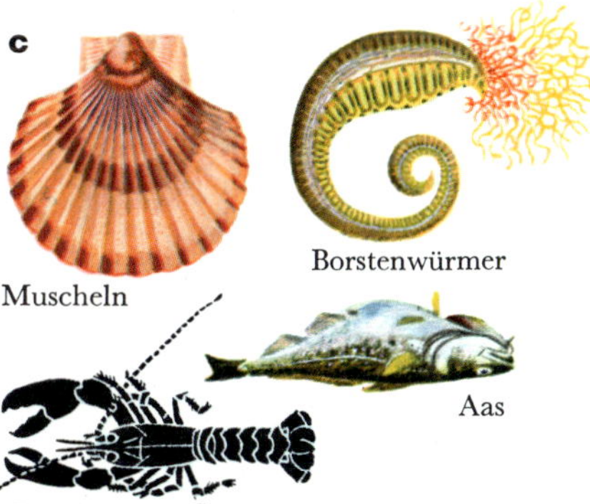

d

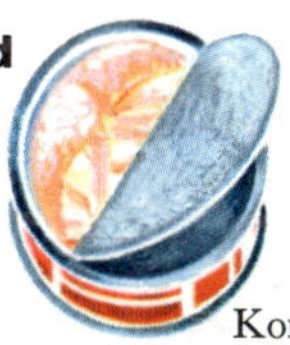

Konserven

e

Hummerkorb

a

b

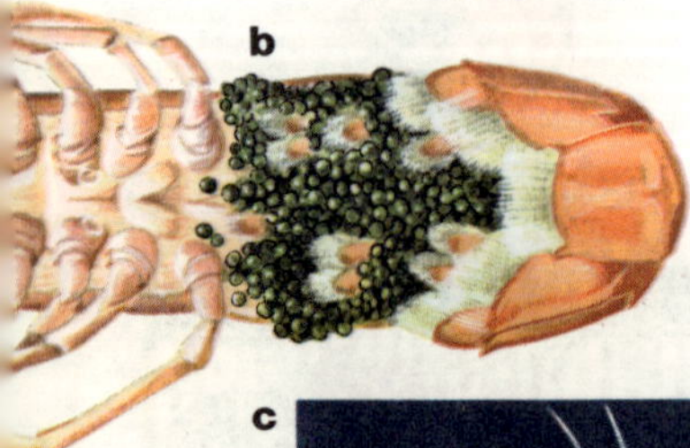

c

d

Krebse Würmer

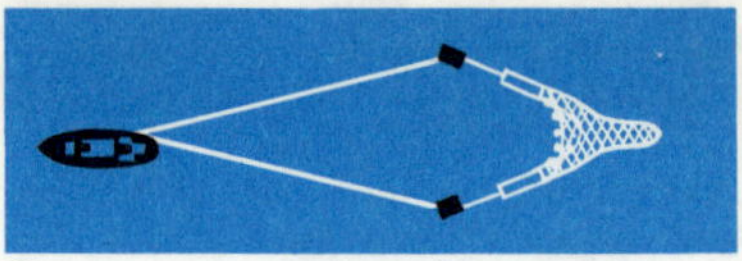

e Grundschleppnetz

166. KAISERGRANAT

Nephrops norvegicus (L.)

a 18 cm
b Ei
c Larve 7 mm
d Hauptnahrung
e Wichtigste Fangmethode

Auch Kaiser- oder Kronenhummer genannt. Vom Stirndorn bis zur Hinterleibsspitze messen die Männchen maximal 24 cm, die Weibchen 20 cm. Selten über 15 cm. Lebt in 40–250 m Tiefe auf weichem Boden, tagsüber meist eingegraben, erst nach Einbruch der Dunkelheit auf Beute lauernd. Die Weibchen laichen jedes zweite Jahr in der Zeit von März bis November. Die Eier werden erst bei der Ablage befruchtet (bis zu 4 000 Stück) und bis zum Ausschlüpfen der Larven vom Weibchen auf der Unterseite des Schwanzes herumgetragen; sie brauchen 8–9 Monate zu ihrer Entwicklung. Die ca. 7 mm langen, garnelenähnlichen Larven schwimmen 2–3 Wochen frei im Wasser. Nach der 3. Häutung sind sie 11 mm lang und nehmen nun das Leben am Grunde auf. Das Wachstum ist sehr langsam.

Im 3–5 Lebensjahr, bei einer Länge von 8–10 cm, werden sie geschlechtsreif. Nahrung: Kleintiere, Würmer, Krebse.
Als Fanggeräte der Nephropsfischerei dienen Waden und Schleppnetze. Die Fänge werden in der Regel gleich an Bord gekocht; der größte Teil davon wird den Konservenfabriken zur Weiterverarbeitung zugeführt.
Europäischer Fang: ca. 15 000 t. Davon Frankreich ca. 8 000 t, Großbritannien 3–4 000 t, Dänemark 1 500–2 000 t, Schweden ca. 700 t. In mehreren Ländern wurden zum Schutz der Bestände Mindestmaße festgelegt (11 bis 16 cm, je nach Verordnung).

167. LANGUSTE

Palinurus vulgaris Latr.

a 26 cm
b Pelagische Larve
c Fangmethode

Ohne Scheren. Durchschnittliche Länge 30–40 cm, max. Länge 50 cm. Lebt auf felsigem Grund in 50–100m Tiefe, im Winter noch tiefer. Die Eier (bis zu 15 000) werden vom Weibchen auf der Unterseite des Hinterleibes den Winter über herumgetragen, bis im Frühjahr die eigenartig gestalteten, 3 mm langen Larven ausschlüpfen, die ca. 2 Monate lang (bis zu einer Länge von ca. 20 mm) pelagisch leben. Nahrung: hauptsächlich Weichtiere. Werden in Körben (Reusen) gefangen und kommen frisch, gefroren oder als Konserven auf den Markt. Frankreich 2–4 000 t, Spanien 300–3 000 t, Portugal 300 t, Großbritannien 100 t, Irland 100 t.

a

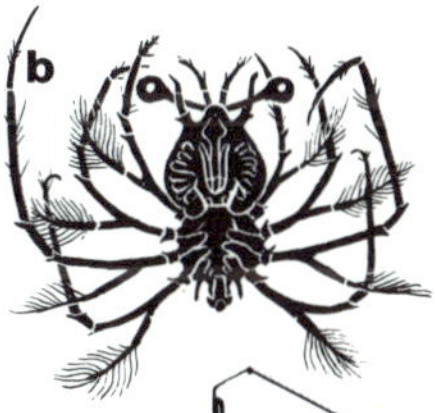

b

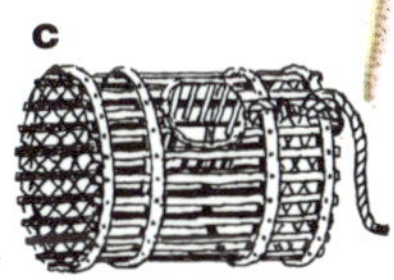

c

Langustenkorb

Bretonisches Langustenboot

168. GROSSE SEESPINNE

Maia squinado Rond.

Durchschnittliche Rumpfbreite 8–11 cm, max. 18 cm. Bewohner algenbewachsener Sandgründe, vom Mittelmeer bis zum Kanal weit verbreitet. Im Juli rotten sich die geschlechtsreifen Tiere zu großen Klumpen zusammen (bis zu 80 Tiere an einem Platz wurden beobachtet). Die Samenübergabe erfolgt unmittelbar nach der Häutung der Weibchen. Die frischgehäuteten, wehrlosen Weibchen halten sich im innersten Bereich der Ansammlung auf. Erst bis zu 6 Monate später werden die Eier abgelegt und vom Weibchen ca. 9 Monate lang bis zum Ausschlüpfen der Larven herumgetragen. Nahrung: Moostierchen *(Bryozoa)*, Polypenstöcke *(Hydroidea)*. Wirtschaftlich von Bedeutung.

169. Taschenkrebs

Cancer pagurus L.

Schalenbreite selten über 20 cm, max. 30 cm (4–6 kg). Hinterleib beim Weibchen breit und rundlich, beim Männchen schmal und zugespitzt. Stationärer Bewohner sandigen und steinigen Grundes, im Sommer in 1–30 m, im Winter in 30–50 m Tiefe. Die Paarung erfolgt unmittelbar nach der Häutung des Weibchens; das Sperma kann längere Zeit (2–3 Jahre) im Innern des mütterlichen Körpers gespeichert werden. Das Weibchen laicht im Spätjahr ½–3 Millionen Eier ab, die es den Winter über unter seinem Hinterleib herumträgt; erst im darauffolgenden Sommer schlüpfen die 0,9 mm langen, pelagischen Larven. Diese erreichen im Laufe von zwei Monaten, nach mehreren Häutungen, eine Länge von 4 mm, worauf sie zum Bodenleben übergehen. Am Ende des ersten Lebensjahres sind die jungen Krabben ca. 3 cm lang. Erst bei einer Schalenbreite von etwa 12 cm, im Alter von fünf bis sechs Jahren, werden sie fortpflanzungsfähig. Die älteren Tiere häuten sich nur noch einmal im Jahr. Ihre Nahrung besteht aus Muscheln und verschiedenen anderen Bodentieren.

Die Taschenkrebse werden in Hummerkörben gefangen, die mit frischem Fischfleisch beködert sind. Auf den Markt kommen sie lebend oder gefroren, ein Teil der Fänge wird auch in der Konservenindustrie verwertet. Eine 10 cm breite Krabbe liefert ca. 100 g Fleisch. In mehreren Ländern wurden Schonzeiten und Mindestmaße eingeführt. Fangerträge: Großbritannien 5 000–6 000 t, Norwegen 4 000 t.

a

b

c

169. TASCHENKREBS

Cancer pagurus

a 17 cm
b Pelagische Larve, ca. 6-fach vergr.
c Bodenstadium, ca. 6-fach vergr.

170. Nordischer Kalmar

Loligo forbesi Steenstr.

Pelagisch lebender Bewohner küstennaher Gewässer. Im Herbst in großen Schwärmen in der nördlichen Nordsee. Rumpflänge (ohne Kopf und Arme) selten über 35 cm (Weibchen) bzw. 60 cm (Männchen). Die Eier werden in langen, keulenförmigen Gallertkapseln am Boden abgelegt. Junge Kalmare ernähren sich von Planktontieren, die älteren machen Jagd auf Kleinheringe, Sprotten und Sandaale. Wie auch andere Tintenfische besitzen sie Giftdrüsen, mit deren Sekret sie, sobald ihre kräftigen Hornkiefer zugepackt haben, ihre Beute lähmen oder töten können. Lebensdauer: 2–5 Jahre. Häufiger Beifang im Schleppnetz. Die Jahreserträge aus der Nordsee belaufen sich auf ca. 200 t; die Fänge werden gefroren oder als Konserven nach Südeuropa exportiert.

Die 10armigen Tintenfische sind in

der Nordsee mit ca. 40 Arten vertreten. Obwohl mit den Schnecken und Muscheln nahe verwandt (sie gehören ebenfalls zur Klasse der Weichtiere), gleicht ihre Lebensweise vielmehr der der Fische; viele von ihnen kommen in dichten Schwärmen vor und unternehmen auch weite, jahreszeitlich bedingte Wanderungen, laichen freischwebende Eier ab und leben wie die Raubfische der Hochsee von der Jagd auf Schwarmfische, während sie selbst von Thunfischen und Walen verfolgt werden. Die kleinsten Arten sind ca. 3 cm lang, die größten sollen Körperlänge von 2–4 m und Armlängen bis zu 10 m aufweisen. Im Magen eines Pottwals wurde ein Tintenfischauge von 40 cm Durchmesser gefunden!

In wärmeren Meeren spielt die Fischerei auf zehn- und achtarmige Tintenfische eine große wirtschaftliche Rolle. Der Weltfang beträgt ca. 1 Millionen Tonnen jährlich. Aus dem Mittelmeer werden 20–30 000 t angelandet.

171. Krake

Eledone cirrosa Lam.

Auf jedem Kopfarm nur eine Reihe von Saugnäpfen. Kommt auch in der Nordsee, in 5–200 m Tiefe, vor. Wird höchstens 50 cm lang. Die Weibchen legen in der Zeit von Juli bis Oktober ca. 800 ovale, gestielte Eier (8 × 3 mm) in großen Trauben zwischen Steinen und in Felsspalten ab. Etwa 1 Monat lang schwimmen die Larven frei im Wasser. Nahrung: vorwiegend Krabben und Muscheln. Feinde der Krake sind u. a. Kabeljau und Meeraal. Ohne wirtschaftliche Bedeutung. *Octopus vulgaris* kommt von der Kanalküste bis zur Mittelmeerküste vor. (Arme mit 2 Reihen von Saugnäpfen). Gesamtlänge selten über 1 m (2–3 kg). Fügt den Fischern stellenweise beträchtlichen Schaden zu, da er Langusten und Hummer aus den Fangkörben stiehlt.

Die meisten achtarmigen Tintenfische leben als Bodentiere in küstennahen Gewässern, tagsüber in Höhlen und Felslöchern versteckt.

Krake

170. NORDISCHER KALMAR

Loligo forbesi

a 22 cm
b Hauptnahrung
c Verwendung
d Wichtigste Fangmethode

a

b

Kleinfische Garnelen

c

Konserven

d

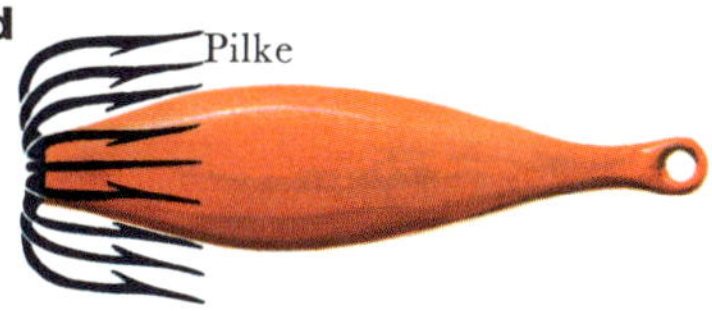

Pilke

16 cm

171. KRAKE

Eledone cirrosa

172. Auster

Ostrea edulis L.

Bewohner des flachen Küstensaumes bis in ca. 20 m Tiefe, auf festem Grund. Die Biologie der Auster ist sehr interessant: während ihres ganzen Lebens wechselt sie, je nach den Temperatur- und Nahrungsverhältnissen, das Geschlecht. Im Alter von 8–10 Monaten, bei einer Temperatur von mindestens 12° C, reift sie zunächst als Männchen. Später wird sie jedoch bei einer Sommertemperatur von 15–16° C jedes 3.–4. Jahr (bei 20–22° C jedes Jahr) zum Weibchen und fungiert nur in der Zwischenzeit als Männchen. Die Übertragung des Samens erfolgt im Sommer; die Eier (ca. 1 Million) werden in der Kiemenhöhle des Weibchens befruchtet und verbleiben dort bis zum Schlüpfen der Larven nach ein bis zwei Wochen. Als Larven schwimmen die Jungen 10–20 Tage im Plankton bis sie sich an Steinen, Algen oder Pfahlwerk mit ihrer linken Schale festkitten. Mit zunehmendem Alter erhalten die Schalenklappen eine unregelmäßig gewellte, blättrige Struktur. Nach deren Aufklappen sieht man im Inneren der geöffneten Auster den kräftigen Schließmuskel (»Stuhl«), umgeben von Herz, Magen, Leber, Geschlechts- und Verdauungsorganen und umkränzt von den dunklen Rändern der 4 Kiemenblätter (»Bart«).
Die Auster ernährt sich von Plankton, das sie mit Hilfe ihres Kiemenfilters aus dem Meerwasser aussiebt. Max. Alter 20–30 Jahre. Handelsreif im 3.–4. Lebensjahr. Um regelmäßige Erträge zu gewährleisten, werden sie in »Austernparks« gezüchtet und kultiviert.
Die französischen Erträge stammen zum großen Teil aus der Gegend von Arcachon an der atlantischen Küste. Von der Bretagne bis zum Mittelmeer wird auch die Portugiesische Auster, *Crassostrea angulata,* gefischt. Sie unterscheidet sich von der gewöhnlichen Auster u.a. durch die violett gefärbte Ansatzstelle des Schließmuskels auf der Innenseite der Schalen.

173. Miesmuschel

Mytilus edulis L.

Selten über 80 mm lang. Bewohner der Gezeitenzone, in 0–10 m Tiefe, häufig an Stellen mit starker Brandung. Getrenntgeschlechtslich, Eier und Samen werden frei ins Wasser abgegeben. Zahl der Eier: 5–12 Millionen. Nach 1 bis 2 Wochen schlüpfen aus den befruchteten Eiern winzige Larven, die 2 bis 3 Wochen frei im Wasser schwimmen und sich dann an Steinen, Pfählen, Tang etc. festsetzen. Mit Hilfe der von ihrer Byssusdrüse ausgeschiedenen Haftfäden verankern sie sich auf der Unterlage.
Die Miesmuscheln werden, ähnlich wie die Austern, an geeigneten Stellen gezüchtet und kultiviert. Sie erreichen, je nach der Menge der vorhandenen Nahrung, im 1. bis 4. Jahr Marktgröße und kommen frisch oder zu Konserven verarbeitet in den Handel. Ein Teil der Erträge wird zur Futtermehl-Herstellung verwendet.
Der Muschelfischerei wurde in den letzten Jahren durch einen parasitischen Hüpferling *(Mytilicola intestinalis)* zeitweilig beträchtlicher Schaden zugefügt. Der epidemisch auftretende Parasit lebt im Darmkanal der Muschel und verursacht bei starkem Befall Mißwuchs des Wirtstieres. Das Fleisch der befallenen Miesmuscheln ist jedoch nicht gesundheitsschädlich.
Holland 60–75 000 t. Dänemark 10–20 000 t, Frankreich 10–20 000 t, Deutschland 10–15 000 t.

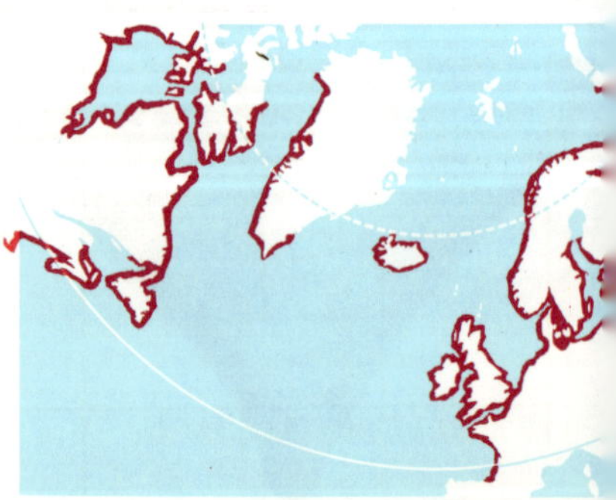

a

b

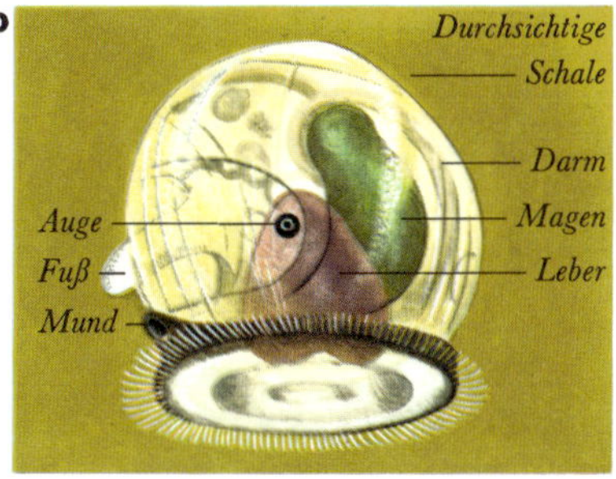

172. AUSTER

Ostrea edulis

a 7 cm
b Pelagische Larve, 0,24 mm
c Wichtigste Fangmethode

Als »Brutsammler« werden Dachziegel, Pfahl- und Buschwerk verwendet, auf denen sich die Jungaustern festkitten.

c

Austernrechen

173. MIESMUSCHEL

Mytilus edulis

5-7 cm

GESCHICHTE DER FISCHEREI

Galionsfigur der »D/S Finmarken« aus dem Jahre 1864.

Museum Bergen

Altertum

Die Fischerei ist zweifelsohne eine der ursprünglichsten Betätigungen des Menschen zur Befriedigung seines Nahrungsbedarfes. So lassen sich die Anfänge der Seefischerei in der einfachsten Form an den deutschen wie an den europäischen Küsten bis in die ältere Steinzeit verfolgen.
Der Beginn der Fischerei war die einfache Sammeltätigkeit der vorgeschichtlichen Menschen. Während im Landesinneren hauptsächlich Insekten, Frösche, Wurzeln und Früchte gesammelt wurden, ernteten die Küstenbewohner bei Niedrigwasser Krabben, Kleinfische und Muscheln. Sie bauten bald künstliche Hindernisse wie Steinsetzungen, Zäune und Reusen, die bei ablaufendem Wasser die Schätze des Meeres zurückhielten. Auch begann man schon frühzeitig für den Fischfang in den Binnenseen, Flüssen und am Strand die traditionellen Jagdgeräte, Pfeil und Bogen und den Speer, zu benützen.
Damit wurde die Fischerei zur Jagd und zu einer interessanten Beschäftigung der Männer, während das langweilige Einsammeln den Frauen und Kindern überlassen wurde. Wie wir aus Runenzeichen und Höhlenmalereien wissen, spielten dabei Zauberkünste eine große Rolle.

Heilbutt,
Ritzzeichnung aus Stavanger, Norwegen

Der Vorläufer des Angelhakens war ein spitzer, spindelförmiger Knebel, wie er noch heute bei abgelegenen und primitiven Völkerschaften in Gebrauch ist.

Obgleich eine spätere Erfindung als Pfeil und Speer, sind Angelhaken in ihrer typischen Form schon aus der Steinzeit bekannt; sie waren aus Stein, Horn, Knochen oder Holz geschnitzt, wurden aber im übrigen nicht überall erfunden. In Australien und in großen Teilen Afrikas z. B. wurden sie erst von den Arabern und Europäern eingeführt. Bereits im Bronze- und frühen Eisen-Zeitalter erhielt der Angelhaken die ideale Form, wie er sie noch heute aufweist.

Frühzeitig begann man auch Reusen aus Weidenzweigen zu flechten, eine Technik, die sich bis in unsere Tage erhalten hat (Aalkörbe, Hummerkörbe). In Wasserläufen und Meeresbuchten baute man Fischsperren, die die Fische in sinnvoll angelegte Fallen leiteten.

Im Binnenland wurden Netze bei Kampfspielen und zum Fang von Flugwild verwendet; bald lernte man sie auch zum Fischfang zu gebrauchen und knüpfte Waden, Wurf- und Senknetze.

Die erbeuteten Fische wurden aufgeschnitten und als Vorrat in der Sonne getrocknet oder über dem Feuer geräuchert.

Im Bronze- und frühen Eisen-Zeitalter machte der Schiffsbau gewaltige Fortschritte. Aus mit Häuten bespannten Booten, Flößen und ausgehöhlten Baumstämmen wurden Ruder- und Segelboote mit »Klinker«-Beplankung.

Zuerst diente die Fischerei nur der Selbstversorgung. Als aber die Fangerträge zunahmen, begann der Handel mit Fischereierzeugnissen aufzublühen.

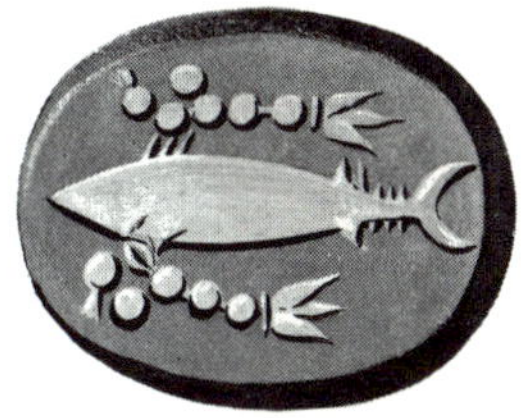

Thunfisch mit Schmuckband. Jonische Münze um 600 v. Chr.

Man lernte die konservierenden Eigenschaften des Salzes kennen. Schon vor 3000 Jahren waren Salz und getrocknete Salzfische wichtige Handelsartikel im Mittelmeerraum. Vor allem die Phönizier trieben einen schwungvollen Handel mit Salzfischen. Viele Städtenamen weisen darauf hin; so bedeutet z. B. Sidon die »Stadt der Fischer« und Malaga der »Ort, in dem die Fische gesalzen werden«. Es gingen jedoch noch mehr als 1 000 Jahre vorüber, ehe die Kenntnis vom Haltbarmachen der Fische mit Hilfe von Salz bis in die nordeuropäischen Länder vordrang.

Mittelalter

Im mittelalterlichen Europa war es nicht möglich, frische Fische über weite Strecken zu transportieren. Nur in den Anlandeplätzen und in küstennahen Städten konnten frische Seefische auf den Markt gebracht werden, während man im Landesinneren auf die Binnenfischerei angewiesen war, die damals eine weitaus größere Rolle als heutzutage spielte.

Wirtschaftlich am bedeutendsten waren Heringe und Kabeljau, ebenso wie in unserer Zeit. Salz wurde zu einem äußerst wichtigen Rohstoff. Entlang der Küsten leitete man das Meerwasser in flache Lagunen (Salzpfannen), wo es von Sonne und Wind eingedampft wurde. In Nordeuropa gewann man das Salz durch Sieden

Angelhaken aus Stein und Knochen

Bastnetz aus der Steinzeit

Yarmouth, England

Enkhuizen, Holland

Skagen, Dänemark

Marstrand, Schweden

Hansestadt Bergen, Norwegen

Einige Städte, für die die Fischerei von so großer Bedeutung war, daß sie Fische in ihre Stadtwappen aufnahmen.

von Meerwasser in großen Salzpfannen, die mit Holz oder Holzkohle erhitzt wurden. Viele Wälder in England, Holland und Dänemark fielen durch rücksichtlosem Raubbau der Salzgewinnung zum Opfer.

Im ausgehenden Mittelalter wurde das Salz mit hohen Steuern belegt, wie etwa Tabak und Kaffee in der heutigen Zeit. Dies führte zum Schleichhandel, der wiederum durch zahlreiche Kontrollmaßnahmen und Gesetze bekämpft wurde.

Schon um das Jahr 1000 begann die Entwicklung der Heringsfischerei an der ostenglischen Küste. Vor allem Yarmouth war damals schon ein wichtiger Anlandeplatz. Gleichzeitig wurde im Kanal und in der südlichen Nordsee vor Dieppe, Calais und den Niederlanden gefischt.

Das wichtigste Zentrum für die Versorgung Europas mit Salzheringen lag vom 13. Jahrhundert an im Bereich des südlichen Öresunds; von Bedeutung waren vor allem die Orte Falsterbo und Skanör. Der Vertrieb dieses Herings war in den Händen der norddeutschen Hansestädte, die sich umfassende Privilegien von den dänischen Königen kauften und den gesamten Export über 400 Jahre lang verwalteten. Um 1500 begann dann der Flämische Hering auf dem Markt zu konkurrieren; die Monopolstellung der Hanse wurde allmählich gebrochen. Aber noch im Jahre 1537 waren 37 500 Mann am Strand von Skanör und Falsterbo mit dem Einsalzen von 96 000 Tonnen Heringen beschäftigt. Hinzu kamen weitere 264 000 Tonnen aus den übrigen Fangplätzen im dänischen Königreich.

Der dänische Hering wurde ursprünglich ungereinigt eingesalzen, später jedoch sauber ausgeweidet und gewaschen, wodurch seine Haltbarkeit und Qualität noch gesteigert werden konnte. Von den Kaufleuten der Hansestädte lernten die Holländer um 1375 diese Verarbeitungsmethode kennen und verbesserten sie im Laufe der Zeit.

Die gleichbleibend hohe Qualität des Flämischen Herings wurde durch zahlreiche Gesetze und Verordnungen

über Verarbeitung und weitere Behandlung der Ware sichergestellt. Sie erreichten dadurch, daß die in Hamburg gegründete »Schonenfahrergesellschaft« den Vertrieb des Flämischen Herings übernahm und sie sich eine Vorrangstellung auf dem europäischen Markt eroberten, die ca. 300 Jahre andauerte. Der Heringshandel schuf die Grundlage für den Reichtum Hollands und ermöglichte es dem kleinen Land, gegen das mächtige Spanien am Ende des 16. Jahrhunderts Freiheitskriege zu finanzieren.
Die holländische Fischerei arbeitete mit besonderen Dreimastern von 80–100 Tonnen, den Heringsbuisen, die 14–15 Mann Besatzung hatten. Wichtigstes Fanggerät war das Schleppnetz. Zu Beginn der Heringssaison brachten schnellsegelnde Boote die ersten, teuren Salzheringe nach Holland, von wo sie mit leichten Pferdekutschen weiterverfrachtet wurden.
Etwa 2 000 holländische Buisen fischten damals in der Nordsee, häufig vor Kaperei und Piraterie von Kanonenbooten bewacht. Man schätzt, daß zu der Zeit ein Fünftel der holländischen Bevölkerung (d.h. etwa 450 000 Menschen) direkt oder indirekt ihr Einkommen aus der Heringsfischerei bezogen. Daher erzählt man sich noch heute, Amsterdam sei auf Heringsgräten erbaut.
Wind- und sonnengetrockneter, (bisweilen) aufgeschnittener Kabeljau (Stockfisch) ist seit dem frühen Mittelalter, bedingt durch die für das Trocknen günstigen klimatischen Verhältnisse und dem Mangel an Salz, ein wichtiges Erzeugnis der nordischen Länder. Als haltbarer Schiffsproviant ermöglichte er den Fischern die langen Seereisen nach Island und Grönland.
Im 13–14. Jahrhundert begannen die Kaufleute der Hanse, von Bergen aus den Exporthandel mit den heimischen Produkten, Stockfisch und Tran, aufzubauen. Ebenso verwalteten die Engländer, von den Dänen heftig bekämpft, von Bristol aus einen ähnlichen Handel mit Island und befischten auch selbst die isländischen Küstengewässer mit ihren »Doggers« (Zweimaster).

Hanseatische Kogge, um 1550

Holländische Heringsbuise, 18. Jahrhundert

Bretonischer Logger, 19. Jahrhundert

Jütländischer Drehwadenkutter, um 1890

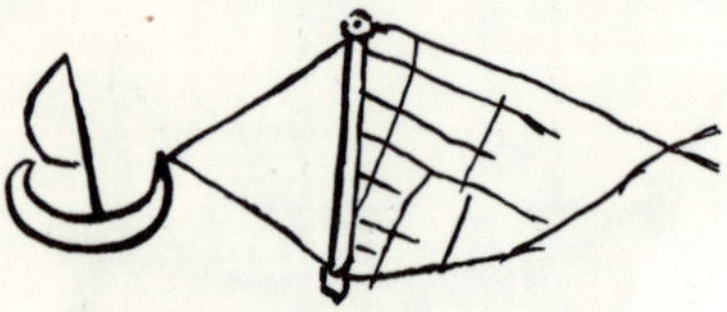

Beam-Trawl, engl. Zeichnung von 1635

Der Lebertran war ein wichtiges Nebenprodukt der Dorschfischerei. Das Öl wurde hauptsächlich zur Lederverarbeitung und -pflege, daneben auch als stark rußendes, übelriechendes Lampenöl verwendet. Erst um 1775 erkannte man in England die vorbeugende Wirkung des Dorschlebertrans; die englische Krankheit (Rachitis) konnte damit wirksam bekämpft werden. Bereits fünfzig Jahre später fand er in ganz Europa wegen seines hohen Gehaltes an Vitamin A und D und seines bedeutenden Nährwertes vielfache Verwendung.

Neuzeit

»Am 10. August 1497. Für den Entdecker der neuen Insel, 10 £.«
Dies war der Betrag, den der König von England als Geschenk an John Cabot zum Dank für die Entdeckung Neufundlands in sein privates Kassabuch eintrug. Noch viele Jahre mußten jedoch vergehen, ehe man den großen Wert dieser Insel für die englischer Fischerei erkannte.
Während der ersten Hälfte des 16. Jahrhunderts wurden die Gewässer um Neufundland hauptsächlich von spanischen, portugiesischen und französischen Fischern besucht. Als Dänemark sich aber durchgesetzt hatte und den englischen Fischern für den Kabeljaufang bei Island hohe Lizenzgebühren abverlangte, begann man in England zum ersten Mal Fischereifahrzeuge in größerer Zahl auch nach Neufundland zu schicken. Um 1580 fischten 50 englische, 50 portugiesische, 100 spanische und 150 französiche Fahrzeuge bei Neufundland, aber nachdem englische Piraten die Spanier und Portugiesen vertrieben hatten, übernahmen England und Frankreich allein die Kontrolle der Fischerei in diesem Gebiet. 1583 besetzten die Engländer die Insel und zwangen die Franzosen in größerer Entfernung von der Küste weiter seewärts zu fischen, wodurch diese den Fischreichtum der Neufundland-Bänke entdeckten. England übernahm in Spanien und Portugal den umfangreichen Handel mit gesalzenem Kabeljau. Im Frühjahr segelte die englische Fangflotte zuerst nach Portugal, um Salz zu holen, hierauf nach Neufundland zum Kabeljaufang und wieder zurück nach Portugal, um die Salzfische abzuliefern. Auf ihrer Heimfahrt nach England nahmen sie dann Wein, Olivenöl und Salz mit. Während nun die Engländer den Markt auf der spanischen Halbinsel beherrschten, drangen die Holländer in die Gewässer der englischen Ostküste vor und verkauften große Mengen Fisch auf dem englischen Markt.

Handel mit getrockneten Salzfischen
Olaus Magnus 1555

Um 1630 war die Tonnage der englischen Neufundlandflotte auf 27 000 t angewachsen. Der Jahreserlös der Fangerträge belief sich auf ca. 180 000 £. Die Franzosen unternahmen zweimal jährlich eine Fangreise nach Neufundland, um dort mit Langleinen zu fischen. Die Fänge wurden an Bord gesalzen und in Fässer gepackt (»Grüne Fische«). Die französichen Schiffe, mit 15 bis 20 Mann Besatzung, hatten Vorräte für ein halbes Jahr an Bord. Zu Beginn des 18. Jahrhunderts gelang es den Franzosen, die Engländer zu überrunden: sie fischten mit 4–8 000 Fahrzeugen und 16–30 000 Mann Personal, während England nur 5 000 Mann in der Neufundlandfischerei beschäftigen konnte.

Im Laufe des 18. Jahrhunderts setzten dann die Franzosen als Fischereifahrzeuge Schoner von 2–300 T, 70–80 Mann Besatzung und 14–15 Beibooten (Dories) ein. (Dories sind kleine Boote, von denen aus mit Langleinen gefischt wird.) Qualitativ war der »Französische Salzfisch« den englischen Produkten dieser Art weit überlegen.

Durch die Neufundland-Fischerei wurde auch der wirtschaftliche Aufschwung Neu-Englands mächtig vorangetrieben; vor allem Boston entwickelte sich in kurzer Zeit zu einem wichtigen Fischereihafen.

Der gutorganisierten holländischen Heringsfischerei war in der Nordsee eine lange Blütezeit beschieden; alle Versuche der Engländer, etwas Gleichwertiges aufzubauen, scheiterten. Erst durch die zahlreichen Kriege mit England und Frankreich im 17. und 18. Jahrhundert wurde die Monopolstellung Hollands gebrochen. Nun konnte sich die schottische und englische Heringsfischerei, vom Staat durch Subsidienverordnungen (bounties), Exportprämien, finanzielle Unterstützungen beim Schiffsbau usw. gefördert, rasch entwickeln. 1913 erreichten die Fangerträge der englischen Heringsfischerei mit ca. 600 000 Tonnen einen Höhepunkt; exportiert wurde hauptsächlich nach Rußland, Polen und Deutschland.

Heringsfang *Olaus Magnus 1535*

Besonders in früherer Zeit waren die Erträge der Heringsfischerei sehr unterschiedlich; reiche Heringsjahre bei Südwestnorwegen wechselten mit guten Perioden an der schwedischen Kattegatküste ab. Die norwegischen Heringsperioden währten ca. 50–80, die schwedischen 20–60 Jahre. Von größter wirtschaftlicher Bedeutung für die westnorwegische Fischerei ist der atlanto-skandinavische Hering, der als Salzhering erst im 18. Jahrhundert, nachdem Holland seine Vorrangstellung im Heringshandel verloren hatte, auf den europäischen Markt gebracht wurde.

Anfangs des 17. Jahrhunderts begann man in nordischen Ländern, dorschartige Fische zu Klippfisch zu verarbeiten. Rasch wurde dieses Produkt, zusammen mit dem althergebrachten Stockfisch, zu einem wichtigen Exportgut. Schon im Jahre 1827 arbeiteten 20 000 Mann in der Lofoten-Fischerei, die auch noch heute eine der größten und imponierendsten Fischereien Europas ist. Klippfisch und Stockfisch werden vor allem nach Spanien, Portugal, Italien und Südamerika exportiert.

Während der napoleonischen Kriege wurde es zur Notwendigkeit, Nahrungsmittel einzukochen, damit die gewaltigen Heermassen stets mit transportabler frischer Kost versorgt werden konnten. Bereits gegen Ende des 18. Jahrhunderts führte man die ersten Versuche mit Glasbehältern durch. Im Jahre 1810 wurde dann das erste Patent für eingekochte Lebensmittel in Blechdosen ausgegeben, und schon 15 Jahre später konnte man Lachs, Sardinen und Krabben in Dosen kaufen.

Der Handel mit Frischfischen konnte sich erst in größerem Umfange entwickeln, als man lernte, Fische in zerstoßenem Eis eine gewisse Zeit frisch zu halten. Natureis wurde im Winter aus den Binnenseen gewonnen oder aus Norwegen eingeführt und in gegen Außenwärme gut isolierten Kellern auf viele Monate eingelagert. Die erste Maschine zur Herstellung von Kunsteis wurde zwar schon 1835 erfunden, doch erst um 1890 besaßen alle großen Seefischereihäfen ihre eigenen Eiswerke. Mit dem Ausbau des Eisenbahnnetzes ergab sich die Möglichkeit, frische geeiste Fische rasch von den großen Fischmärkten mit besonderen »Fischzügen« in das Binnenland zu verfrachten. Nun waren die stark gesalzenen, getrockneten oder geräucherten Produkte, auf die man bisher angewiesen war, beim Verbraucher nicht mehr begehrt und wurden durch frische oder mild geräucherte Ware ersetzt.

Seit dem Mittelalter hat sich im Prinzip an den Fanggeräten selbst wenig geändert; praktisch waren alle heutzutage bekannten Fangmethoden schon im Gebrauch, nur wurden die Geräte wesentlich verbessert und nahmen immer größere Dimensionen an, wodurch ihre Leistungsfähigkeit in hohem Maße gesteigert werden konnte. Den größten Umschwung brachte für die Fischerei, ebenso wie für die Industrie, die Erfindung der Dampfmaschine.

Nach 1880 tauchten die ersten englischen Dampftrawler auf den Fangplätzen auf; bald darauf auch mit Dampfmaschinen angetriebene »Drifters«. Das alte Beam-Trawl (Baum-

Aberdeens erster Dampftrawler 1882

netz, durch einen langen, querliegenden Baum offengehalten) wird nun vom Otter-Trawl (Scherbrettnetz) verdrängt, das weitaus leichter zu manövrieren ist. Auch Anker- und Netzwinden werden nun maschinell angetrieben.

Von ganz besonderer Bedeutung für die Fischerei war natürlich der Aufschwung der Elektrotechnik. Schon vor dem ersten Weltkrieg wurden Funknachrichtengeräte auf Fischdampfern installiert. Heutzutage sind die Hochseetrawler mit einer Funk- und Peilausrüstung modernster Art ausgestattet.

Da die Nordsee deutliche Zeichen der Überfischung aufwies und der Bedarf an Fischen ständig anwuchs, wurde es in unserem Jahrhundert notwendig, neue ergiebige Fanggründe auszukundschaften. Hauptsächlich im arktischen Bereich fanden die Trawler stark, fischereilich nutzbare Bestände; die Barentssee, Dänemark-Straße und die Gewässer um Westgrönland wurden zu wichtigen Fischereigebieten. Während die kleineren Fischdampfer früherer Zeiten in 20–200 m Tiefe fischten, nutzte man nun auch die Bestände der Tiefseekanten. Dadurch gelangten mehrere, als Nutzfische bisher unbekannte Grundfisch-Arten an unsere Märkte, so z.B. der Rotbarsch, der heute in großen Mengen (ca. 500 000 Tonnen jährlich) angelandet wird, während er um die Jahrhundertwende als Konsumfisch noch ohne Bedeutung war und bei großen Fängen oft über Bord geworfen wurde.

In unserer Zeit arbeiten die modernen Trawler mit großen Mutterschiffen oder Fabrikschiffen zusammen, die die Fänge zur Verarbeitung an Bord nehmen und dazu mit Filetiermaschinen, Fischmehlanlagen, Gefrierräumen usw. ausgerüstet sind. Außerdem befinden sich an Bord der Mutterschiffe die Werkstätten, Krankenstationen, Proviantlager und die Unterkünfte der Reservemannschaften. Vor allem die Sowjetunion und Japan praktizieren diese Form der Fischerei. Mit der Steigerung der Erzeugung mußten großzügige und technisch vollkommene Fischereihäfen mit riesigen Lösch- und Versandhallen gebaut werden.

Die kleineren Formen der Küstenfischerei dagegen haben sich nicht sonderlich geändert. Neben offenen Ruder- und Segelbooten dienen heutzutage zum Fang kleine gedeckte Motorkutter. Die schwierigsten Probleme bereitet jedoch der Personalmangel; ähnlich wie die Abwanderer vom Lande in die Stadt wechseln viele junge Leute von der Küsten- und Fjordfischerei zur besser bezahlten, industrialisierten Hochseefischerei über.

FANGTECHNIK

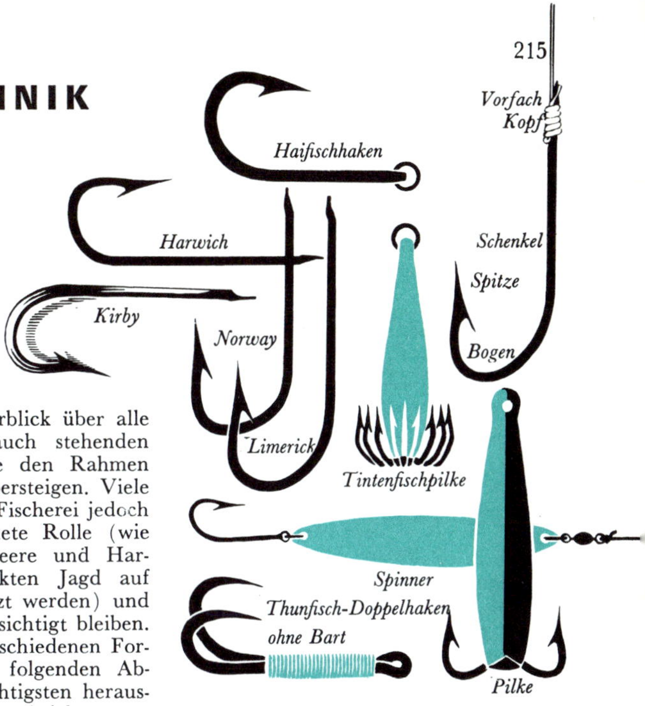

Ein umfassender Überblick über alle heutzutage in Gebrauch stehenden Fischereigeräte würde den Rahmen dieses Buches weit übersteigen. Viele Geräte spielen in der Fischerei jedoch nur eine untergeordnete Rolle (wie beispielsweise Fischspeere und Harpunen, die zur direkten Jagd auf einzelne Fische benützt werden) und können hier unberücksichtigt bleiben. Aus der Fülle der verschiedenen Formen werden in den folgenden Abschnitten nur die wichtigsten herausgegriffen und näher beschrieben.

Angelgeräte

Der Angelhaken, eines der ältesten Geräte der Menschheit, wird heute auf der ganzen Welt in schätzungsweise 30 000 verschiedenen Typen zum Fischfang benutzt. Der west- und nordeuropäische Bedarf wird vor allem durch englische und norwegische Firmen befriedigt; die Haken werden aus Stahl, seltener aus Messing, geschmiedet und, damit sie nicht rosten, oft verzinnt.

An einem Angelhaken unterscheidet man Kopf, Schenkel, Bogen und Spitze. Der Kopf ist entweder zu einem Plättchen verbreitert oder mit Ösen versehen, damit der Haken sicher am Vorfach befestigt werden kann. An der Spitze ist meist ein Widerhaken (Bart) angebracht; eine Ausnahme bilden z. B. die bartlosen Haken, die zur kommerziellen Angelfischerei auf Thunfische verwendet werden.

Die wichtigsten Hakentypen sind Norway, Harwich, Limerick und Kirby, von denen die meisten in 24 verschiedenen Größen hergestellt werden. Der kleinste Haken hat dabei die höchste Nummer. Zum Kabeljaufang kann man beispielsweise Norway Nr. 8, zum Heilbuttfang Norway Nr. 3 verwenden. Leider ist die Nummerierung nicht für alle Hakentypen einheitlich. Der Hauptunterschied der einzelnen Haken liegt vor allem in der Form des Bogens.

Eine Pilke besteht aus zwei oder mehreren Haken, die in ein Metallfischchen eingearbeitet oder an ihm befestigt sind. Die Pilkangel (ohne Köder) wird ruckweise auf und ab bewegt; die dadurch angelockten Fische (Dorsche, Makrelen) beißen auf die blanken Haken.

Spinnköder sind künstliche Köderfische, die ausgeworfen und herangezogen werden, wobei sie im Wasser drehende Bewegungen ausführen (Blinker, Wobbler, Löffel etc.)

Das Vorfach, das Verbindungsstück zwischen Schnur und Haken, wird aus Catgut (Darm), Nylon, Perlon, Seidenwurmdarm (Seide) oder, zum Haifischfang, aus Stahldraht hergestellt.

Auf dem Gebiet der Angelfischerei wurden zahlreiche verschiedene Angelmethoden entwickelt (Grundangel, Paternosterangel, Schleppangel, Trollangel, Stockangel, Fischen mit der

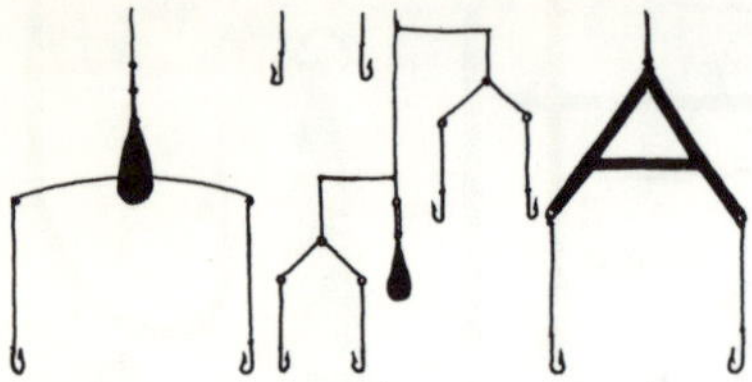

Angelrute u. a.). Bei der einfachen Handangelei, mit Bleisenker, Pilke, Spinner oder beködertem Haken, werden die Fische durch Heben und Senken angelockt. Die Leine kann, über Wirbel, mit mehreren Vorfächern und Haken versehen sein (Paternoster). Die alten Handangelarten sind aber heute nur noch verhältnismäßig wenig in Gebrauch, die moderne Sportfischerei verwendet Angelruten der verschiedensten Bauarten und mit besten Zubehör.

Zur Schleppangelei benutzt man natürliche oder künstliche Spinnköder, die an einer langen Angelschnur hinter einem fahrenden Boot nachgeschleppt werden. Die neuen Schleppangelgeschirre bestehen aus zwei An-

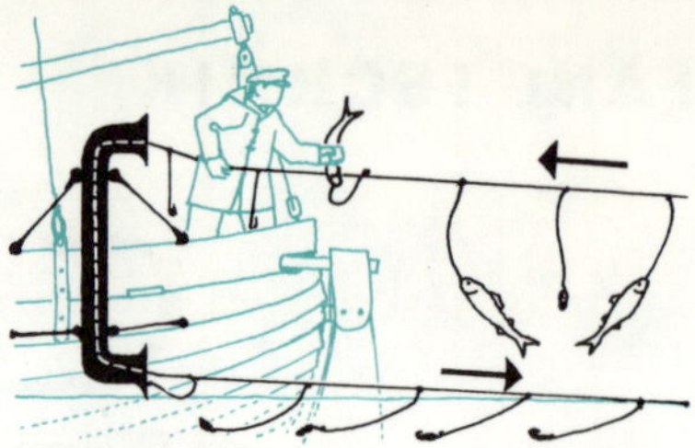

geln mit Scherbrettern und zwei Tiefenangeln mit Gewichten. Eine neuere Methode ist auch das Makrelenfangen »am laufenden Band«. Die lange Angelschnur wird dabei durch ein Senkrohr geführt und an den Enden verknotet (s. Abb.).

Besonders wichtige Angelgeräte der Fischerei sind die »Langleinen«. Sie sind aus 50–150 Faden langen Einzelstücken (ca. 95–285 m) zusammengesetzt, an die im Abstand von 1–3 m eine große Zahl Vorschnüre (Fitte) mit Angeln befestigt sind. Die Haken werden an Land oder während des Aussetzens beködert und die Enden der einzelnen Teilstücke durch Spleiße zu kilometerweit sich erstreckendem Schnurwerk (bis zu 24 km) miteinander verbunden. Je nach Fangabsichten wird das Gerät auf verschiedene Weise aufgestellt (Grundschnur, Schwebeschnur; s. Abb.). Mit Langleinen fischt man hauptsächlich dort, wo die Bodenverhältnisse eine Verwendung des Schleppnetzes nicht zulassen.

Langleinen benutzt man vor allem zum Fang folgender Fische: Haie, Lachse, Aale (Aalschnur!), Hornhechte, Dorsche, Rotbarsche, Heilbutte, Schwarze Heilbutte.

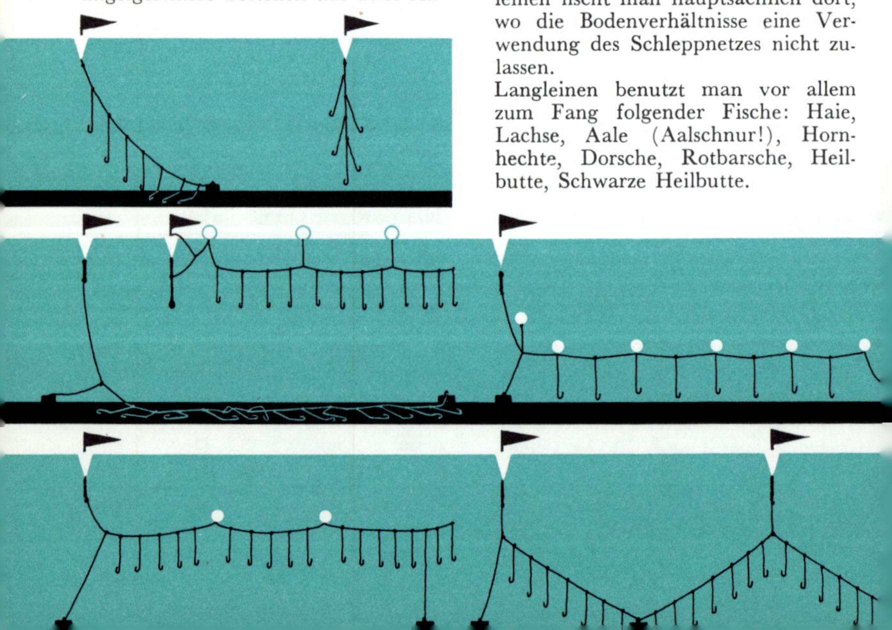

Als Köder dienen z.B. Heringe, Sandaale, Lodden, Grundeln, Seeskorpione, Garnelen, Krabben, Muscheln, Tintenfische u.v.a. Die Ködertiere werden entweder in Tanks und Hütefässer lebend gehalten oder leicht gesalzen oder gefroren aufbewahrt. Zur Handangel- und Schleppangelfischerei (Darrfischerei) benutzt man auch künstliche Köder, die aus farbigen Plastikstücken, Gummiringen u.a. angefertigt werden.
Im Bereich der Fischbänke wird oft auch mit Langleinen gefischt. Die großen Mutterschiffe führen eine ganze Anzahl Ruderboote mit sich, die sogenannten Dories. Diese Beiboote fischen tagsüber in der Nähe des Mutterschiffes und liefern abends dann ihre Fänge ab. An Bord des Mutterschiffes werden die Fische gesalzen und gelagert (eine Fangreise kann 4–5 Monate dauern!). Diese Form der Fischerei wird hauptsächlich von den portugiesischen Schonern praktiziert; ein großes Mutterschiff von 700 Tonnen kann mit 50 Dories ausgerüstet sein, die an Bord übereinander gelagert werden, und um den Lastraum für Treibstoff einzusparen, führen sie oft Segel.

Netze

Als Material der Maschengewebe kommen in Frage: Hanf, Baumwolle, Nylon und andere vollsynthetische Fasern. Längs der Ober- und Unterkante des Netztuches ist ein Tau angeschlagen, die Saumleine. Am Oberrand des Netzes (Obersimm) sind Schwimmer (Flotten) aus Kork, Schaumplastik, oder Hohlkörper (Glas-, Metall- oder Plastikkugeln) befestigt, das Untersimm wird durch Senker aus Blei, Stein, oder durch Eisenketten beschwert.

Obersimm mit Schwimmer

Untersimm mit Senker

Die Länge der Netze wird in Faden (1 Faden = 1,88 m) gemessen, die Tiefe in der Anzahl Maschen. Die Maschenweite ist der Abstand von einem Knoten vom nächsten, die Maschenlänge die größte Länge der Ma-

Verschiedene Netzknoten

sche, beides im gereckten Zustande. Zum Schutz vor Verrottung werden das Garn oder die fertigen Netztücher durch Gerben und Imprägnieren haltbar gemacht. Das Gewebe wird hierzu mit heißer Lohe (Abkochungen von Rinden der Eiche, Birke, Fichte, Quebracho, Katechu u. a.) getränkt und, um den Gerbstoff unlöslich zu machen, nach dem Trocknen in verschiedene Kupferverbindungen (Kupfervitriol, Rotstein) eingetaucht, gebeizt, und danach sorgfältig gespült. Auch Teer und Teerprodukte werden verwendet. Die Netze schrumpfen im Wasser etwas zusammen, am meisten die engmaschigen; dies muß berücksichtigt werden, wenn man Netze mit verschiedenen Maschenweiten zusammensetzt. Zum Trocknen hängt man die Netze in den Schatten, um den schädlichen Einfluß praller Sonnenbestrahlung zu vermeiden.

Treibnetz und Stellnetz

Treibnetze hängen senkrecht wie Vorhänge im freien Wasser. Sie werden zum Fang pelagischer Fische wie Heringe, Köhler, Makrelen und Lachse in der offenen See ausgesetzt. Meist sind mehrere Netze zu einer kilometerlangen »Fleet« (der Großen Heringsfischerei) miteinander verbunden. Verschiedenartige Schwimmer und Senker halten das Netz an der Oberfläche oder in einer bestimmten Tiefe. Es gehört zum Typ der Kiemennetze, in die sich die dagegen schwimmenden Fische verwickeln und fangen.

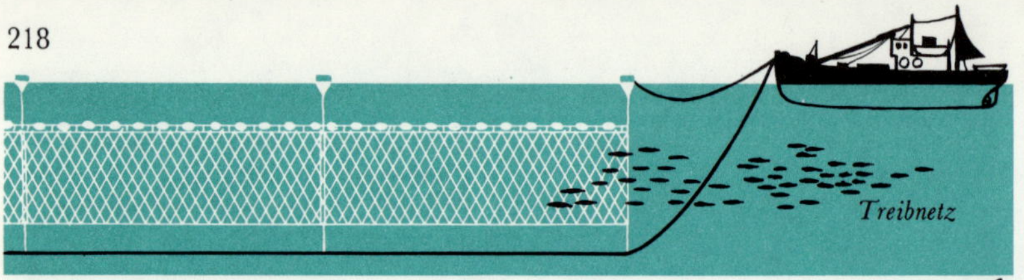

Das Stellnetz, ein auf dem Boden stehendes Netz, wird zum Fang von Grundfischen (Kabeljau, Plattfische) benützt. Meist werden mehrere Netze in einer langen Reihe ausgesetzt. Eine besondere Form ist das Spiegel- oder Gaddernetz, das aus einem lose eingestellten, engmaschigem Fangnetz (Inngarn) und ein oder zwei weitmaschigen Umhüllungen (Spiegel) besteht. Versucht ein Fisch durch dieses

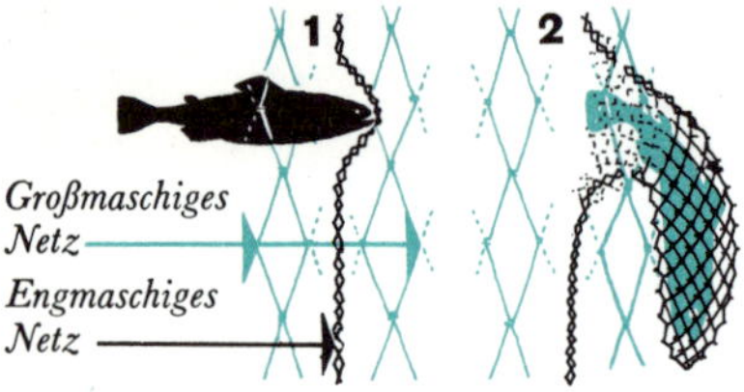

Netz zu schwimmen, so zieht er das Maschengewebe des Inngarns durch eine große Masche der Umhüllung und verfängt sich in der daraus entstehenden Netztasche. Dieses leistungsfähige, wenn auch in der Handhabung etwas schwierige Netz, wird zum Fang von Lachsen und Plattfischen von der Küstenfischerei vielfach benutzt.

Bodennetz (Bundgarn)

Das Bundgarn, eine besondere Form der Großreuse, ist ein auf dem Grunde stehendes, fest verankertes Gerät, das im flachen Küstenwasser zum Fang von Heringen, Makrelen und Aalen verwendet wird. Ein langes Leitgarn (Wehr) leitet die Fische durch einen trichterförmigen Eingang in die kreisförmige Kammer, deren Seitenwände von der Wasseroberfläche bis zum Boden reichen und die unten durch einen Netztuchboden abgeschlossen ist. Die Netzwände werden von Pfählen getragen oder sind, um eine Beschädigung der Netze durch Hin- und Herscheuern zu vermeiden, an starken Seilen zwischen Pfahlreihen aufgehängt.

An Stellen, an denen der Untergrund zu hart ist und keine Pfähle eingerammt werden können, benützt man schwimmende, durch verankerte Bojen an der Oberfläche gehaltene Großreusen. In Norwegen und Schweden werden solche Geräte zum Lachsfang verwendet.

Die Küstenfischerei bedient sich der Bundgarne vor allem zum Fang von Heringen, Lachsen, Aalen, Hornfischen, Dorschen, Seehasen und Makrelen (sobald diese auf ihren Nahrungs- und Laichwanderungen an den Küsten entlang ziehen).

Tonnare sind ins Riesenhafte vergrösserte Bundgarne zum Fang von Thunfischen. Das Leitgarn ist bis zu 3–4

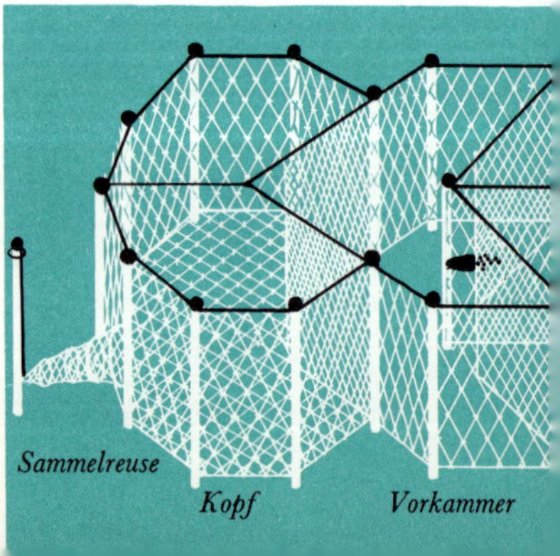

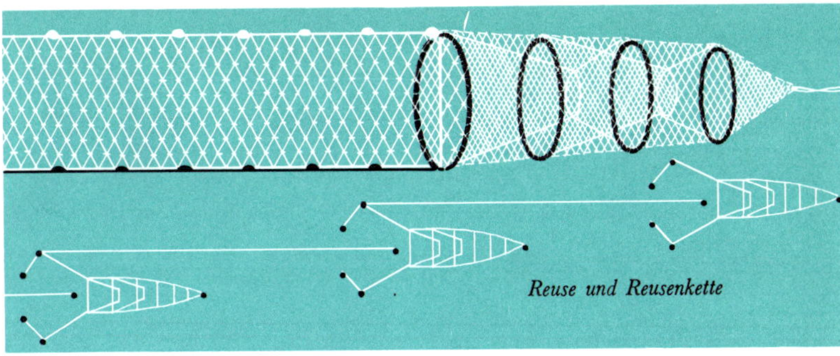

Reuse und Reusenkette

Kilometer lang und leitet die Fische in eine Reihe von Fangkammern. Die »Todeskammer« ist mit einem Sperrnetz und einem Bodennetz ausgestattet, das emporgezogen werden kann. Tonnare und ähnliche Fanggeräte werden hauptsächlich in schmalen Kanälen und Buchten ausgesetzt. Die höchsten Fangerträge erzielt Spanien in der Straße von Gibraltar.

Reusen

Spannreusen sind Netzsäcke, die durch Ringe oder Bügel aus Spanischem Rohr, Weidenruten oder Metall offen gehalten und an Seilen ausgespannt werden. Ein Leitgarn führt die Fische zur Fangkammer, die meist mit kurzen Flügeln oder einer Vorkammer ausgestattet ist, die verhindern sollen, daß die Fische seitlich entweichen. Der Eingang zur Reuse ist trichterförmig (Kehle); er läßt die Fische wohl eindringen, versperrt oder verdeckt aber ihren Rückweg. Zum Fang werden meist mehrere Geräte in Reihen ausgesetzt.

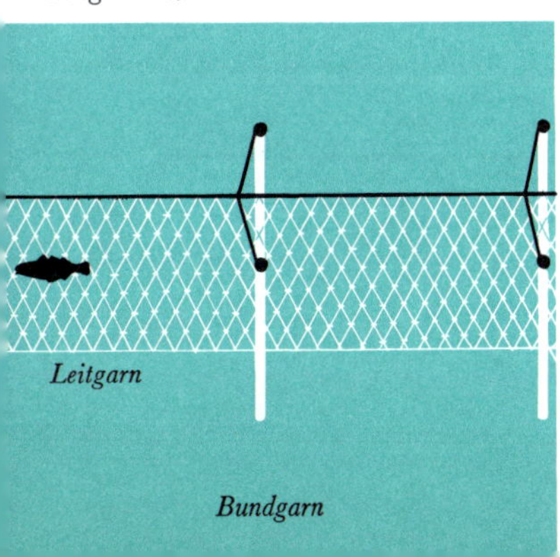

Bundgarn

Reusen werden im Flachwasser zum Fang von Aalen, Dorschen, Garnelen u. a. benützt.

Korbreusen sind kasten- oder tonnenförmige Fanggeräte aus Korbgeflecht (Weidenzweige etc.) mit 1–2 trichterförmigen Fangöffnungen. Zum Fang werden im Korbinneren Köder angebracht und die Geräte an geeigneten Standplätzen ausgesetzt.

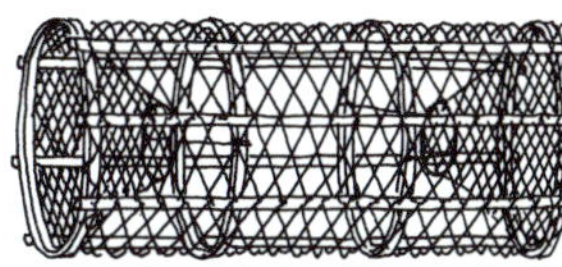

Norwegischer Hummerkorb

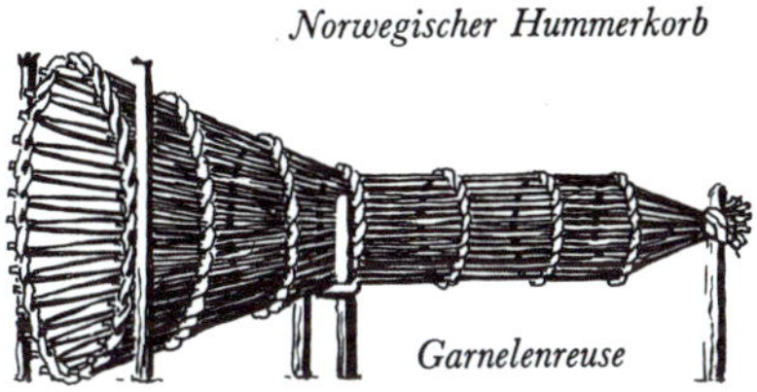

Garnelenreuse

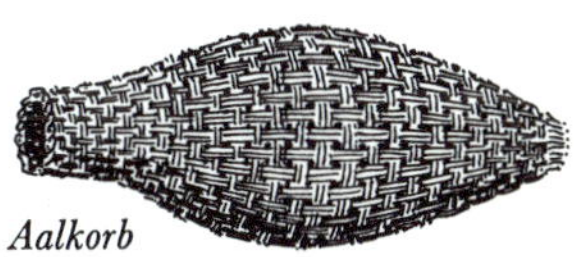

Englischer Aalkorb

Korbreusen dienen zum Fang von Aalen, Meeraalen, Hummer, Langusten, Taschenkrebse und Tintenfischen. So werden jährlich Tausende Tonnen von Aalen in Europa mit den sogenannten Aalkörben gefangen. Tiners verwendet man auf Helgoland zum Hummerfang.

Ringwade

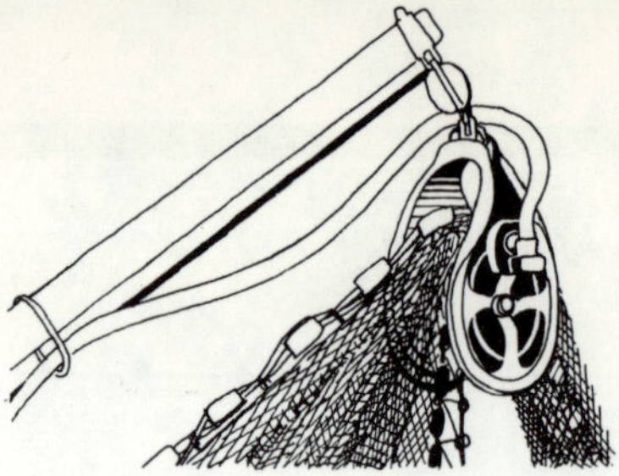

Ringwaden gehören zu den wichtigsten Geräten der Großfischerei; sie sind für den Fang pelagischer Fische (z. B. für den Massenfang von Heringen) von großer Bedeutung. Diese starken Netze können über 200 Faden lang und 30–45 Faden tief sein; zu ihrer Herstellung werden Netztücher verschiedener Maschenweite und Garnstärke verwendet: im mittleren Teil des Netzes, in dem sich die Fische vor dem Auskeschern ansammeln, ist die Maschenweite am geringsten und das Garn am widerstandsfähigsten. Das Obersimm wird durch Schwimmer (Netzkorken, Segeltuchblasen etc.) an der Oberfläche gehalten. Das tief ins Wasser hängende Untersimm trägt außer den Senkern Bronze- oder Messingringe, durch die eine Schnürleine geht.

Das Gerät wird, meist von zwei Booten, gegen den Wind kreisförmig um einen Fischschwarm ausgelegt. Nach Umstellung der Fische beginnt das Einholen der Schnürleine: das Kabel wird um die Winde gelegt und gehievt, bis Schnürringe und Untersimm über Wasser sind; damit ist das Netz nun fest geschlossen und kann weiter eingeholt werden. Sobald der Fang in der Mitte genügend zusammengedrängt ist, wird er mit großen Keschern an Bord geschöpft oder, falls auf ein Mutterschiff verladen wird, mit »Brailers«, die 10–20 Hektoliter fassen, an Deck gehievt.

Die Rentabilität und Leistungsfähigkeit der Ringwaden-Fischerei konnte durch die Einführung eines sogenannten Kraftblocks, einer Netzwinde mit Maschinenantrieb, wesentlich gesteigert werden. Die Beiboote zum Aussetzen des Gerätes wurden dadurch überflüssig.

Die Ringwade dient zum Fang von Sardinen, Anchovis, Heringen, Sprotten, Makrelen, Thunfische, Stöcker, Lodden, Kabeljau und Köhler.

Zum Fang während der Nacht benützt man oft starke elektrische oder Acetylen-Lampen. Die Fische sammeln sich unter dem Licht zu einem dichten Schwarm an und können mit dem Netz eingekreist werden. Diese Methode wird vor allem im Mittelmeer vielfach angewandt.

Eine Variante der Schließnetze sind diejenigen Geräte, die statt einer Schnürleine in der Mitte eine sackförmige Ausweitung besitzen, in der sich der Fang ansammelt.

Strandwaden werden im Halbkreis ausgesetzt und von der Küste aus eingeholt. Man verwendet sie hauptsächlich im Flachwasser.

In Norwegen und Island benutzt man zum Einschließen von Heringsschwärmen in Fjorden und Buchten lange Sperrnetze. Die Netze werden entweder sogleich an Land gezogen oder einige Zeit durch Pfähle verankert.

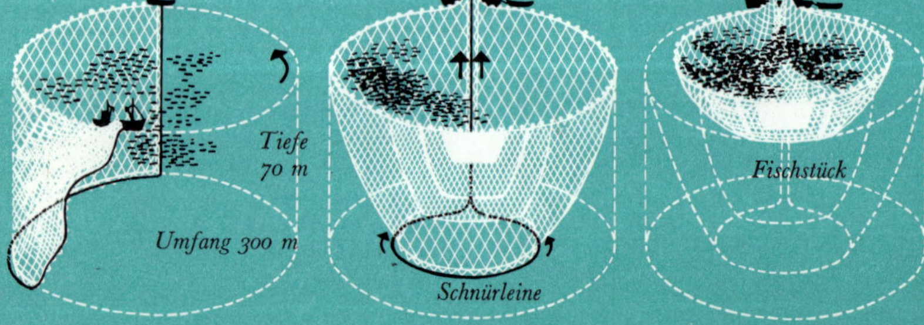

Ringwade

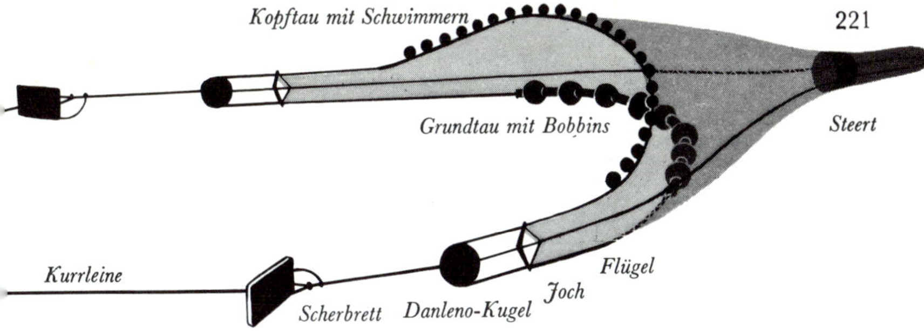

Grundschleppnetz (Trawl)

Das Trawl ist ein trichterförmiger Netzsack, der aus zwei, an den Seiten zusammengefügten Blättern (Ober- und Unternetz) besteht. Das Obernetz ragt über das Unternetz dachartig vor. Die langen Flügeln verhindern, daß die Fische nach den Seiten ausweichen. Nach hinten verschmälert sich das Netz und endet in einem langen, engmaschigen Beutel, dem Steert (cod end), in dem sich der Fang ansammelt. Bisweilen ist vor dem Steert ein Trichter oder Flabber angebracht, der die Fische am Zurückschwimmen hindert.
Das Netz wird mit zwei Kurrleinen geschleppt. Kleinere Schleppnetze können durch einen querliegenden Baum offengehalten werden; diesen Typ (Baumnetz, beam-trawl) benützt man z. B. zum Seezungenfang. Die Flügel größerer Trawls dagegen werden mit Hilfe von Scherbretter (otter boards) auseinandergespreizt, wodurch die vom Netz bestrichene Fläche wesentlich vergrößert wird. Diese Seitenscherbretter sind große, 2–5 Zoll starke Platten (in Holz-, Eisen- oder kombinierter Eisen-Holz-Bauweise), die entweder unmittelbar oder durch mehr oder weniger lange Stander mit den Wingenden des Netzes verbunden sind. Während des Schleppens scheren die Bretter seitlich aus und halten auf diese Weise das Netz offen. Bei moderen Trawls sind die Wingenden geteilt, um eine gleichmäßigere Zugverteilung zu erreichen.
Große Stahlkugeln (Danleno-Kugeln) verhindern, daß die Flügel an kleinen Hindernissen hängen bleiben.
Die Netzöffnung wird durch 20–30 (oder bis zu 100) Schwimmer (Glas- oder Metallballone) am Kopftau (Head line) offengehalten. Außerdem werden als weitere Vervollkommnung am Kopftau (heute meist am zweiten oder »falschen« Kopftau) Schermittel angebracht (Höhenscherbretter, Höhenpadden), die nach oben ausscheren und die Netzöffnung in senkrechter Richtung vergrößern. Das Grundtau, an der Unterkante des Netzes befestigt, ist ein 2–3 Zoll starkes, mit Manila umwickeltes Stahlseil. Zum Fischen auf hartem Grund stattet man das Grundtau mit Holz- oder Stahlrollen aus, mit denen das Netz über Hindernisse hinwegrollen kann.

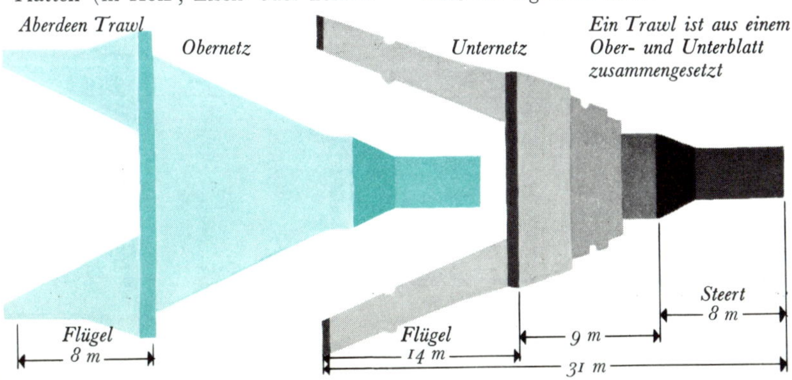

Ein Trawl ist aus einem Ober- und Unterblatt zusammengesetzt

Für den Plattfischfang ist eine Schleppgeschwindigkeit von 2–3 Knoten erforderlich. Eisenketten, vor dem Grundtau schlaff ausgespannt, scheuchen die Fische vom Boden auf und treiben sie so ins Netz. Zum Fang von Kabeljau und Schellfisch wird mit 3–5 Knoten, zum Fang von Heringen mit 3–6 Knoten Fahrt geschleppt.
Von der Netzwinde werden die Kurrleinen über zwei Galgen geführt, die in der Regel auf der gleichen Schiffsseite (gewöhnlich an Steuerbord) er-

richtet sind. Die modernen großen Trawler sind Heckfänger, bei denen das Netz vom Achtersteven aus ausgesetzt wird. Zum Einholen besitzen diese Schiffe eine Heckaufschleppe (Trawlslip).
Die Trawler sind mit großen Netzwinden ausgestattet, deren Trommeln je 500–1 000 Faden Kurrleine aufnehmen. Die Länge der Kurrleine ist gewöhnlich 3–4 mal so groß wie die Fangtiefe. In der Regel beträgt die Fangzeit 3 Stunden.
Bei der Zweischiff-Methode wird das Schleppnetz (ohne Scherbretter) von zwei Booten, die ca. 300 m Zwischenabstand halten, gezogen.

Schwimmschleppnetz (Flydetrawl)

In letzter Zeit hat ein pelagisches Fanggerät, das Schwimmschleppnetz, in der Heringsfischerei Bedeutung erlangt.
Das in Dänemark konstruierte Larsen-Schwimmschleppnetz besteht aus einem pyramidenförmigen Netzsack, der aus vier gleichen Teilen zusammengesetzt ist. Es wird mit vier Kurrleinen von zwei Trawler geschleppt; die zwei untersten Leinen sind mit Gewichten von 50–200 kg beschwert. Ein großes Gerät dieser Art hat eine Fangöffnung von ca. 40 m und eine Länge von 55 m. Der Tunnel des Netzes ist zylindrisch, der Steert mit Nylon verstärkt. In einem bestimmten Abstand vor der Steertleine läuft ein Teilstropp um den Hievsteert; damit kann bei großen Fängen ein Teil der Fische abgetrennt und in Portionen hochgeholt werden.
Mit wechselndem Erfolg wird auch an der Konstruktion eines Einschiff-Schwimmschleppnetzes gearbeitet, das durch neuartige Scherkörper (Padden, Upthruster-Floats etc.) offengehalten werden soll. Bis es jedoch voll leistungsfähig ist, müssen noch Verbesserungen entwickelt werden.

Drehwade (Snurrewade)

Die Snurrewade wurde von dem dänischen Fischer Jens Väver im Jahre 1848 konstruiert. Das Gerät besteht aus einem Netzsack mit langen Flügeln, an denen die Zugleinen befestigt sind. Am Obersimm des Netzes sind Schwimmer (Glas-, Plastik- oder Aluminium-Kugeln) angebracht, das Untersimm wird durch Bleisenker (20–30 kg) beschwert.

Larsen-Schwimmschleppnetz

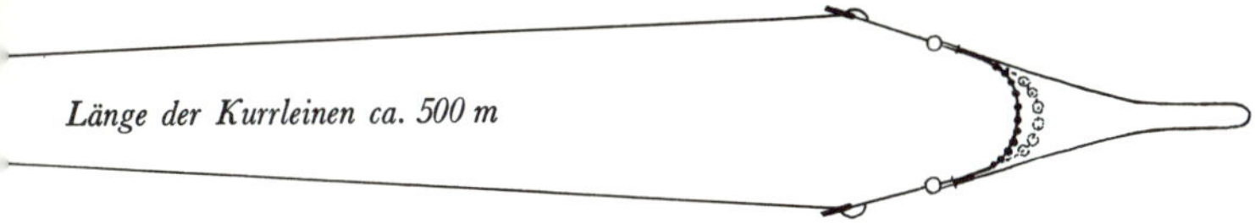

Länge der Kurrleinen ca. 500 m

Das Gerät kann u. a. nach folgender Methode ausgesetzt werden: nachdem ihr Ende an einer verankerten Boje befestigt worden ist, legt der Kutter die erste Zugleine aus; er fährt dazu in weitem Bogen (1–3 km) von der Boje weg. Dann folgt das Aussetzen des Netzes. Auf dem Rückweg zum Ankerplatz wird schließlich die zweite Wadenleine ausgefahren. Es kann bis zu 1½ Stunden dauern, ehe der Kutter wieder vor Anker liegt; die Boje wird vorher an Bord genommen.
Nachdem nun das Gerät ausgesetzt, das Fanggebiet also umschlossen ist, werden die Enden der beiden Zugleinen zur Winde geführt und eingeholt. Während des Einholens gleiten die Leinen langsam über den Meeresboden und treiben die Fische vor sich

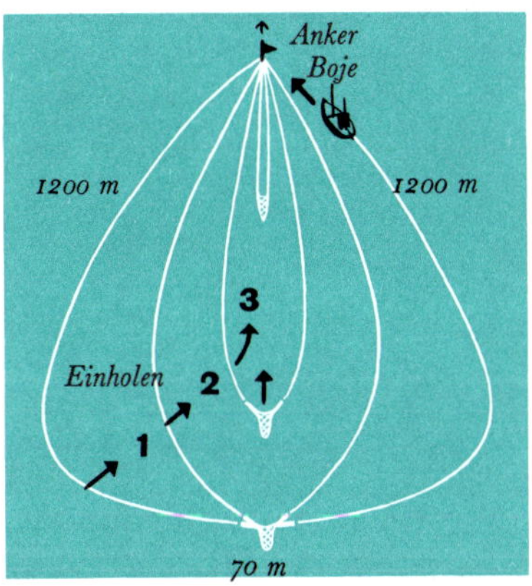

her zur Mitte hin. Erst wenn sich die Taue genähert haben, setzt sich die Wade in Bewegung und wird über den Grund an den Kutter herangeschleppt.
Als Zugleine wird hartgeschlagenes Tauwerk aus hochwertigem Manila von ca. 20 mm Durchmesser verwendet. Je nach Bodenbeschaffenheit, Maschinenleistung und Fangabsichten setzt sich eine Zugleine aus 5–18 Rollen von je ca. 120 Faden zusammen. Beim Aussetzen werden die Enden der Rollen durch Spleiße miteinander verbunden. In der Regel wird gegen die Strömung gefischt; dreht sich die Strömung im Laufe des Tages, so kann das Gerät von der gleichen Flaggenboje aus nach jedem Zug in eine neue Richtung ausgesetzt werden.
Die Snurrewade war ursprünglich nur zum Plattfischfang konstruiert und verwendet worden. Nach weitgehenden Verbesserungen dient sie jedoch seit der Jahrhundertwende nun auch zum Fang von Rundfischen, wie Dorsche, Schellfische, Wittlinge und Heringe. Gegenüber dem Schleppnetz bietet die Snurrewade folgende Vorteile: obwohl sie ein sehr leistungsfähiges Gerät ist und ein großes Fanggebiet umschlossen werden kann, sind zu ihrer Bedienung nur verhältnismäßig schwach motorisierte Fahrzeuge erforderlich. Außerdem sind die Fänge von hervorragender Qualität; die Fische bleiben nur kurze Zeit im Netz und können lebend auf den Markt gebracht werden.
Auf der anderen Seite sind zum Fischen mit der Snurrewade weite Areale mit ebenem Grund (ohne Hindernisse wie Felsen, Korallen etc.) nötig. Ferner kann nur bei geringer Strömung und schwachem Wind gefischt werden.
In der Drehwaden-Fischerei kommen vorwiegend kleine Fahrzeuge von 30–80 Fuß (9–24 m) Länge und 3–4 Mann Besatzung zum Einsatz. Die Zugleinen werden mit Hilfe der Wadenwinde eingeholt und von einer Stoppmaschine, die zusammen mit der Winde maschinell angetrieben wird, an Bord automatisch aufgeschossen (= in Rollen gelegt). Die Stoppmaschine, bereits 1903 von einem dänischen Fischer zum Patent angemeldet, hat sich im Laufe der Zeit nur unwesentlich verändert.

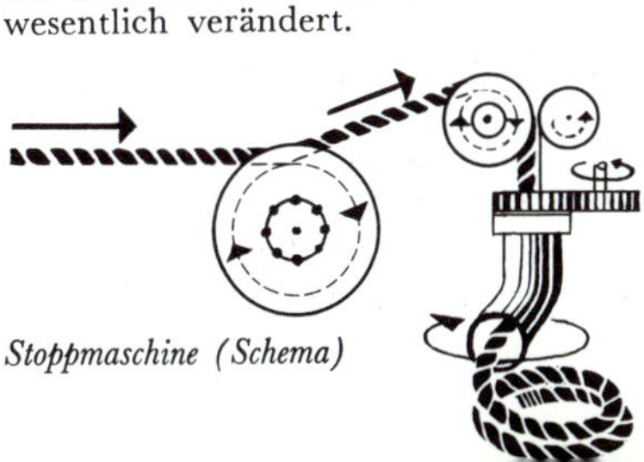

Stoppmaschine (Schema)

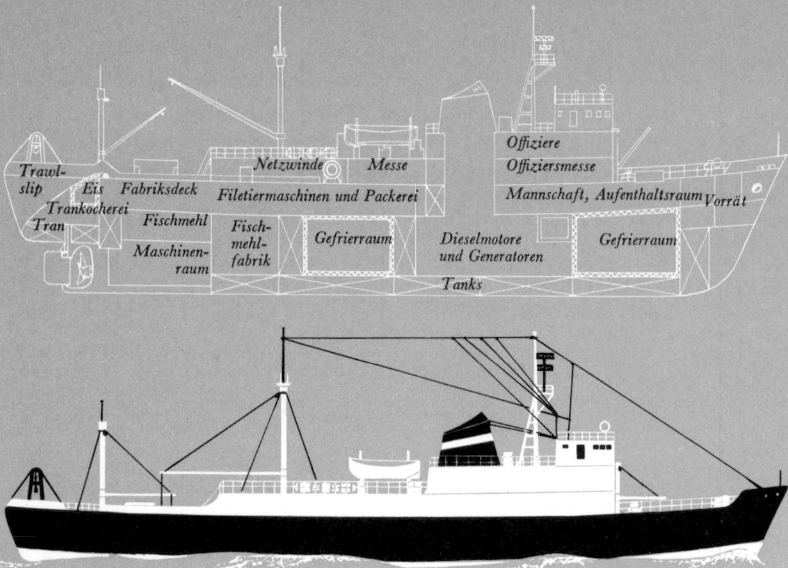

M. T. Fairtry III
Dieselelektr. Hecktrawler und Fabrikschiff. 2600 T. 2000 GK. 1959 in England gebaut. Länge ca. 270 F (82,5 m) Breite 48 F (14,5 m)

Gefrierkapazität 30 T. Dorsch in 24 Stdn. Gefrierraumkapzität 48000 ft³ (1350 m³) Filetier- und Packmaschinen, Trankocherei und Fischmehlfabrikation. Besatzung 96 Mann.

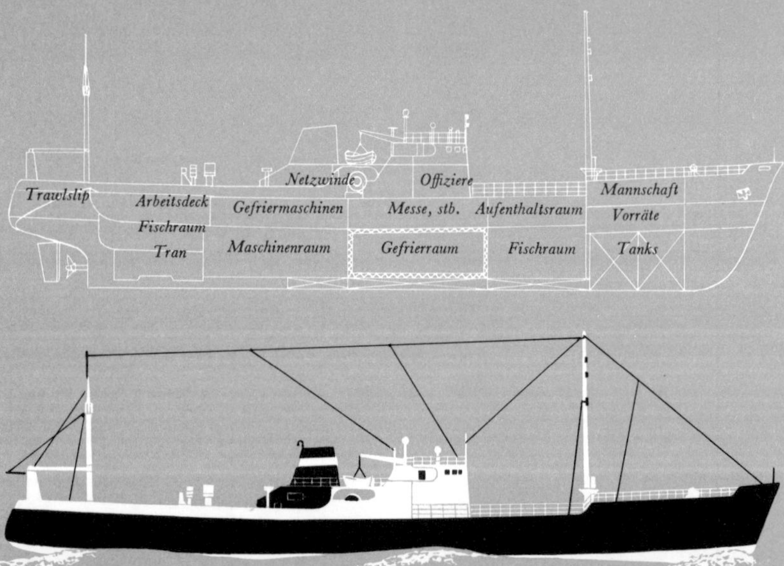

M. T. Lord Nelson
Englischer Hecktrawler. 1200 T. 2000 GK. 15 Knoten. 1961 in Deutschland gebaut. Länge ca. 238 F (71,5 m) Breite 36 F (11 m)

Gefrierkapazität 21 T. Fisch in 24 Stdn. Gefrierraumkapazität 11620 ft³ (329 m³) Vereister Fisch 11880 ft³ (336 m³) Leberöl 1400 ft³ (40 m³). Besatzung 36 Mann.

Moderne Fischereifahrzeuge

Die modernen Fischereifahrzeuge kann man in folgende fünf Hauptgruppen einteilen:

1 Hecktrawler-Fabrikschiffe. Große Fahrzeuge der Hochseefischerei, von 2 800–3 000 Brutto Tonnen, einem Aktionsradius von 2–4 000 Seemeilen und berechnet für Fangreisen von 60–80 Tage Dauer. Zur Ausrüstung zählen Filetiermaschinen, Packerei, Fischmehlanlagen, Trankocherei und Gefrieranlagen. Die Besatzung beläuft sich auf etwa 100 Mann, die evt. in drei Schichten à 8 Stunden arbeiten. Der englische Fairtry-Typ (s. S. 224) diente in hohem Maße als Vorbild für die russischen Fabrikschiffe der Puschkin- und Mayakowsky-Serie ebenso wie für die polnischen B. 15 und B. 18.

2 Mutterschiffe. Diese Fabrik- und Versorgungsschiffe fungieren als Mutterschiff für eine Flotte von 20–50 kleinere Trawler und Transportschiffe. Sie nehmen die Fänge an Bord und versorgen die Flotte mit Treibstoff, Proviant etc.

3 Gefrierschiffe. Fahrzeuge der Trawl- und Angelfischerei. Ihr Hauptprodukt ist gefrorener Ganzfisch. In diese Kategorie gehören z. B. die modernen französischen Thunclipper vom kalifornischen Typ.

4 »Part-freezer« Trawler. Moderne Trawler, die einen Teil der Fänge an Bord einfrieren. Mit 400–1 200 Brutto-Tonnen. Länge 45–80 Meter. Fahrtgeschwindigkeit 10–15 Knoten. Mit Diesel- oder dieselelektrischem Antrieb, Maschinenleistung 700–2 000 Pse. Die Longdistance-Trawler, die größten dieses Typs, unternehmen weite Fangreisen und sind ca. 24 Tage lang im Einsatz. Als Beispiel hierfür ist auf der gegenüberliegenden Seite der Trawler »Lord Nelson« abgebildet, ein englischer Hecktrawler, der im Jahre 1961 in Deutschland gebaut wurde.

Die kleineren Trawler dieser Kategorie unternehmen wesentlich kürzere Fangreisen, sie sind für eine Einsatzdauer von etwa 14 Tagen berechnet. Sie verlieren heutzutage immer mehr an Bedeutung.

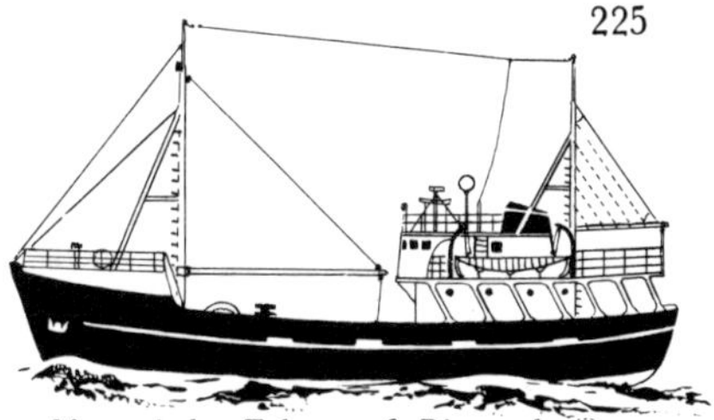

Norwegisches Fahrzeug f. Ringwaden- und Angelfischerei. Ca. 140 T. 400 GK. Länge ü.a. 90 F (27 m) Breite 22 F (6,5m) Peilapparat, Radiotelefon, Echolot und ASDIC. Besatzung 16 Mann.

Französischer Thunclipper. 125 T. 150 GK. Länge ü.a. 26 m. Breite 7 m. 4 Bassins à 10 m³ für Lebendköder. Fischraum 80 m³. 16 Mann Besatzung.

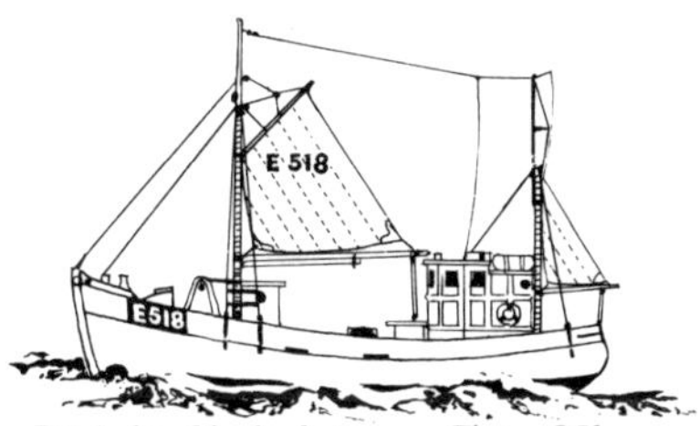

Dänischer Nordseekutter. 50 T. 75 GK. Länge ü.a. 20 m. Breite 5 m. Peilapparat, Radiotelefon, Echolot und Decca. Hauptsächlich für Drehwaden-, aber auch für Trawl-, Ringwaden- und Angelfischerei. 6 Mann Besatzung.

5 Küsten- und Kurzstrecken-Fahrzeuge. Zu dieser Kategorie zählen Trawler von 60–600 Brutto Tonnen ebenso wie die große Anzahl der verschiedenartigst gebauten Kutter von 20–200 Tonnen. Die Höhe der Besatzung schwankt zwischen 4 und 15 Mann. Diese Schiffe werden als Ringwadenboote, Drehwadenkutter, Garnelentrawler, Heringstrawler, Langustenboote usw. eingesetzt.

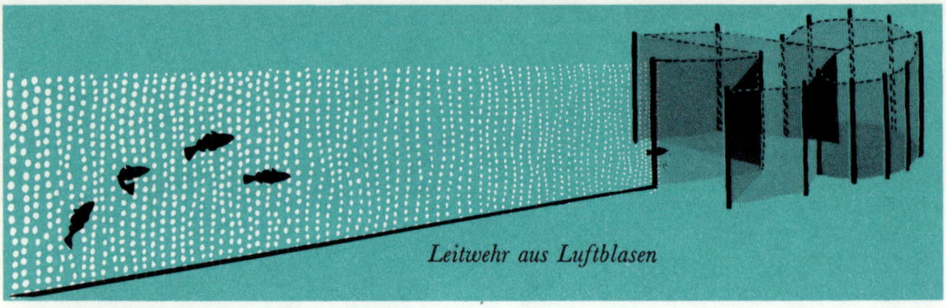

Neue Fanggeräte

In mehreren Ländern versucht man, neue Fangmethoden auszuarbeiten, die auf den Reaktionen der Fische gegenüber Licht, Schall, elektrischem Strom etc. basieren.

Die Elektrofischerei z. B. bedient sich der Tatsache, daß Fische, die in den Bereich eines elektrischen Feldes geraten, auf die Anode (dem positiven Pol) zuschwimmen und sich hier ansammeln. Einige Versuche der Russen gingen deshalb davon aus, die Anode, zusammen mit einer starken elektrischen Lampe, an die Öffnung eines Saugrohres anzubringen; Anchovis- und Sardinenschwärme sollten, durch das Licht angelockt, dem elektrischen Feld ausgesetzt, damit zur Anode gezogen, und direkt an Bord der Fangschiffe gepumpt werden. Zweck der Versuche war es, Netze als Fanggeräte überflüssig zu machen oder deren Leistungsfähigkeit mit Hilfe einer ähnlichen Ausrüstung zu steigern. Es müssen jedoch noch viele technische Schwierigkeiten überwunden werden, ehe diese Methode praktische Bedeutung erlangen kann.

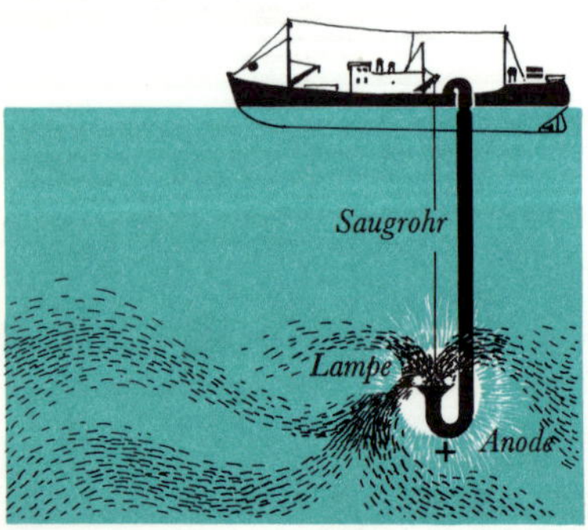

Weitere interessante Versuche zielen darauf hin, die in der Anschaffung teuren Leitgarne und Sperrnetze durch »Vorhänge« aus Luftblasen, die von am Boden ausgelegten, perforierten Plastikschlangen aufsteigen, zu ersetzen. Aus zahlreichen Beobachtungen weiß man, daß viele Fische durch diese »Gardinen« nicht hindurchschwimmen.

Auch die Erkenntnisse aus den Versuchen über den Geruchs- und Geschmackssinn der Fische werden ohne Zweifel einmal für die Fischerei grössere praktische Bedeutung erlangen.

Fischortung

Für die Entwicklung einer leistungsfähigen Hochseefischerei ist die Möglichkeit, Fischschwärme aufzufinden und ihre genaue Tiefenlage und Ausdehnung festzustellen, von größter Bedeutung. Gerade auf diesem Gebiet bringen die elektrotechnischen Firmen hervorragende Geräte auf den Markt, die zu unentbehrlichen Hilfsmitteln der modernen Fischerei geworden sind.

Das Prinzip der Echolotung ist folgendes: ein am Schiffsboden bündig angebrachter »Sendeschwinger« (Oszillator) sendet einen scharf gebündelten Strahl Schallimpulse aus, die, vom Meeresboden reflektiert, als Echo von einem »Empfangsschwinger« wieder aufgefangen werden. Da die Schallgeschwindigkeit im Meerwasser bekannt ist (sie beträgt ca. 1500 m/sec), kann man aus der Laufzeit der Schallwellen (Schiff – Meeresboden – Schiff) die Wassertiefe berechnen. Wird z. B. als Laufzeit 1 sec gemessen, so beträgt die Wassertiefe 1500:2

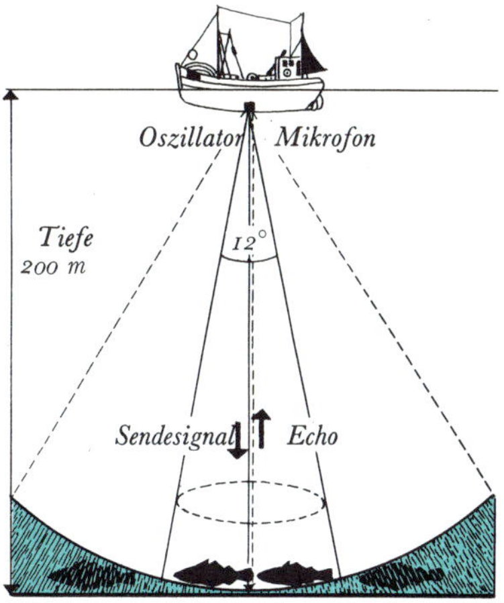

= 750 m. Die Registrierung der Tiefe erfolgt auf einem breiten Papierstreifen, der langsam an einem Echolotschreiber vorbeigespult wird: sobald der Schreibstift die Null-Linie des Registrierpapiers (= Symbol f. d. Meeresoberfläche) passiert, werden die Sendesignale automatisch ausgesandt. Der vom Meeresboden reflektierte Schall wird durch Verstärker in elektrische Wechselspannung transformiert und vom Schreiber als Echomarken auf das Papier gezeichnet, deren Abstand von der Null-Linie die jeweilige Tiefe widergibt.

Der Sendeschwinger sendet Schallwellen von hoher Frequenz (20–50 Kilohertz) aus (Ultraschallwellen). Diese Schallwellen scheinen die Fische nicht zu beunruhigen.

Da das Registrierpapier langsam am Schreibstift vorbeigespult wird, ergeben die einzelnen Echomarken eine fortlaufende Tiefenkurve, die in verkleinertem Maßtab das Relief des Meeresboden widerspiegelt.

Aus dem Echogramm kann man aber nicht nur die Tiefenmessungen ablesen. Die Schallwellen dringen nämlich, je nach der Reflektionseigenschaft des Bodens, mehr oder weniger in den Untergrund ein: ein weicher Boden wirft ein »weiches« Echo zurück. Dadurch erhält man einen Begriff von der Bodenbeschaffenheit. Ganz besonders wichtig für die Fischerei ist natürlich, daß man aus dem Echogramm auch die Ausdehnung und die Tiefenlage der Fischschwärme ablesen kann (Fischortung).

Die Geräte sind auf verschiedene Beobachtungsbereiche verstellbar, z. B. 100–200 Faden, 200–300 Faden. Auf diese Weise wird erreicht, daß der gewünschte Meßbereich die ganze Breite des Registrierpapiers ausfüllt.

Nach technischer Weiter- bzw. Neuentwicklung können heutzutage mit besonders empfindlichen Loten auch die dichten Ansammlungen von Fischen unmittelbar über dem Boden festgestellt werden. Neben der Echoregistriermethode hat sich hier die sog. Echosichtmethode bewährt. Auf dem Bildschirm einer Fischlupe (Kathodenstrahlröhre) sieht man das Echo des Fischschwarms und des Bodens als waagrechte Ausschläge eines senkrechten Lichtstreifens.

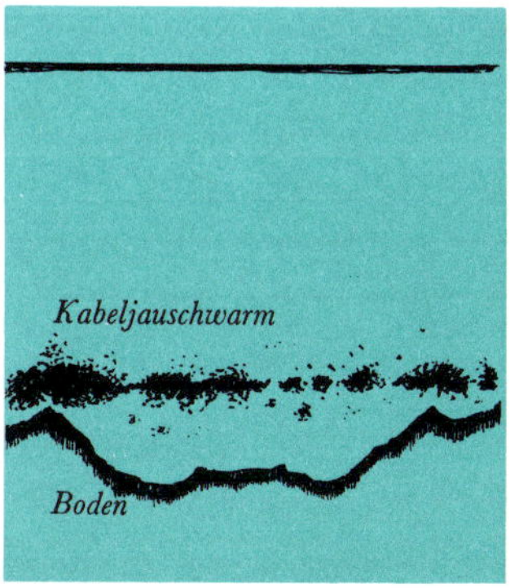

Echogramme

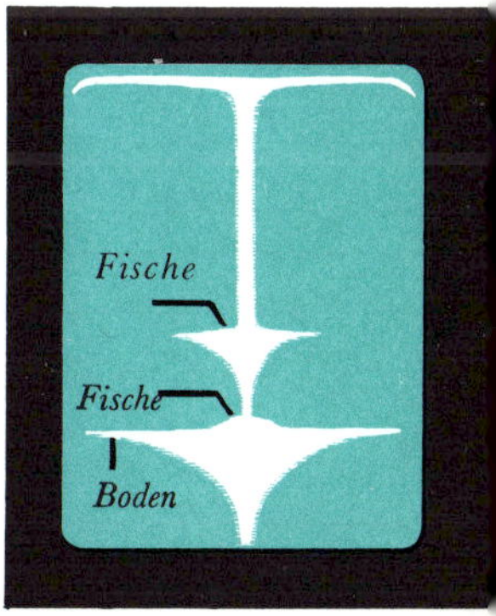

Fischlupe

In neuerer Zeit kommt in der Fischerei auch die Horizontallotung mehr und mehr zur Geltung. Bei dieser Methode wird ein scharf gebündelter Schallstrahl vom einem Schallsender, der sich unter dem Schiff befindet, in einem gerichteten Kegel schräg nach vorne abgestrahlt (Sonartechnik, ASDIC; während des Krieges zur U-Bootabwehr entwickelt).

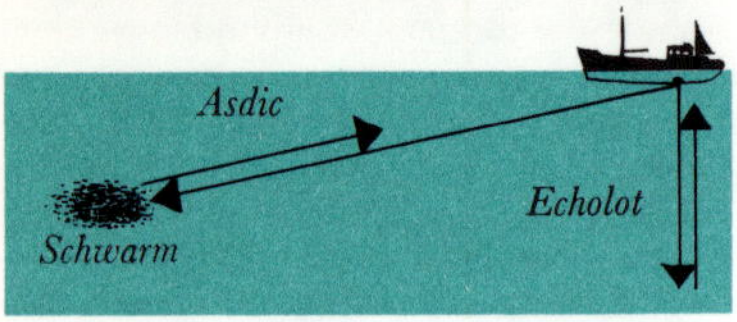

Die Horizontallotung ist vor allem von den norwegischen Fischern für den Walfang und zur Vorauslotung von Heringsschwärmen eingesetzt worden. Mit Hilfe eines drehbaren »Schwingers« kann, während der Fahrt, ein fächerförmiger Suchbereich (bis zu 3 km) abgetastet werden.

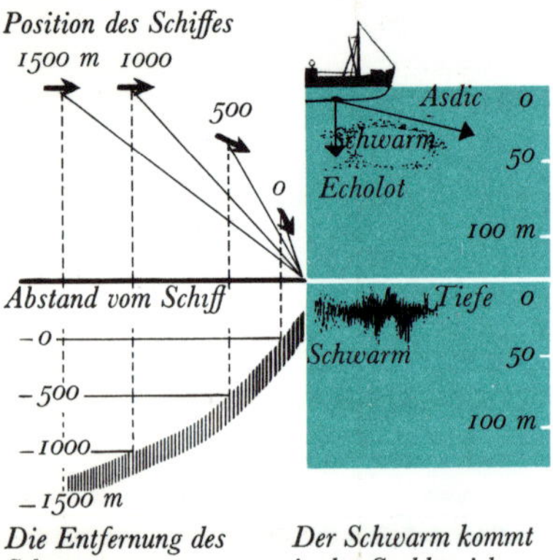

Die Entfernung des Schwarmes vom Schiff wird durch den Asdic-Schreiber registriert

Der Schwarm kommt in den Suchbereich des Echolots

Vor allem in der Schwimmschleppnetz- und Ringwaden-Fischerei kommt der Horizontallotung eine besondere Bedeutung zu. Nach weiteren Verbesserungen – und sobald die Anschaffungs- und Betriebskosten sinken – wird sie aber auch für die Trawler ein wertvolles Hilfsmittel darstellen, z. B. um Hindernisse am Meeresboden entdecken und frühzeitig Ausweichmanöver einleiten zu können.

Für die moderne Fischerei ist eine genaue Ortsbestimmung von größter Wichtigkeit, denn nur auf diese Weise können die oft eng lokalisierten Fangplätze gefunden werden. Auch auf diesem Gebiet wurden seit dem 2. Weltkrieg große Fortschritte erzielt.

In Westeuropa errichtete man 10 Decca-Ketten (»Decca-chains«), von denen jede aus einer Hauptstation und drei Hilfsstationen (»Sklaven«) besteht. Die Nebenstationen, in Form eines Dreiecks um die Hauptstation gelagert, sind 200–300 km von dieser entfernt. Die Radiowellen (in Wellenlänge, Amplitude und Phase aufeinander abgestimmt) werden gleichzeitig von der Hauptstation und Hilfsstation abgestrahlt. Durch Überlagerung (Interferenz) verstärken bzw. schwächen sie sich gegenseitig an gewissen Punkten. Trägt man diese Phasenlinien in eine Seekarte ein, so liegen sie wie feste Positionslinien in hyperbolischen Kurven um jede Decca-Kette herum. Sie sind nummeriert. Jede Decca-Kette hat einen Sendebereich von 250–500 Seemeilen Halbmesser; die Bereiche der einzelnen Sender überschneiden sich. Der an Bord montierte Empfänger (Decca-Navigator) registriert auf einem Deccameter die Standlinie, auf der sich das Schiff gerade befindet. Der Schnittpunkt der sich kreuzenden Standlinien zweier Decca-Ketten gibt den augenblicklichen Standort des Schiffes mit großer Genauigkeit an.

Besonders in den nebelreichen und durch Eisberge gefährdeten Fischgründe der nördlichen Meere sind die Schiffsradaranlagen ein wichtiges Hilfsmittel für die Navigation. Es können damit fernliegende Ziele und Hindernisse schon aus größerer Entfernung rechtzeitig erkannt werden.

Außerdem gehört schon seit vielen Jahren der Funkpeiler zur Standardausrüstung eines Fischdampfers. Die Standortpeilung erfolgt hierbei nach festen Funkfeuern.

FISCHINDUSTRIE

Nur die in Küstennähe gefangenen Fische werden ungesäubert oder evt. lebend angelandet. Bei längeren Fangreisen werden die Fische sofort nach dem Fang geschlachtet, ausgeweidet, gewaschen und im Fischraum, zwischen Lagen von zerkleinertem Eis, gesalzen oder tiefgefroren gelagert. Die folgenden Abschnitte bringen verschiedene Beispiele der Vorbehandlungs- und Verarbeitungsmethoden dieser Rohware.

Frischhaltung durch Kälte

Etwa 35–40 % des Weltfanges kommen als Frischfische auf den Markt. Der Rest wandert zur Weiterverarbeitung in die Salzereien, Räuchereien, Filet-, Konserven- und Fischmehlfabriken. Zum Transport von den Anlandeplätzen zum Verbraucher werden die Frischfische in Holzkisten, die 20–50 kg fassen, mit Eisbeigabe verpackt. Einige Fischarten, wie Schollen, Forellen und Aale, kann man in Eisenbahnwaggons und Lastautos, die mit Tanks und künstlicher Durchlüftung ausgerüstet sind, auch lebend verfrachten.

Nach dem 2. Weltkrieg konnten auf dem Gebiete der Qualitätserhaltung und Qualitätsförderung durch die rasche Entwicklung der Kühltechnik wesentliche Erfolge erzielt werden. Seitdem spielen gefrorene Fischereierzeugnisse beim Groß- und Kleinhandel eine bedeutende Rolle.

Während des Gefrierens bilden sich bei 0 – –5° C im Fleisch der Fische Eiskristalle (kritische Zone). Bei langsamen Gefrierprozessen entstehen dabei mehr oder weniger große Eiskristalle, die die Muskelfasern und Bindegewebe verändern bzw. zerstören. Dringt dagegen die Kälte rasch ein, so bewahrt das Fleisch seine ursprünglichen Eigenschaften (Schnellgefrieren). Nach dem Gefrieren werden die Ganzfische in der Regel »glasiert«, d.h. durch Eintauchen in Wasser mit einem Eismantel überzogen, und in Kühlhäusern bis zum Versand aufbewahrt. Da die Endqualität der Gefriererzeugnisse u.a. vom Frischegrad der Rohware abhängt, sollten die Fische nach möglichst kurzer Lagerzeit (höchstens 2–3 Tagen) gefroren werden. Moderne Fischereifahrzeuge sind deshalb mit Tiefkühlanlagen zum Gefrieren auf See ausgerüstet.

Stockfisch

Ein altes Verfahren, Fische für längere Zeit haltbar zu machen, ist die Wasserentziehung durch Trocknen an der Luft unter Einwirkung von Sonne und Wind. Vor allem die fettarmen Dorschartigen eignen sich gut zu diesem Zweck, während man Fettfische hierzu nicht verwenden kann, da sie leicht vertranen.
Schon von alters her werden in nordischen Ländern dorschartige Fische zu Stockfisch verarbeitet. Günstige klimatische Verhältnisse und starke Dorschbestände schufen dazu die Grundlage. Bei der Verarbeitung zu Stockfisch werden die Fische geköpft, ausgenommen, an meilenlangen Holzgestellen aufgehängt und an der Luft getrocknet. Dabei verringert sich der Wassergehalt des Fleisches von 80 Prozent auf 12 bis 15 Prozent.

Nach dem Trocknen werden die Fische übereinander gestapelt, in Ballen gepreßt und in kühlen, trockenen, gut durchlüfteten Lagerräumen bis zum Versand aufbewahrt.
Vor dem Verbrauch muß Stockfisch etwa 14 Tage lang unter Zusatz von Soda und anderer Chemikalien gewässert werden. Dabei quillt das Fleisch auf und nimmt bis zu 700 % des Trockengewichtes zu, wie dies bei dem schwedischen Produkt »Spillånga« (gespaltener, getrockneter Leng) der Fall ist.
Stockfisch ist ein wichtiges Erzeugnis nordischer Länder. Vor allem Norwegen (35–40 000 t) und Island (6–9 000 t) tragen erheblich zur Befriedigung des europäischen und südamerikanischen Bedarfs bei. Weitere bedeutende Lieferanten sind Japan (3–5 000 t) und Korea (1–3 000 t).
Auch Plattfische werden durch Trocknen zu besonderen Delikatessen verarbeitet, z. B. »Räkling« (getr. Heilbutt, Island), »Bakskul« (getr. Kliesche, Jütland).

Salzkonservierung

Auch das Salz entzieht dem Fleisch Wasser und wirkt dadurch konservierend; außerdem hemmt es bei entsprechenden Konzentration das Wachstum der Zersetzungskeime. Durch das Salzen wird der Fisch jedoch nicht nur haltbar gemacht, sondern gleichzeitig in einen genußfähigen Zustand übergeführt.
Eine wichtige Salzkonserve ist z. B. der Hering: die gefangenen Fische werden nach dem »Kehlen« (Herausnehmen von Kiemen, Darm, Leber und Herz) schichtweise mit Salz in Fässer gepackt. Für 4 Tonnen Hering benötigt man ca. 1 Tonne Salz. Da das Salz dem Fleisch Wasser entzieht (Lakenbildung), tritt ein Zusammensinken der Heringe ein, so daß an Land ein Umpacken zur Auffüllung der Fässer erforderlich ist (Seepackung, Landpackung). Je nach Größe und Qualität unterscheidet man »gewöhnliche« Salzheringe«, »Fettheringe« oder »Matjesheringe« etc. Sie kommen in mild- oder hartgesalzener Form, als gekräuterte oder gezuckerte Heringe (zur Herstellung von Feinkostartikeln) in den Handel.
Dorsche, Schellfische, Köhler und Lenge werden meist gleich an Bord der Fischdampfer geschlachtet, gereinigt und als Rundfisch (Laberdan) oder aufgeschnitten (wobei der größte Teil der Wirbelsäule entfernt wird) eingesalzen. Man arbeitet dabei mit 20–30 % Salz.
Dorsche und Lenge können auch als Frischfische angelandet und erst an Land eingesalzen werden. Nach maschineller Spaltung schichtet man sie zwischen Salz in Fässer ein. Schon

nach kurzer Zeit sind sie, infolge Wasseraustritt aus den Geweben, von der Lake bedeckt. Nun werden sie 1–6 Monate gelagert, um das Produkt gar werden oder – wie der Fachausdruck lautet – »reifen« zu lassen.

Klippfisch

Klippfische sind getrocknete, aufgeschnittene Salzfische (»klippe«-schneiden). Zum Trocknen werden die stark gesalzenen Fische auf Holzgestelle gelegt oder auf Klippen ausgebreitet. Nur wenig getrockneter Salzfisch wird Labradorfisch genannt.
Erfolgt das Trocknen im Freien, so müssen die Fische am Abend und bei Regenwetter eingesammelt und zugedeckt werden, damit sie vor Feuchtigkeit geschützt sind. Daher verwendet man auch häufig eigene Trockenkammern, in denen Heißluft über die Gestelle geleitet wird. Durch die Vereinigung von Salzen und Trocknen verlieren die Fische beträchtlich an Gewicht: 100 kg Frischfisch (geköpft und ausgeweidet) ergeben ca. 40 kg Klippfisch.
Jahresproduktion der einzelnen Länder: Norwegen und Kanada je ca. 32 000 t, Japan 11 000 t, Fär-Öer 5–7 000 t, Island 2–6 000 t.

Räucherung

Durch das Räuchern werden die Fische nicht nur für eine gewisse Zeit haltbar gemacht, sondern auch im Geschmack wesentlich verbessert. Gewisse Bestandteile des Rauches töten auf chemischem Wege die Zersetzungskeime oder hemmen zumindest ihr Wachstum, während zugleich die teerartigen Stoffe der Haut und dem Fleisch eine appetitanregende, goldgelbe Farbe verleihen und die aromatischen Bestandteile Geruch und Geschmack geben. Die Wirkungen des Naturrauches können z.T. auch durch chemische Mitteln nachgeahmt werden.

Früher wurden die Fische zum Räuchern in trichterförmige Schornsteine gehängt und für 2–24 Stunden dem Rauch schwelender Laubholzspäne oder -scheite ausgesetzt. Heutzutage arbeitet die Fischindustrie mit großen, modernen Räucheröfen, an denen Temperatur, Rauchentwicklung und Luftzufuhr automatisch geregelt werden; die Erzeugnisse sind dadurch von gleichbleibend hoher Qualität.
Man unterscheidet zwei Arten der Verarbeitung: das schnelle Heißräuchern (bei 80–100° C) und das langsame Kalträuchern (bei ca. 30° C). Lachse und Salzheringe z.B. werden kalt, Makrelen und frische oder gefrorene Heringe heiß geräuchert. Fast jedes europäische Land hat seine typischen Spezialitäten:
Zur Herstellung von »Kippers« (engl.) werden die Heringe im Rücken gespalten und 15 Minuten in Salzlake getaucht (gepökelt), hierauf getrocknet und 4–5 Stunden (evt. auch länger) geräuchert. »Red herrings« sind ganze Salzheringe, die nach dem Wässern 4–6 Wochen geräuchert werden. Durch den langandauernden Räucherprozeß wird eine sehr haltbare Ware erzielt.
»Kieler Sprotten« werden aus unausgenommenen Kleinheringen und Sprotten hergestellt. »Schillerlocken« nennt man die geräucherten, dünnen Bauchlappen des Dornhais, während die Rückenseiten (geräuchert oder frisch) als »Seeaal« auf den Markt gebracht werden. Der Köhler führt die Handelsbezeichnung »Seelachs«, die Fischindustrie verarbeitet ihn (gesalzen, geräuchert, leicht gefärbt und mit Öl versehen) zu einem preiswerten Lachsersatz, der sich großer Beliebtheit erfreut. »Bornholmere« (dän.) sind heiß geräucherte Heringe.
Auch Aal, Makrele, Lachs, Schellfisch, Heilbutt, Flunder, Kliesche und Scholle werden vielfach geräuchert und gelten als Leckerbissen.
Außer den Seefischen verarbeitet die Fischindustrie auch Dorschleber, Austern und Miesmuscheln zu Räucherwaren. Mild gesalzener und geräucherter Herings-, Kabeljau- oder Seehasen-Rogen ist eine geschätzte Delikatesse.

Fischmehl und Öl

Als Folge der industriellen Entwicklung der Fischerei, verwertet man heutzutage auch die Abfälle (wie Köpfe, Flossen, Gräten) und den Beifang, die früher weggeworfen wurden. Nach dem 2. Weltkrieg tauchte außerdem im Vokabular der Fischwirtschaft ein neuer Begriff auf: »Industriefische«.

Darunter versteht man alle Anlandungen der Fischerei, die nicht unmittelbar für den menschlichen Konsum verwendet werden, wie etwa die von der Lebensmittelkontrolle beschlagnahmten oder wegen mangelndem Absatz unverkauft stehengebliebenen Fischmengen, ebenso wie Futterkrabben, Seesterne etc.

Ein riesiger Produktionsapparat wurde aufgebaut, der diese Industriefische, zusammen mit den Abfällen aus den Räuchereien, Filet- und Konservenfabriken, zur Herstellung von Fischmehl und Fischöl verwertet. Um den steigenden Bedarf dieser Fischmehlfabriken befriedigen zu können, wird heute, allein zu diesem Zweck, eine intensive Schleppnetzfischerei auf Schwarmfische, wie z. B. Heringe (»Ölheringsfischerei«), Lodden, Sandaale und Stintdorsche betrieben.

Bei der Herstellung von Fischmehl wird das Rohgut zuerst im Kutter oder Wolf zerkleinert und danach mit heißem Dampf sterilisiert. Hierauf preßt man aus dem gekochten Rohmaterial Wasser und Öl ab; die Preßmasse wird nun fein zerschnitzelt und mit Hilfe von Heißluft getrocknet. Das austretende Fischmehl muß anschließend noch gemahlen werden. Starke Magnete entfernen die evt. vorhandenen Eisenteile (Angelhaken u. dergl.).

Das fertige Produkt weist einen Wassergehalt von 10–14 % auf.

Verwendung der Industriefische

Während Fischmehl früher vor allem als Düngemittel Verwendung fand, stellt es heute, auf Grund seiner hervorragenden Qualität, ein wertvolles, eiweißreiches Kraftfutter in der Vieh- und Teichwirtschaft dar.

Mit Hilfe von Extraktionsmitteln (Benzin, Aceton, Alkohol u. a.) können die Fischrohstoffe bzw. das hieraus hergestellte Fischmehl weitgehend entfettet werden.

Man arbeitet in letzter Zeit auch daran, Fischmehl für den menschlichen Konsum verwendungsfähig zu machen. Mit Unterstützung der FAO (Food and Agricultural Organization of the United Nations) wurden hierzu in Chile, wie auch in mehreren anderen Ländern, erfolgreiche Versuche durchgeführt (z. B. Brotfabrikation mit 10 % Fischmehl).
Während das fertige Fischmehl nach der Raffination geruch- und geschmacklos ist, verpesten das Rohgut und die einzelnen Zwischenprodukte derart die Luft, daß es unbedingt ratsam erscheint, Fischmehlfabriken in einiger Entfernung von den menschlichen Behausungen anzulegen.
In den letzten Jahren ist die Weltproduktion an Fischmehl gewaltig gestiegen; sie beläuft sich auf gegenwärtig 3 Millionen Tonnen jährlich, das sind ca. 25 % des gesamten Weltfangs. Bedeutendster Lieferant ist Peru mit einer Jahresproduktion von ca. 1 Mill. Tonnen. In Europa wird Fischmehl hauptsächlich von Norwegen, Dänemark, Island und Deutschland hergestellt.
Fischöl wird aus fettreichen Fischen, wie Heringe, Sardinen, Menhaden, Stöcker, in geringem Maße auch aus Lachsen und Thunfischen, gewonnen. Das Rohgut wird entweder zuerst getrocknet und das Öl mit Hilfe von Lösungsmitteln, die später abdestilliert werden, extrahiert oder es wird nach dem Kochen ausgepreßt und das ablaufende Preßwasser nach verschiedenen Verfahren entölt. Die zurückbleibende Preßmasse wird getrocknet und anschließend zu Fischmehl gemahlen.
Fischöle werden in großen Mengen von der Margarine-Industrie benötigt, haben aber daneben noch zahlreiche andere Verwendungszwecke; u. a. stellt man daraus Schuhcreme, Ölfarben, Kerzen und Linoleum her. Die Weltproduktion beläuft sich auf ca. 500 000 Tonnen jährlich. Die höchsten Erträge haben Peru und die USA, in Europa Norwegen, Island, Deutschland und Dänemark.
Ein weiteres wichtiges Erzeugnis der Fischindustrie ist das Leberöl (Lebertran). Zu seiner Herstellung verwendet man vor allem Dorsch-, Schellfisch-, Köhler-, Thunfisch-, Heilbutt-, Rochen- und Haifischleber, die bei diesen Fischen meist 5–10 % (beim Riesenhai z. B. bis zu 30 %) des gesamten Körpergewichts ausmachen.
Die nach dem Schlachten der Fische an Bord gesammelten Lebern werden eisgekühlt heimgebracht oder, auf längeren Fangreisen, gleich in der Trankocherei verarbeitet. Damit das in den Leberzellen eingeschlossene Öl austreten kann, werden die Zellen durch Einwirkung von überhitztem Wasserdampf zum Platzen gebracht; eine Zentrifuge trennt hernach das Öl von der festen Lebermasse. Andere Methoden beruhen auf der Verwendung von Säuren oder tiefen Temperaturen.
Das Leberöl, früher vor allem für technische Zwecke gebraucht, dient heute in der Heilmittelindustrie zur Herstellung von Vitaminpräparaten. So enthält z. B. 1 Gramm Heilbutt-Lebertran ca. 50 000 IE Vitamin A und ca. 1500 IE Vitamin D, 1 Gramm Dorschlebertran 1000 IE Vitamin A und 100 IE Vitamin D (IE = Internationale Einheiten).
Die Weltproduktion an Leberöl ist auf mindestens 60–70 000 Tonnen gestiegen. England und Norwegen sind in Europa die wichtigsten Herstellungsländer.

Dosenwaren

Ungefähr 10 % des Weltfanges werden zu Konserven verarbeitet. Als Rohware finden vor allem Heringe, Makrelen- und Lachsfische Verwendung. Marinaden werden aus in Essig und Salz gargemachter Rohware hergestellt (Kalt-, Brat- und Geleemarinaden). Als Präserven haben sie nur eine begrenzte Haltbarkeitsdauer und sind für den alsbaldigen Verbrauch bestimmt; Kaltmarinaden (Bismarckhering, Rollmops, Kronsardinen) sind am meisten gefährdet, während Brat- und Geleemarinaden, die vorher gebraten oder gekocht sind, durch die Hitzeeinwirkung eine größere Haltbarkeit aufweisen.
Nahe unbegrenzt haltbar sind nur die sterilisierten Vollkonserven.

FISCHEREIBIOLOGIE

Titelbild der Berichte über die wissenschaftl. Ergebnisse der Challenger-Expedition, 1885

Wohl interessierten sich auch schon in früherer Zeit aufgeschlossene Menschen für das Leben im Meere und die Naturgeschichte der Nutzfische, aber erst im vorigen Jahrhundert, nachdem man in einigen Ländern begonnen hatte, exakte wissenschaftliche Untersuchungen anzustellen, entwickelte sich die Meeresbiologie zu einer selbständigen, weitverzweigten Wissenschaft. Allein zwischen 1800 und 1900 wurden über 70 wissenschaftliche Expeditionen ausgesandt, die zur Aufgabe hatten, erstes grundlegendes Wissen vom Leben im Meer zu sammeln. Diese mit wissenschaftlichem Werkzeug und nach wissenschaftlichen Methoden durchgeführten Forschungen waren die notwendige Voraussetzung für alle nachfolgenden, auf praktische Ziele ausgerichteten Zweckforschungen.

Einfach ausgedrückt, ist es Aufgabe der Fischereiforschung, die rationellsten Methoden zu finden, mit deren Hilfe der »Segen des Meeres« in möglichst großen Mengen und in verwertbarem Zustand an Land gebracht werden kann.

Um dieses Ziel zu erreichen, muß natürlich die Naturgeschichte der Nutzfische so weit wie möglich erforscht werden. Daher versucht die Fischereibiologie zuerst die Probleme der Ernährung, des Wachstums, der Fortpflanzung etc. der Nutzfische zu klären und alle Eigenschaften des Lebensraumes, die auf diese einwirken, kennenzulernen, um die Ergebnisse dann in eine Form zu bringen, die zu einem Fortschritt auf dem Gebiete der praktischen Fischerei führen. Nur auf diese Weise kann sie die an sie gerichteten biologischen und wirtschaftlichen Fragen der Praxis und Verwaltung beantworten und die Grundlagen z. B. für neue Fangtechniken, für eine zweckmäßige nationale und internationale Fischereigesetzgebung usw. schaffen.

Im Jahre 1902 wurde der Internationale Rat für Meeresforschung (ICES, International Council for the Exploration of the Sea) ins Leben gerufen. Diese Institution der europäischen Fischerei-Nationen, mit dem Hauptsitz in Kopenhagen, hält jedes Jahr einen Kongress ab und plant neue Aufgaben, die dann mit modernen Forschungsschiffen und in wissenschaftlichen Instituten der Mitgliedsstaaten bearbeitet werden.

In den folgenden Abschnitten werden die wichtigsten fischereibiologischen Arbeitsmethoden kurz umrissen.

Altersbestimmung bei Fischen

Zur Altersbestimmung kann man die Schuppen, die Knochen und die sog. Gehörsteine (Otolithen) der Fische verwenden.

Je nach dem Körperwachstum nimmt auch die Schuppe mehr oder weniger rasch an Größe zu. Schon bei schwacher Lupenvergrößerung (besonders bei durchfallendem Licht) kann man an ihr deutlich Zonen mit engeren und solche mit weiter auseinanderliegenden Zuwachsstreifen erkennen. Während des Winters z. B. ist in der Regel das Wachstum der Fische sehr langsam; es liegen daher in dieser Zeit der Nahrungsarmut die Ringleisten eng beieinander (Winterzone). Im Sommer dagegen werden kräftige Streifen (mit breiten Zwischenfeldern) gebildet (Sommerzone). Winter- und Sommerzone ergeben zusammen einen Jahresring.

Wodurch diese Wachstumszonen bedingt werden, ist jedoch in vielen Fällen noch nicht geklärt. Es scheinen sowohl innere (Ernährung, Laichreife etc.) wie äußere (z. B. klimatische) Faktoren an dem Rhythmus der Ringbildung beteiligt zu sein. Darauf beruhen auch die Schwierigkeiten bei derartigen Untersuchungen.

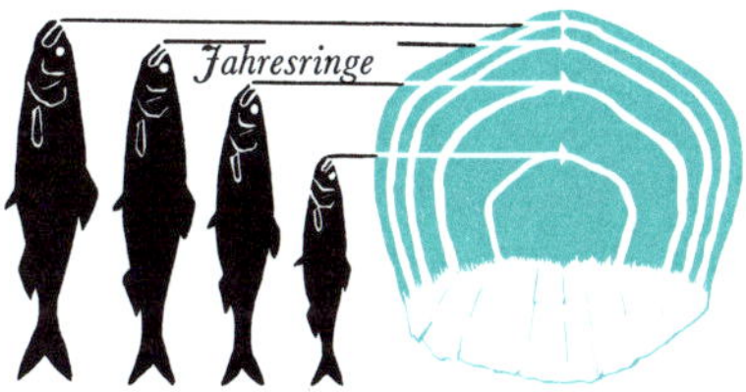

Auch aus den Otolithen (Steine aus dem Gleichgewichtsorgan der Fische, s. S. 61) kann man das Alter der Fische ablesen, sie weisen oft sogar eine noch deutlichere Schichtung (helle und dunkle Zonen) auf. Nach dem Abschleifen und Ausglühen der Steine treten die Winterzonen besonders klar hervor.

Gehörstein eines Kabeljau, quer *Jahresringe*

Da auch die Knochen ein periodisches Wachstum aufweisen, können sie ebenfalls zur Altersbestimmung herangezogen werden. Am besten eignen sich hierzu die Kiemendeckelknochen und die Wirbelkörper.

Altersuntersuchungen ermöglichen es, die Zuwachsraten einer bestimmten Art festzustellen; nachdem die gefangenen Fische nach Altersgruppen (o, I, II, III usw.) sortiert und gemessen worden sind, berechnet man die durchschnittliche Länge der einzelnen Gruppen. Die Meßwerte können in Form einer Kurve in das Koordinatensystem (Länge pro Zeiteinheit) eingetragen werden. Aus derartigen Kurven kann die Wachstumsintensität der Fische und damit die Produktivität eines Gewässer abgelesen werden. Um die Fehlerquellen niedrig halten, benötigt man für Serienuntersuchungen ein umfangreiches Material.

Nahrungsuntersuchungen

Um genaue Angaben darüber machen zu können, was und wieviel ein Fisch an Nahrung zu sich nimmt (Nahrungsbreite, Nahrungsmenge), wird, neben der direkten Beobachtung, der Inhalt seines Verdauungstraktes qualitativ und quantitativ erfaßt. Außerdem interessieren in diesem Zusammenhang auch die Verteilung und Biologie der Nährtiere bzw. – pflanzen. Ein für die biologische Untersuchung eines Fischgewässers wichtiges Gerät ist der sog. Bodengreifer; dies ist ein kleiner Greifbagger, mit dem eine bestimmte Bodenfläche ausgeschnitten und an Land geholt werden kann. Auf diese Weise läßt sich die artenmäßige und mengenmäßige Verteilung der Bodenfauna und -flora feststellen.

Nachdem man die Bedeutung des tierischen und pflanzlichen Planktons als Urnahrung für alles Leben in der offenen See erkannt hatte, entwickelte sich die Planktonforschung zu einer umfangreichen, selbständigen Wissenschaft. Auf diesem Gebiet ist eine enge Zusammenarbeit zwischen Bota-

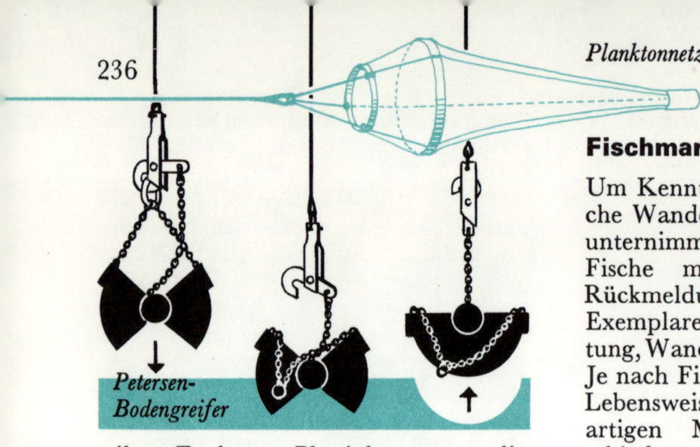

Planktonnetz

Petersen-Bodengreifer

niker, Zoologen, Physiologen usw. die unentbehrliche Voraussetzung, denn nur auf diese Weise können die komplizierten Verhältnisse geklärt werden. Die Botaniker z. B. beschäftigen sich vor allem mit den Problemen der Phytoplankton-Produktion in den verschiedenen marinen Zonen und studieren die physikalischen und chemischen Faktoren, die das Ausmaß dieser Produktion beeinflussen: Sonneneinstrahlung, Strömungsverhältnisse, Kreislauf der Nährsalze etc. In Wasserproben, denen Nährsalze mit radioaktivem Kohlenstoff beigefügt sind, kann der Stoffwechsel des Phytoplanktons, der Aufbau organischer Substanz, verfolgt werden.

Nahrungsuntersuchungen haben gezeigt, daß viele Fischbestände Zeichen der Unterernährung aufweisen. Je dichter die Bestände stehen, umso stärker ist die Nahrungskonkurrenz. Das Wachstumstempo der Fische wird aber u. a. von der zur Verfügung stehenden Nahrungsmenge beieinflußt, ist also in übervölkerten Gebieten dementsprechend gering. Dies ist einer der Gründe, warum in verschiedenen Teilen des Verbreitungsgebietes einer Art das Wachstum sehr uneinheitlich sein kann. Nach einer Lichtung der Bestände, unter dem Einfluß der Befischung, wachsen dann in vielen Fällen die Fische merklich besser und gewähren der Fischerei höhere Ausbeuten; um 1920 standen die Flunderbestände in der südlichen Ostsee sehr dicht, damals hatte eine 5-jährige Flunder im Höchstfall eine Länge von 20 cm. Heutzutage ist unter dem Einfluß einer intensiven Befischung ein gleichaltriges Exemplar über 30 cm lang.

Fischmarkierungen

Um Kenntnis davon zu erhalten, welche Wanderungen eine bestimmte Art unternimmt, werden die gefangenen Fische markiert und freigelassen. Rückmeldungen über wiedergefangene Exemplare zeigen dann die Zugrichtung, Wandergeschwindigkeit usw. auf. Je nach Fischart, deren Anatomie und Lebensweise, benützt man bei derartigen Markierungsversuchen verschiedene Markentypen.

So werden zur Markierung von Plattfischen meist zwei runde, kragenknopfartige Zeichen aus Ebonit oder Plastik, die man an einem durch die Rückenmuskulatur der Fische gestossenen Silberdraht befestigt, verwendet. Mit ähnlichen Knopfmarken (angebracht am Kiemendeckel oder hinter der Rückenflosse) kennzeichnet man gelegentlich auch Rundfische.

Ein anderer Markentyp sind Plastikröhrchen, in die Papierstreifen eingelegt werden, die mit den notwendigen Angaben für den Finder bedruckt sind. Sie werden ebenfalls mit einem dünnen Silberdraht zwischen den Flossenstrahlträgern am Vorder- oder Hinterende der Rückenflosse befestigt.

Zur Markierung von Schwarmfischen, die hauptsächlich für die Verwertung in Fischmehlfabriken gefangen werden, verwendet man kleine Metallplättchen, die in die Bauchhöhle der Fische eingeführt (»Bauchhöhlenmarken«) oder unter deren Haut geschoben werden. In den fischverarbeitenden Industrieanlagen sammeln dann starke Elektromagneten diese Marken aus dem Fischmehl wieder ein. Diese Methode wurde entwickelt, um die Stärke und die »fischereiliche Sterblichkeit« eines Bestandes berechnen zu können. Ihre Anwendbarkeit basiert auf der Kenntnis der Befischungsintensität (Fangzeit in Stunden/Arealeinheit). Voraussetzung für den Erfolg dieser Methode ist, daß die genaue Stelle und die Zeit des Fangs bekannt ist.

Die Fischmarken sind mit Kennbuchstaben und Zahlen bedruckt, oft ist auch eine Adresse der Versuchssta-

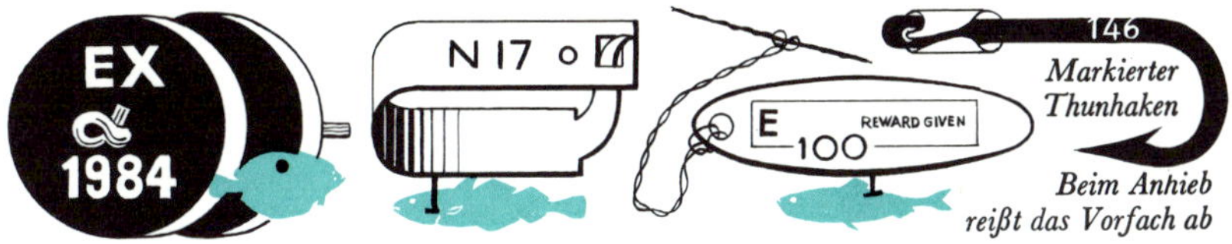

Markierter Thunhaken

Beim Anhieb reißt das Vorfach ab

tion beigefügt. Bei Einsendung der Marken (oder von markierten Fischen) müssen Fangzeit und -stelle angegeben werden. Für die Einlieferung der Zeichen wird meist eine Geldprämie ausgesetzt.
Eine Fischmarke ist nur dann brauchbar, wenn sie u. a. folgende Bedingungen erfüllt: sie darf den Fisch nicht (oder nur geringfügig) irritieren oder ihn in seiner Bewegungsfreiheit irgendwie hemmen, soll aber gleichzeitig gut haltbar sein. Grundbedingung für den Erfolg derartiger Versuche ist es nämlich, daß sich die markierten Fische völlig »normal« benehmen, daß sie im Existenzkampf gegenüber den Artgenossen nicht im Nachteil sind und deshalb genau so lebhaft an den Nahrungs- und Laichwanderungen teilnehmen. Nur unter diesen Voraussetzungen lassen die Wiederfänge gültige Rückschlüsse auf das Verhalten des Bestandes zu.
Außerdem muß die Marke sehr auffällig sein, damit sie von den Fischern nicht übersehen wird.
Nur völlig gesunde Tiere werden, gleich nach dem Fang, für Markierungsversuche ausgewählt und gekennzeichnet. Besondere Schwierigkeiten bereitet die Markierung von Fischen, die an der Luft rasch verenden (Heringe, Makrelen). Sehr mühselig und zeitraubend ist es auch, Fische, die in großen Tiefen leben, zu markieren; damit sie sich allmählich an die veränderten Druckverhältnisse anpassen können, dürfen sie nur ganz langsam an die Oberfläche gebracht werden. Dies ist einer der Hauptgründe, weshalb z. B. die Wanderungen des Rotbarsches noch so wenig untersucht sind.

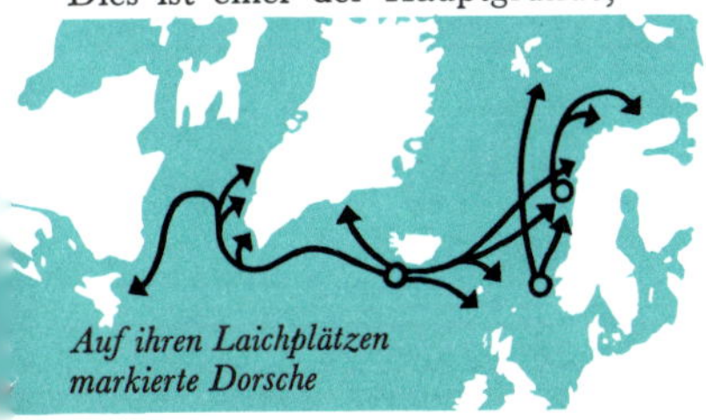
Auf ihren Laichplätzen markierte Dorsche

Die Wiederfang-Quoten sind oft erstaunlich hoch, vor allem wenn man bedenkt, daß trotz aller Vorsichtsmaßregeln ein gewisser Anteil verendet, die Marken verliert oder nicht gemeldet wird. So wurden von Schollen, die in der Nordsee markiert worden waren, über 40 % wiedergefangen.
Außer den Informationen über die Ortsveränderungen der Fische, geben die Wiederfangquoten auch einen Begriff vom Prozentsatz der fischereilichen Sterblichkeit, die von der Befischungsintensität abhängig ist.

Rassenuntersuchungen

Viele Fischarten bilden innerhalb ihres Verbreitungsgebietes eine Reihe geographischer Rassen, die ihrerseits wiederum in zahlreiche Lokalformen zersplittert sein können. Ein bekanntes Beispiel hierfür sind die einzelnen Heringsrassen, die sich u. a. durch verschiedene Laichplätze und Laichzeiten unterscheiden (s. Hering, S. 64!).
In vielen Fjorden findet man kleine, lokale Heringsbestände, die dort als Standfische leben, während die ozeanischen Formen sehr ausgedehnte Laich- und Nahrungswanderungen unternehmen.
Die Bestimmung der einzelnen Rassen bereitet oft große Schwierigkeiten. Es müssen hierzu große Serien untersucht werden, da viele Merkmale nur statistisch erfaßbar sind. Als Bestimmungsmerkmal dient die Zahl der Wirbelkörper und der Flossenstrahlen in der Rücken- und Afterflosse.
Es kommt jedoch sehr oft vor, daß sich die Zahlenbereiche überschneiden: die Rasse A hat z. B. 78–81 Wirbel, die Rasse B 80–83, etc.
Bei bestimmten Arten läßt sich auch die Form der Zuwachsstreifen auf den

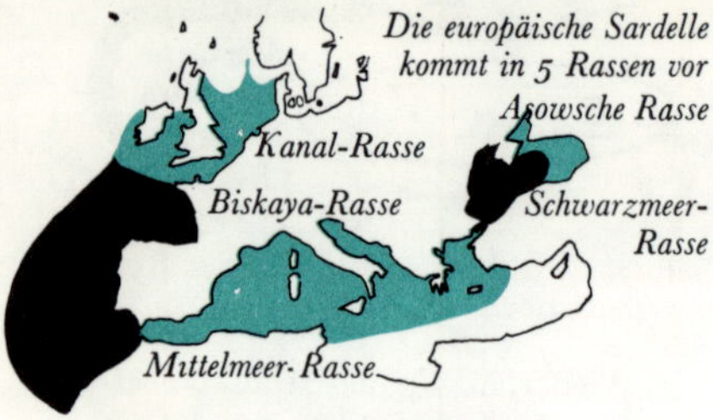

Schuppen oder Otolithen als Unterscheidungsmerkmal verwenden. Ausserdem hat man in letzter Zeit damit begonnen, die Blutgruppen der verschiedenen Bestände auf diesen Zweck hin zu untersuchen. Die Blutprobe kann direkt aus dem Herzen des lebenden Fisches, der hernach markiert und wieder freigelassen wird, genommen werden.

Laich- und Brutuntersuchungen

Von großem Interesse, vor allem für die Praxis, sind Fragen, die die Rekrutierung der Fischbestände betreffen. Daher beschäftigen sich die Fischereibiologen u.a. mit den Problemen der Laichwanderungen, der Fortpflanzung und Larvalentwicklung der Fische.
Um eine Wiederauffüllung der Bestände zu sichern, ist es in vielen Fällen notwendig, die Laichplätze zu schützen und den Fang laichender Tiere einzuschränken. Bei den sehr fruchtbaren pelagischen Fischen ist jedoch die Menge der abgelegten Eier für die zukünftige Bestandsdichte weniger maßgebend; die größere Rolle spielen hierbei die Umweltbedingungen (klimatische, hydrographische Verhälnisse, Laich- und Bruträuber etc.) für die frühen Entwicklungsstadien.

Fischbestand und Fangerträge

Der Reichtum des Meeres ist nicht unerschöpflich. Nach und nach hat sich gezeigt, daß eine allzu intensive Befischung die Gefahr der »Überfischung« heraufbeschwören kann. In einigen Gebieten gingen die Erträge zurück, es wurden auch nicht mehr so große Fische erbeutet, wie in früheren Zeiten. Um die Bestandsverarmung aufzuhalten, mußten Schonverordnungen (Mindestmaße, Schonzeiten, Schonbezirke etc.) eingeführt werden. Es ist daher eine der wichtigsten Aufgaben der Fischereiforschung, festzustellen, welche Maßnahmen hier am ehesten zum Erfolg führen.
Um einige der Probleme, mit denen bei derartigen Untersuchungen zu rechnen ist, möglichst anschaulich zu machen, wollen wir ein paar einfache Modelle von Fischbeständen näher betrachten. Nehmen wir beim ersten Beispiel von vornherein an, daß es sich hierbei um einen Bestand handelt, der einen jährlichen Zuwachs von 1000 Individuen aufweist, die die Larvenzeit glücklich überstanden und ein Alter von 1 Jahr erreicht haben. Auf Grund der Nachstellungen von Raubfischen; durch Krankheiten etc. (»natürliche Sterblichkeit«) wird sich ihre Zahl in den folgenden Jahren um einen gewissen Prozentsatz (in unserem Beispiel um 40 %) verringern, während gleichzeitig die Überlebenden an Gewicht zunehmen. Zusammengefaßt in einer Tabelle, sieht unser Beispiel dann folgendermaßen aus:

Tabelle I

Altersgruppe	Anzahl	Einzelgewicht	Gesamtgewicht pro Altersgruppe
1	1000	0,030 kg	30 kg
2	600	0,200 kg	120 kg
3	360	0,400 kg	144 kg
4	216	0,800 kg	173 kg
5	130	1,400 kg	**182** kg
6	78	2,000 kg	156 kg
7	47	3,000 kg	141 kg
8	28	4,400 kg	123 kg
9	17	5,400 kg	92 kg
10	10	6,100 kg	61 kg
11	6	6,600 kg	40 kg
12	4	7,000 kg	28 kg
13	2	7,200 kg	14 kg
14	1	7,300 kg	7 kg

Bestand: **2499** Fische, Gewicht: **1311** kg.

Die Tabelle zeigt folgendes Ergebnis: unter der Voraussetzung, daß jährlich 1000 Jungfische neu hinzukommen und wir eine natürliche Sterblichkeit von 40 % annehmen, wird der Bestand stets eine Individuenzahl von ca. 2500 Exemplaren, verteilt auf 14 Altersgruppen, aufweisen.
Vom fischereilichen Standpunkt aus, ist jedoch weniger die Individuenzahl, als vielmehr das Gesamtgewicht einer Altersgruppe von großem Interesse. Wie wir aus der Gewichtstabelle ersehen, erreicht die Altersgruppe 5 das höchste Gesamtgewicht. Bei den darauffolgenden Gruppen kann das Wachstum mit der Sterblichkeit nicht mehr Schritt halten: obgleich das Gewicht der einzelnen Fische rasch ansteigt, sinkt das Gesamtgewicht der Altersgruppe. Wenn es in der Praxis möglich wäre, müßte man also bei diesem Bestand alle, und nur, die fünfjährigen Fische wegfangen.
In unserem Beispiel haben wir nur deshalb eine natürliche Sterblichkeit von 40 % angenommen, damit die Tabelle nicht zu lang wird. Selbstverständlich würde bei einer niedrigeren Sterblichkeitsquote das optimale Gesamtgewicht erst von einer höheren Altersgruppe erreicht werden. Einschlägige Untersuchungen haben gezeigt, daß dieser Prozentsatz in der freien Natur wesentlich niedriger ist. Auf der anderen Seite stellen viele Fischarten wichtige Fangobjekte dar. Die gesamte Sterblichkeitsquote unserer Nutzfische setzt sich demgemäß aus den Werten der natürlichen und der fischereilichen Sterblichkeit zusammen. Für die folgenden Beispiele wird eine natürliche Sterblichkeit von 20 % und eine fischbereiliche Sterblichkeit von 40 % angenommen.
Wir wollen nun untersuchen, welche Methode der Befischung für den oben angeführten Bestand am geeignetsten erscheint. So könnten wir mit einem engmaschigen Netz alle Fische von der Altersgruppe 2 an aufwärts erbeuten. Aber wäre dies zweckmäßig?

In der folgenden Tabelle sind die Fangerträge mit Netzen von zwei verschiedenen Maschenweiten dargestellt: bei 80 mm Maschenweite können alle Fische ab der Altersgruppe 2, bei 140 mm Maschenweite alle Fische ab der Altersgruppe 4 gefangen werden. Die Befischungsintensität soll das ganze Jahr über gleichbleibend hoch sein.

Tabelle II

	Maschenweite 80 mm				Maschenweite 140 mm			
Altersgruppe	Bestandsreduktion	natürl. Sterblichk.	Fangzahl	Fanggewicht	Bestandsreduktion	natürl. Sterblichk.	Fangzahl	Fanggewicht
1	1000–800	200	0	**0,0**	1000–800	200	0	**0,0**
2	800–384	126	290	**87,0**	800–640	160	0	**0,0**
3	384–184	61	139	**83,4**	640–512	128	0	**0,0**
4	184– 88	29	67	**73,7**	512–246	81	185	**203,5**
5	88– 42	14	32	**54,4**	246–118	39	89	**151,3**
6	42– 20	7	15	**37,5**	118– 57	19	42	**105,0**
7	20– 10	3	7	**25,9**	57– 27	9	21	**77,7**
8	10– 5	2	3	**14,7**	27– 13	4	10	**49,0**
9	5– 2	1	2	**15,0**	13– 6	2	5	**28,8**
10	2– 1	0	1	**6,4**	6– 3	1	2	**12,7**
11	1– 0	0	1	**6,8**	3– 1	1	1	**6,8**
12					1– 0	0	1	**7,1**
	Fangertrag in kg:			**404,8**	Fangertrag in kg:			**641,9**

Die Tabelle zeigt, daß mit dem weitmaschigerem Netz ein um 58,6 % höherer Fangertrag erzielt wurde. Ausserdem geht daraus noch folgendes hervor: der intensitiv befischte Bestand ist auf 11 bzw. 12 Jahresklassen zusammengeschrumpft, während der fischereilich nicht genutzte Bestand von Tabelle I noch 14 Altersgruppen umfaßte; mit anderen Worten: die alten, großen Exemplare sind seltener geworden.

Die angeführten Beispiele geben die tatsächlichen Verhältnisse, wie wir sie in der Praxis vorfinden, nur als sehr vereinfachtes Schema wider. So ist z. B. der Prozentsatz der natürlichen Sterblichkeit bei jungen Fischen am höchsten und kann von Jahr zu Jahr erheblichen Schwankungen unterliegen. Außerdem wurde in diesen Beispielen nicht berücksichtigt, daß in jedem Jahr sehr unterschiedliche Mengen von junger Brut zur Entwicklung kommen, der Zuwachs an Jungfischen also durchaus nicht konstant und daher die Stärke der einzelnen Jahrgänge nicht immer die gleiche ist. Besonders deutlich lassen sich bei den Heringen starke und schwache Jahrgänge unterscheiden, ebenso auch bei den Plattfischbeständen. Neben der Fruchtbarkeit des jeweiligen Jahrgangs sind dafür vor allem die Lebensumstände für die frischgeschlüpften Larven maßgebend. In einem Jahr können die Umweltbedingungen für das Gedeihen der Brut z. B. in der Nordsee, ein anderes Mal in der Barentssee günstig sein.

Um eine für die Praxis verwertbare Analyse eines Fischbestandes in einem bestimmten Befischungsgebiet durchführen zu können, muß der Fischereibiologe zuerst die Wachstumsgeschwindigkeit der betreffenden Art, die Häufigkeit der einzelnen Altersgruppen bzw. die Alterszusammensetzung des Bestandes, den Prozentsatz der natürlichen und fischereilichen Sterblichkeit und die Intensität der Befischung feststellen.

Alle diese Unterlagen zusammenzubekommen, bereitet oft große praktische Schwierigkeiten. Da die Bestände oft von mehreren Nationen befischt werden, ist eine internationale Zusammenarbeit der Wissenschaftler unentbehrliche Voraussetzung. Außerdem sollten die verschiedenen Fischereiländer über bis ins einzelne gehende Fischereistatistiken verfügen, die nicht allein die Fangerträge aufzeigen, sondern auch Angaben über die zum Einsatz kommenden Fangfahrzeuge, Fanggeräte und dergleichen bringen.

Die einzelnen Fischbestände müßten nach einem einheitlichen optimalen System genutzt werden. Leider wird dies jedoch oft durch die sozialen und marktpolitischen Differenzen der an der Fischerei beteiligten Länder verhindert.

In der Nordsee z. B. werden die Dorsch-, Schellfisch-, Wittling- und Schollenbestände intensiv befischt. Durch den Gebrauch von Netzen mit weiteren Maschen und Anlandungsverbote für kleine Fische könnte im Laufe weniger Jahre eine erhebliche Steigerung der Fangerträge erreicht werden – wenn sich nur die Länder darüber einig werden würden.

Eine Minderung der Befischungsintensität könnte ebenfalls in gewissen Fällen die Ausbeuten erhöhen. Der derzeitig hohe Prozentsatz der fischereilichen Sterblichkeit würde sich verringern und dadurch die Individuenzahl der höheren, wertvolleren Altersgruppen ansteigen.

Diese wenigen Beispiele lassen erkennen, welche wirtschaftlich wichtige Bedeutung die Erforschung der Populationsdynamik unserer Nutzfische heutzutage erlangt hat.

REGISTER

Deutsche Namen

Wissenschaftliche Namen